Fisioterapia na cardiologia pediátrica

A Fisioterapia é uma área do conhecimento em constante evolução. Os protocolos de segurança devem ser seguidos, porém novas pesquisas e testes clínicos podem merecer análises e revisões, inclusive de regulação, normas técnicas e regras do órgão de classe, como códigos de ética, aplicáveis à matéria. Alterações em tratamentos medicamentosos ou decorrentes de procedimentos tornam-se necessárias e adequadas. Os leitores, profissionais da saúde que se sirvam desta obra como apoio ao conhecimento, são aconselhados a verificar as informações fornecidas sobre a utilização de equipamentos e/ou a interpretação de seus resultados em respectivos manuais do fabricante. É responsabilidade do profissional, com base na sua experiência e na avaliação clínica do paciente e de suas condições de saúde e de eventuais comorbidades, determinar o melhor tratamento aplicável a cada situação. As linhas de pesquisa ou de argumentação do autor, assim como suas opiniões, não são as da Editora.

Esta obra serve apenas de apoio complementar a estudantes e à prática fisioterapêutica, mas não substitui a avaliação clínica e de saúde de pacientes, sendo do leitor – estudante ou profissional da saúde – a responsabilidade pelo uso da obra como instrumento complementar à sua experiência e ao seu conhecimento próprio e individual. Do mesmo modo, foram empregados todos os esforços para garantir a proteção dos direitos de autor envolvidos na obra, inclusive quanto às obras de terceiros e imagens e ilustrações aqui reproduzidas. Caso algum autor se sinta prejudicado, favor entrar em contato com a Editora.

Finalmente, cabe orientar o leitor que a citação de passagens desta obra com o objetivo de debate ou exemplificação ou ainda a reprodução de pequenos trechos desta obra para uso privado, sem intuito comercial e desde que não prejudique a normal exploração da obra, são, por um lado, permitidas pela Lei de Direitos Autorais, art. 46, inciso II e III. Por outro, a mesma Lei de Direitos Autorais, no art. 29, incisos I, VI e VII, proíbe a reprodução parcial ou integral desta obra, sem prévia autorização, para uso coletivo, bem como o compartilhamento indiscriminado de cópias não autorizadas, inclusive em grupos de grande audiência em redes sociais e aplicativos de mensagens instantâneas. Essa prática prejudica a normal exploração da obra pelo seu autor, ameaçando a edição técnica e universitária de livros científicos e didáticos e a produção de novas obras de qualquer autor.

Editora Manole

Fisioterapia na cardiologia pediátrica

Coordenadoras:
Andyara Cristianne Alves

Especialista em Fisioterapia Pediátrica e Neonatal pela ASSOBRAFIR. MBA em Administração Hospitalar e Gestão em Saúde pela Faculdade de Educação em Ciências da Saúde. Sócia-diretora da Fisiouni Fisioterapia Ltda. Coordenadora do Serviço Terceirizado de Fisioterapia do Instituto Dante Pazzanese de Cardiologia desde 2017. Professora e preceptora do programa de Residência Multiprofissional em Fisioterapia Cardiovascular do Instituto Dante Pazzanese de Cardiologia.

Iracema Ioco Kikuchi Umeda

Mestre em Saúde Pública e Doutora em Ciências pela Faculdade de Saúde Pública da USP. Coordenadora do Serviço Terceirizado de Fisioterapia do Instituto Dante Pazzanese de Cardiologia entre 1988 e 2017.

Copyright © Editora Manole Ltda., 2021, por meio de contrato com as coordenadoras.

Editora: Patrícia Alves Santana
Projeto gráfico e diagramação: HiDesign Estúdio
Ilustrações: Mary Yamazaki Yorado, HiDesign Estúdio e Luargraf Serviços Gráficos Ltda.
Capa: Departamento de Arte da Editora Manole

CIP-BRASIL. CATALOGAÇÃO NA PUBLICAÇÃO
SINDICATO NACIONAL DOS EDITORES DE LIVROS, RJ

F565

Fisioterapia na cardiologia pediátrica / coordenação Andyara Cristianne Alves, Iracema Ioco Kikuchi Umeda. - 1. ed. - Barueri [SP] : Manole, 2021.
: il.

Inclui bibliografia e índice
glossário
ISBN 9786555763027

1. Fisioterapia. 2. Cardiopatias congênitas. 3. Cardiologia pediátrica. I. Alves, Andyara Cristianne. II. Umeda, Iracema Ioco Kikuchi.

20-67500

CDD-618.9212
CDU: 615.8:612.17-053.2

Leandra Felix da Cruz Candido - Bibliotecária - CRB-7/6135

Todos os direitos reservados.
Nenhuma parte deste livro poderá ser reproduzida, por qualquer processo, sem a permissão expressa dos editores.
É proibida a reprodução por fotocópia.

A Editora Manole é filiada à ABDR – Associação Brasileira de Direitos Reprográficos.

1ª edição – 2021

Editora Manole Ltda.
Alameda América, 876 – Tamboré
Santana do Parnaíba
06543-315 – SP – Brasil
Tel. (11) 4196-6000
www.manole.com.br | https://atendimento.manole.com.br/

Impresso no Brasil
Printed in Brazil

Dedicatória

Aos nossos filhos, que nos inspiram diariamente na construção de um mundo melhor.
Aos nossos pais, a gratidão por tudo que nos tornamos.

Agradecimentos

Aos nossos familiares.
Aos amigos.
Aos profissionais da área da saúde.
Aos pacientes com cardiopatia congênita.
E a todos que contribuíram para a realização deste livro.

Andyara e Iracema

Colaboradores

Andyara Cristianne Alves

Especialista em Fisioterapia Pediátrica e Neonatal pela ASSOBRAFIR. MBA em Administração Hospitalar e Gestão em Saúde pela Faculdade de Educação em Ciências da Saúde. Sócia-diretora da Fisiouni Fisioterapia Ltda. Coordenadora do Serviço Terceirizado de Fisioterapia do Instituto Dante Pazzanese de Cardiologia desde 2017. Professora e Preceptora do programa de Residência Multiprofissional em Fisioterapia Cardiovascular do Instituto Dante Pazzanese de Cardiologia.

Camila Mithie Hattori Utsumi

Mestre em Ciências da Saúde pela Unifesp. Nutricionista Clínica responsável pela Cardiopediatria do Instituto Dante Pazzanese de Cardiologia.

Débora Vieira de Almeida

Pós-graduação em Organização de Serviços em Dependência Química pela Unifesp. Assistente Social do Instituto Dante Pazzanese de Cardiologia entre 2014 e 2020.

Iracema Ioco Kikuchi Umeda

Mestre em Saúde Pública e Doutora em Ciências pela Faculdade de Saúde Pública da USP. Coordenadora do Serviço Terceirizado de Fisioterapia do Instituto Dante Pazzanese de Cardiologia entre 1988 e 2017.

Isabela Cardoso Pimentel Mota

Mestranda em Ciências da Saúde pela Unifesp. Coordenadora do Setor de Nutrição Hospitalar do Instituto Dante Pazzanese de Cardiologia.

Luma Nogueira

Mestre em Ciências da Saúde pelo Instituto de Assistência Médica ao Servidor Público Estadual. Enfermeira da Unidade de Terapia Intensiva em Pós-operatório de Cirurgia Cardiovascular no Instituto Dante Pazzanese de Cardiologia.

Luiz Antonio Rodrigues Medina

Mestre em Fisiologia Clínica do Exercício pela Unifesp. Fisioterapeuta Especialista na empresa VO2 Care com atuação em Reabilitação Cardiovascular e Reabilitação do Movimento na Clínica Fênix de Nefrologia.

Marcela Dinalli Gomes Barbosa

Pós-graduação em Disfagia Infantil pela Irmandade da Santa Casa de São Paulo. Mestre em Ciências pela Unifesp. Fonoaudióloga, Professora Convidada nos cursos de extensão, aprimoramento e especialização na Fonoaudiálogo Educação Continuada e CEFAC-SP.

Milena David Narchi

Psicanalista, com Especialização em Psicossomática pelo Instituto Sedes Sapientiae e em Cuidados Paliativos pelo Hospital Sírio-Libanês. Psicóloga do Instituto Dante Pazzanese de Cardiologia.

Talita Tavares Valentim Barbosa

Especialização em Fisioterapia Cardiorrespiratória pelo Instituto Dante Pazzanese de Cardiologia. Fisioterapeuta Assistencial da Unidade de Terapia Intensiva no Instituto Dante Pazzanese de Cardiologia. Preceptora de estágio na Unidade de Terapia Intensiva do Programa de Residência Multiprofissional em Saúde Cardiovascular do Instituto Dante Pazzanese de Cardiologia.

Vanessa Marques Ferreira

Mestre em Ciências da Saúde pela Unifesp. Coordenadora das UTI Geral, Cirúrgica e Neurocirurgia do Hospital Universitário da Unifesp. Tutora da Residência de Fisioterapia em Cuidados Intensivos Adulto da Unifesp.

Sumário

	Prefácio	XI
	Apresentação	XIII
	Lista de abreviaturas	XIV
1	Embriologia cardíaca – conceitos básicos	1
2	Circulação fetal e transicional neonatal – conceitos básicos	12
3	Nomenclatura e análise sequencial das estruturas cardíacas – conceitos básicos	18
4	Cardiopatias congênitas acianóticas	26
5	Cardiopatias congênitas cianóticas	53
6	Alterações do sistema respiratório nas cardiopatias congênitas	74
7	Fisioterapia na criança com insuficiência cardíaca	85
8	O pós-operatório de cardiopatia congênita – o que o fisioterapeuta precisa saber?	97
9	Ventilação mecânica nas cardiopatias congênitas	122
10	Hipertensão pulmonar e oxigenação por membrana extracorpórea (ECMO)	138
11	Cardiopatias congênitas e alterações neurológicas: estimulação do desenvolvimento neuropsicomotor e reabilitação intra-hospitalar	164
12	Reabilitação cardiovascular na criança com cardiopatia congênita	180
13	Os desafios da equipe multiprofissional na abordagem da criança com cardiopatia congênita: enfermagem, fonoaudiologia, nutrição, psicologia e serviço social	194
14	Cardiopatias congênitas e Covid-19	210
	Glossário	216
	Índice remissivo	222

Prefácio

Nas últimas quatro décadas, a cardiologia pediátrica tomou um impulso importante com o aperfeiçoamento das novas práticas de abordagem, como o diagnóstico por imagem, o tratamento pelo cateterismo cardíaco, seja ele como medida paliativa ou mesmo procedimento de cura completa, em muitos casos sem a necessidade da cirurgia, que mesmo, minimamente invasiva, está atrelada a maior risco.

Aliados a esses avanços, os cuidados no pré e pós-operatório revestiram-se de elementos essenciais para o êxito total do tratamento, alicerçando os procedimentos realizados, antes que a execução da escolha do método, previamente discutido, tinha sido colocada em prática.

Os cuidados com os pacientes sejam eles "nossos pequenos", adolescentes ou adultos envolvem equipe multidisciplinar, na qual cada profissional especialista na sua tarefa faz enorme diferença, permitindo o trabalho uníssono, que somente a capacitação oferece.

Apresento-lhes este novo livro: *Fisioterapia na cardiologia pediátrica*, que certamente vai ajudar os profissionais da área e servirá como guia tanto aos iniciantes fisioterapeutas como também àquele profissional já bem formado, porque aperfeiçoamentos e reajustes na prática diária são necessários, não importa a formação de base. São 14 capítulos, a maioria deles escrita pelas coordenadoras da obra, que abordam desde temas complexos e relevantes, como embriologia cardíaca, circulação fetal e transicional, nomenclatura e análise sequencial das estruturas do coração, pós-operatório das cardiopatias congênitas, ventilação mecânica, recuperação e reabilitação intra-hospitalar, até o tópico do momento, que é a Covid-19 afetando as crianças cardiopatas.

No ensejo de desejar sucesso, parabenizo as coordenadoras do livro, Andyara Cristianne Alves e Iracema Ioco Kituchi Umeda, profissionais altamente qualificadas, pela ideia e conclusão desta obra, que exigiu um trabalho hercúleo, mas que vai se integrar nas suas vidas como se fora um filho, planejado e amado, incorporado definitivamente na convivência familiar, desde a concepção até a publicação.

Aproveito a oportunidade para parabenizar a Editora Manole, por ter-nos dado a oportunidade de receber mais uma literatura na área multidisciplinar da cardiologia pediátrica, construindo e agregando profissionais em torno de um bem único: a vida.

São Paulo, Primavera de 2020.

Maria Virginia Tavares Santana
Chefe da Seção de Hipertensão Pulmonar
do Instituto Dante Pazzanese de São Paulo
Doutora em Cardiologia pela Universidade de São Paulo

Apresentação

Atualmente, o número de crianças com cardiopatia congênita que sobrevivem ao primeiro ano de vida e chegam à idade adulta aumenta a cada ano. Com isso, tornaram-se mais frequentes as internações desses casos em diversos hospitais, não apenas nos especializados. No Brasil, por consequência, o assunto vem ganhando destaque de forma crescente, inclusive com preocupação por parte das políticas públicas em melhorar a assistência a essas crianças.

A criança com cardiopatia congênita necessita de cuidados assistenciais com uma equipe multiprofissional qualificada. O fisioterapeuta que integra essa equipe precisa não apenas dominar os conceitos e as técnicas fisioterápicas, mas ter principalmente uma visão abrangente de todos os aspectos que envolvem a assistência à criança e ao neonato com cardiopatia congênita, além de estar atualizado com os avanços no tratamento das crianças.

Este livro é a primeira obra que trata deste assunto fascinante voltado para os fisioterapeutas, mas poderá servir para todos os profissionais da área que buscam ações mais integradas. Ele foi idealizado para auxiliar os profissionais na abordagem diferenciada da criança e do neonato com cardiopatia congênita, usando linguagem simples e clara para transmitir os conceitos primordiais e os aspectos peculiares que envolvem a assistência desses pacientes.

Andyara Cristianne Alves
Iracema Ioco Kikuchi Umeda

Lista de abreviaturas

1RM:	Teste de uma repetição máxima	CVM:	Contração voluntária máxima
ACE:	Artéria coronária esquerda	DATVP:	Drenagem anômala total das veias pulmonares
AD:	Átrio direito		
AE:	Átrio esquerdo	DC:	Débito cardíaco
AFE:	Aceleração do fluxo expiratório	DE:	Diagnóstico de enfermagem
AMPc:	Adenosina monofosfato cíclico	DNPM:	Desenvolvimento neuropsicomotor
AO:	Artéria aorta	DO_2:	Oferta de oxigênio
AP:	Artéria pulmonar	DSAV:	Defeito do septo atrioventricular
APD:	Artéria pulmonar direita	DSAVP:	Defeito do septo atrioventricular parcial
APE:	Artéria pulmonar esquerda		
AT:	Atresia tricúspide	DSAVT:	Defeito do septo atrioventricular total
ATS:	*American Thoracic Society*		
AV:	Canal atrioventricular	D-TGA:	Transposição das grandes artérias
AVC:	Acidente vascular cerebral	DVEVD:	Dupla via de entrada do ventrículo direito
BAV:	Bloqueio atrioventricular		
BNP:	Peptídeo natriurético cerebral	DVEVE:	Dupla via de entrada do ventrículo esquerdo
BVM:	Bolsa-válvula-máscara		
CA:	Canal arterial	DVSVD:	Dupla via de saída do ventrículo direito
Ca^{++}:	Cálcio		
CaO_2:	Conteúdo arterial de oxigênio	EAo:	Estenose aórtica
CDI:	Cardioversor desfibrilador implantável	ECG:	Eletrocardiograma
		ECLS:	*Extracorporeal Life Support*
CEC:	Circulação extracorpórea	ECMO:	*Extracorporeal membrane oxygenation* (Oxigenação por membrana extracorpórea)
CIA:	Comunicação interatrial		
CIA OP:	Comunicação interatrial ostium primum		
		ECO:	Ecocardiograma
CIA OS:	Comunicação interatrial ostium secundum	ELSO:	*Extracorporeal Life Support Organization* (Organização de Apoio à Vida Extracorpórea)
CIV:	Comunicação interventricular	EP:	Estenose pulmonar
cmH_2O:	Centímetro de água	EPV:	Estenose pulmonar valvar
CNAF:	Cateter ou cânula nasal de alto fluxo	ET:	Endotelina
CoAo:	Coarctação de aorta	$ETCO_2$:	*End tidal* CO_2 (medida de CO_2 ao final da expiração)
COT:	Cânula orotraqueal		
CRF:	Capacidade residual funcional	EUA:	Estados Unidos da América
CV:	Capacidade vital	FC:	Frequência cardíaca
CVF:	Capacidade vital forçada	Fe^{2+}:	Íon ferroso

Lista de abreviaturas

Fe^{3+}:	Íon férrico	PCO_2:	Pressão arterial de gás carbônico
FiO_2:	Fração inspirada de oxigênio	PCR:	Parada cardiorrespiratória
FOP:	Forame oval pérvio	PCV:	Pressão controlada
FR:	Frequência respiratória	PEEP:	Pressão expiratória final positiva
GC:	Guanilato ciclase	PGE 1:	Prostaglandina
GCa:	GC ativa	pH:	Potencial hidrogeniônico
GMPc:	Monofosfato cíclico de guanosina	PIP:	Pressão inspiratória positiva
GTP:	Guanosina trifosfato	PMVAS:	Pressão média de vias aéreas
HAP:	Hipertensão arterial pulmonar	PRVC:	Pressão regulada volume-controlado
HAS:	Hipertensão arterial sistêmica	PSV:	Pressão suporte
Hb:	Hemoglobina	PVC:	Pressão venosa central
HEPA:	*High efficiency particulate arrestance*/ fitragem de ar de alta eficência	Qp:	Fluxo sanguíneo pulmonar
		Qs:	Fluxo sanguíneo sistêmico
HME:	*Heat and moisture exchanger*/ trocador de calor e umidade	RCP:	Ressuscitação cardiopulmonar
		Relação I:E	Relação tempo inspiratório: expiratório
HMEF:	*Heat and moisture exchanger filter*/ filtro + trocador de calor e umidade	Relação V/Q:	Relação ventilação-perfusão
HP:	Hipertensão pulmonar		
IAA:	Interrupção do arco aórtico	RVP:	Resistência vascular pulmonar
IAo:	Insuficiência aórtica	RN:	Recém-nascido
IC:	Insuficiência cardíaca	RVS:	Resistência vascular sistêmica
ICC:	Insuficiência cardíaca congestiva	SAE:	Sistematização da assistência de enfermagem
ICT:	Índice cardiotorácico		
IECA:	Inibidor da enzima conversora da angiotensina	$SatO_2$	Saturação arterial de oxigênio
		SE:	Síndrome de Eisenmenger
IMC:	Índice de massa corpórea	*Shunt* D-E	*Shunt* direito-esquerdo
LTGA:	Transposição corrigida das grandes artérias	*Shunt* E-D:	*Shunt* esquerdo-direito
MetHb:	Meta-hemoglobina	SHVE:	Síndrome da hipoplasia do ventrículo esquerdo
mmHg:	Milímetros de mercúrio		
NO:	Óxido nítrico	SIMV:	Ventilação mecânica intermitente sincronizada
NO_2:	Dióxido de nitrogênio		
NOi:	Óxido nítrico inalatório	SIRS:	Síndrome da resposta inflamatória sistêmica
NOS:	Óxido nítrico sintase		
NYHA:	*New York Heart Association*	SIV:	Septo interventricular
O_2:	Oxigênio	SNC:	Sistema nervoso central
OMS:	Organização Mundial da Saúde	SNS:	Sistema nervoso simpático
PAE:	Pressão de átrio esquerdo	SRAA:	Sistema renina-angiotensina-aldosterona
PaO_2:	Pressão parcial de oxigênio		
PAP:	Pressão arterial pulmonar	SUS:	Sistema Único de Saúde
PAS:	Pressão arterial sistêmica	SVO_2:	Saturação venosa mista
PCA:	Persistência do canal arterial	TA:	Truncus arteriosus

T4F:	Tetralogia de Fallot	VC:	Volume-corrente
TC6M:	Teste de caminhada de seis minutos	VCI:	Veia cava inferior
TCPL:	*Time-cycled pressure-limited* (Pressão limitada ciclada a tempo)	VCS:	Veia cava superior
		VCSE:	Veia cava superior esquerda
TD4:	Teste do degrau adaptado de 4 minutos	VD:	Ventrículo direito
		VE/VCO$_2$:	Relação ventilação minuto/produção de gás carbônico
TE:	Teste ergométrico		
TECP:	Teste de esforço cardiopulmonar	VE:	Ventrículo esquerdo
TGA:	Transposição das grandes artérias	VEF1:	Volume de ar exalado no 1º segundo
TI:	Tempo inspiratório	VM:	Ventilação mecânica
TP:	Tronco pulmonar	VNI:	Ventilação não invasiva
TRC:	Terapia de ressincronização cardíaca	VO$_2$:	Consumo de oxigênio
UTI:	Unidade de terapia intensiva	VS:	Volume sistólico
VA:	Venoarterial	VV:	Venovenoso
VAD:	*Ventricular assist device* (assistência ventricular esquerda)		

1
Embriologia cardíaca – conceitos básicos

Andyara Cristianne Alves

🖉 INTRODUÇÃO

O coração é o primeiro órgão a se formar no embrião, possibilitando que ele obtenha de forma eficiente oxigênio (O_2) e os nutrientes provenientes do sangue materno e libere os produtos do seu metabolismo.

Compreender as principais modificações que ocorrem durante o desenvolvimento cardiovascular nas primeiras 8 semanas gestacionais (organogênese) fornece a base para a compreensão das cardiopatias congênitas.

Durante o desenvolvimento do coração, os fatores genéticos desempenham papel primordial para comandar as diferenciações de cada estrutura cardíaca e suas funções.

A seguir, está uma descrição sucinta dos principais eventos que ocorrem na fase embrionária e, no final deste capítulo, a Tabela 1.1 resume os principais marcos do desenvolvimento cardíaco.

Por volta do 18º dia pós-concepcional inicia-se a formação do coração do embrião a partir das células mesenquimais que formarão os cordões angioblásticos. Após a formação e a canalização destes cordões angloblásticos surgem 2 tubos endocárdicos que se fundem e originam um tubo cardíaco primitivo[1] (Figura 1.1). Nesse formato tubular, as câmaras cardíacas estão dispostas em série com regiões dilatadas e constritas, que serão as precursoras dos átrios, ventrículos e dos vasos que entram e saem do coração (vasos da base).

Na extremidade cranial deste tubo encontra-se o tronco arterial que está em contato com as aortas dorsais. Abaixo está o bulbo cardíaco, o ventrículo primitivo e o átrio primitivo. O seio venoso está na extremidade caudal do tubo cardíaco no qual desembocam as veias vitelinas, umbilicais e cardinais comuns responsáveis pela circulação embrionária.

TABELA 1.1   Desenvolvimento cardíaco

Período (dias)	Evento
21°-22°	Formação das veias umbilicais, cardinais e vitelínicas
	Formação do tubo cardíaco
	Formação da cavidade pericárdica
23°-28°	Dobramento cardíaco
	Giro do coração
	Formação do átrio comum
	Formação do canal atrioventricular
	Formação do septum primum
	Formação dos coxins endocárdicos
	Início dos batimentos cardíacos
	Início da porção muscular do septo interventricular (SIV)
28°-35°	Absorção do bulbo cardíaco e do seio venoso
	Coração com quatro cavidades
	Formação das veias pulmonares
	Desenvolvimento do nó atrioventricular
	Formação das veias pulmonares
	Desenvolvimento do nó sinoatrial
33°-49°	Formação das valvas mitral e tricúspide
	Formação das artérias coronárias
	Formação da veia cava superior e inferior
	Formação do seio venoso
49°-50°	Formação da porção muscular do septo interventricular
	Surgimento das artérias aorta e pulmonar
	Formação das valvas aórtica e pulmonar

Após a formação do tubo cardíaco, ocorrem vários eventos, o coração cresce rapidamente e dobra-se ventralmente sobre si mesmo invaginando-se para a cavidade pericárdica. As modificações do tubo cardíaco primitivo transformam o coração em um órgão mais complexo com 4 câmaras septadas entre si[3].

A relação espacial que será estabelecida entre os átrios, os ventrículos e os vasos da base é determinada pelo movimento de giro e curvatura que o coração faz durante sua formação na quarta semana gestacional. O padrão usual do giro cardíaco é para a direita, e isso é conhecido como D-loop. Quando o giro cardíaco ocorre para a esquerda, é chamado de L-loop e acontece a inversão espacial dos ventrículos.

O movimento de giro e curvatura deslocará as estruturas primitivas da seguinte maneira: o átrio primitivo, que dará origem aos átrios direito e esquerdo, será deslocado para cima e para trás juntamente com o seio venoso. Já o bulbo cardíaco que originará a via de saída de ambos os ventrículos desloca-se para baixo, para a frente e para

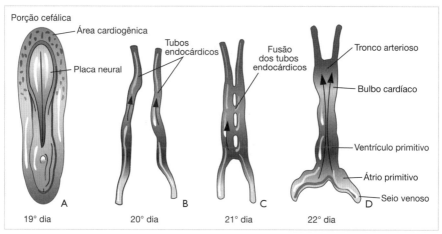

FIGURA 1.1 A formação do tubo cardíaco primitivo ocorre após a fusão dos tubos endocárdicos originados na área cardiogênica. A. Área cardiogênica na porção cefálica do embrião. B. Tubos endocárdicos. C. Fusão dos tubos endocárdicos. D. Tubo cardíaco primitivo com regiões dilatadas e constritas que originam as câmaras cardíacas primitivas. As setas indicam a direção do fluxo sanguíneo. Adaptado[2].

a direita, enquanto o ventrículo primitivo que dará origem à porção trabeculada dos ventrículos desloca-se para baixo, para trás e para a esquerda[4] (Figura 1.2 e Tabela 1.2).

CIRCULAÇÃO EMBRIONÁRIA

Os batimentos cardíacos se iniciam a partir do 22º dia gestacional e o fluxo sanguíneo é impulsionado no sentido do seio venoso para o tronco arterial e de lá para o saco aórtico onde será distribuído para os arcos aórticos e para a aorta dorsal[1,3] (Figura 1.1).

O sangue chega ao coração tubular do embrião por 3 pares de veias: umbilicais, vitelínicas e cardinais comuns. A veia umbilical levará o sangue com rico teor de O_2 da placenta para o seio venoso do embrião. As veias vitelínicas e cardinais levam sangue com baixo teor de oxigênio do saco vitelino e do corpo do embrião para o seio venoso. As artérias umbilicais trazem o sangue de volta para a placenta para ser novamente oxigenado (Figura 1.3).

Durante o desenvolvimento do sistema cardiovascular fetal, algumas veias se degeneram e desaparecem, enquanto outras se fundem e originam novas veias. Segue abaixo a descrição da origem das principais veias cardíacas:

- Veia cava superior (VCS): é resultado da junção da veia cardinal anterior direita com a veia cardinal comum direita.
- Veia cava inferior (VCI): os diferentes segmentos da VCI têm origem da veia vitelínica direita, da veia subcardinal direita e das veias supracardinais.

4 Fisioterapia na Cardiologia Pediátrica

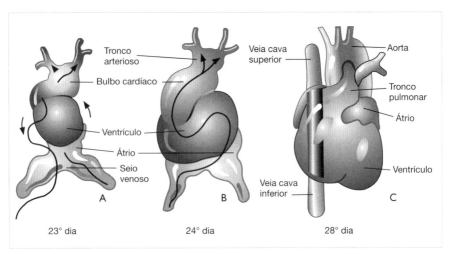

FIGURA 1.2 O movimento de giro para a direita e curvatura leva o átrio primitivo e o seio venoso para cima, o bulbo cardíaco para a direita e o ventrículo primitivo para a esquerda, assim as quatro câmaras cardíacas se posicionam na relação espacial exata. A. Coração primitivo com as câmaras cardíacas primitivas dispostas em série. B. Deslocamento e alongamento das estruturas primitivas formando uma alça em S. C. Câmaras cardíacas dispostas em paralelo. As setas indicam a direção do movimento do tubo cardíaco e do fluxo sanguíneo. Adaptado[2].

TABELA 1.2 Estrutura embrionária e o coração do adulto

Origem embrionária	Estrutura anatômica
Seio venoso	Seio coronariano
	Parte lisa do AD
Átrio primitivo	Parte trabeculada do AD e AE
Ventrículo primitivo	Parte trabeculada do VD e VE
Tronco arterioso	Artérias aorta e pulmonar
Forame oval	Fossa oval
Ducto venoso	Ligamento venoso
Canal arterial	Ligamento arterial
Veia vitelínica	Veias hepáticas
Veia cardinal	Veia cava superior
Veias vitelínicas supra e subcardinal	Veia cava inferior
3º par do arco aórtico	Artéria carótida interna
4º par do arco aórtico esquerdo	Arco da aorta
6º par do arco aórtico direito	Artéria pulmonar
6º par do arco aórtico esquerdo	Canal arterial

AD: átrio direito; AE: átrio esquerdo; VD: ventrículo direito; VE: ventrículo esquerdo.

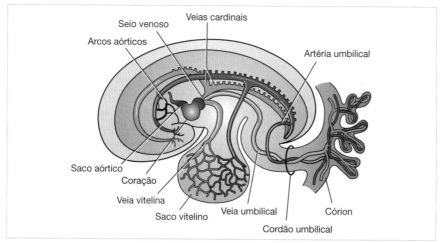

FIGURA 1.3 Circulação embrionária: transporte do sangue para o seio venoso pela veia umbilical, veias vitelínicas e veias cardinais. Adaptado[5].

- Veia braquiocefálica: serão formadas pela fusão das veias cardinais anteriores.
- Veias hepáticas: serão originadas pelas veias vitelínicas.

SEIO VENOSO, VEIA PULMONAR PRIMITIVA E DESENVOLVIMENTO ATRIAL

O desenvolvimento dos átrios direito (AD) e esquerdo (AE) tem início na quarta semana gestacional e ocorre ao mesmo tempo.

O seio venoso recebe o sangue drenado do embrião e divide-se em direito e esquerdo, ambos se conectam às veias cardinais comuns (formadas pelas veias cardinais anterior e posterior), veias umbilicais e veias vitelínicas, o lado esquerdo do seio venoso passará por transformações e dará origem ao seio coronário. Já o lado direito do seio venoso será incorporado pelo átrio primitivo que está em processo de expansão e formará a parede muscular lisa do AD.

No decorrer do desenvolvimento cardíaco, a veia pulmonar primária brotará da parede atrial dorsal e crescerá em direção aos pulmões em desenvolvimento conectando-se aos vasos sanguíneos que crescem para fora dos pulmões. À medida que o átrio esquerdo se expande, ele incorpora a veia pulmonar e os 4 vasos pulmonares conectados. As veias pulmonares serão incorporadas à parede do AE formando sua parede muscular lisa.

SEPTAÇÃO DO CORAÇÃO PRIMITIVO

Na metade da 4º semana gestacional inicia-se o processo de septação do coração que ocorre concomitantemente nos átrios e ventrículos. O início deste processo acontece com o desenvolvimento dos coxins endocárdicos nas paredes ventrais e dorsais do canal atrioventricular (AV), dividindo o canal AV em direito e esquerdo[1]. Dessa maneira, originam-se os orifícios atrioventriculares e a separação entre os átrios e os ventrículos (Figura 1.4).

Os coxins endocárdicos contribuem para a formação da porção membranosa do septo interventricular e das valvas atrioventriculares: tricúspide à direita e mitral à esquerda que impedem o refluxo do sangue dos ventrículos para os átrios.

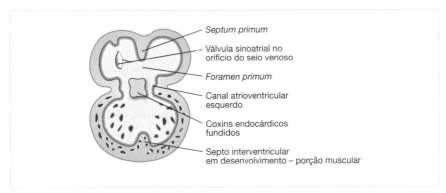

FIGURA 1.4 Septação do canal atrioventricular com a fusão dos coxins endocárdicos ventral e dorsal. Formação dos canais atrioventriculares direito e esquerdo e desenvolvimento do septo primum na parte superior e do septo interventricular na parte inferior do coração. Adaptado[5].

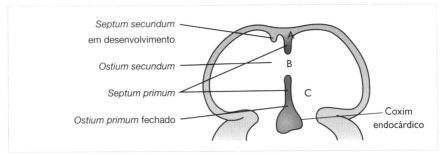

FIGURA 1.5 A. Crescimento do septum secundum à direita do *septum primum*. B. Após o processo de apoptose do *septum primum*, surge o *ostium secundum*. C. Fusão do *septum primum* com o coxim endocárdico resultando na oclusão do *ostium primum*. Adaptado[5].

Septação dos átrios

A septação atrial tem início no final da 4º semana gestacional com o desenvolvimento de dois septos: o *septum primum* que cresce em direção ao coxim endocárdico de forma incompleta e dá origem ao *ostium primum* que sofrerá um processo de apoptose na região cranial, originando o *ostium secundum*.

Enquanto ocorre o fechamento do *ostium primum*, o septum secundum se desenvolve à direita do *septum primum*.

O crescimento incompleto do *septum secundum* em direção descendente formará o forame oval que é uma adaptação fundamental à vida fetal que permite a passagem do sangue do AD para o AE.

É importante notar que a parte distal do *septum primum* exercerá o papel de uma válvula unidirecional do forame oval, permitindo que o sangue flua apenas do AD para o AE na vida fetal (Figura 1.6).

Após o nascimento, com o aumento da pressão no AE, o forame oval se fechará, pois o *septum primum* adere ao *septum secundum*, originando a fossa oval (Figura 1.7).

Septação ventricular

O septo interventricular (SIV) é composto por uma porção membranosa formada a partir do coxim endocárdico, que cresce em direção descendente, e por uma porção muscular que cresce em direção ascendente formada no assoalho do ventrículo em razão da proliferação dos miócitos e mioblastos. O crescimento ascendente

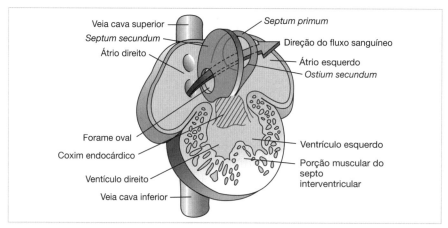

FIGURA 1.6 Coração na 7º semana gestacional com o completo desenvolvimento do septo interatrial (formado pelos *septum primum* e *septum secundum*) e o forame oval. A seta mostra a direção do fluxo sanguíneo do átrio direito para o átrio esquerdo pelo forame oval na vida fetal. Adaptado[6,7].

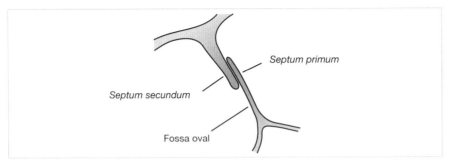

FIGURA 1.7 A fossa oval é uma estrutura remanescente do forame oval. Após o nascimento, o aumento da pressão no átrio esquerdo faz com que ocorra aderência do *septum primum* ao *septum secundum*, fechando o forame oval. Adaptado[8].

do septo muscular é incompleto e este processo origina uma abertura conhecida por forame interventricular, que diminuirá de tamanho progressivamente e será completamente fechado após a 7ª semana gestacional com a fusão dos tecidos da crista bulbar direita e esquerda com o coxim endocárdico (porção membranosa do SIV)[1] (Figura 1.8). Após o fechamento do SIV, o tronco pulmonar (TP) se comunicará com o VD e a artéria aorta (AO) com o VE[1].

SEPTAÇÃO DO BULBO CARDÍACO E DO TRONCO ARTERIAL

Na 5ª semana gestacional, ocorre a formação do septo aorticopulmonar que divide o bulbo cardíaco e o tronco arterial originando a AO e o TP. Este processo ocorre por causa da proliferação de células mesenquimais nas paredes do bulbo cardíaco e do tronco arterial, formando assim as cristas bulbares direita e esquerda e as cristas troncais. Ambas crescem para baixo em direção ao coxim endocárdico com movimento em espiral, em um ângulo de 180° (Figura 1.9).

A migração das células da crista neural e o fluxo de sangue proveniente dos ventrículos são fatores responsáveis pela espiralização dos septos que dividem o tronco arterial e o bulbo cardíaco. O movimento em espiral do septo aorticopulmonar faz com que o tronco pulmonar se torça ao redor da aorta ascendente. O bulbo cardíaco será incorporado às paredes dos ventrículo. No VE, ele formará o vestíbulo aórtico abaixo da valva aórtica e, no VD, o infundíbulo pulmonar que dá origem ao tronco pulmonar.

As valvas semilunares se desenvolvem a partir de tumefações de tecido subendocárdico ao redor dos orifícios da AO e do TP. Essas tumefações sofrerão cavitação e remodelamento para formar as três cúspides valvares[1].

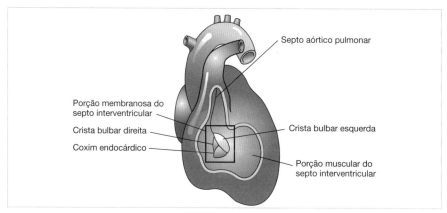

FIGURA 1.8 Em destaque, a formação da porção membranosa do septo interventricular criado pela junção da crista bulbar direita e esquerda com o coxim endocárdico completando a septação entre o ventrículo direito e esquerdo. Adaptado[5].

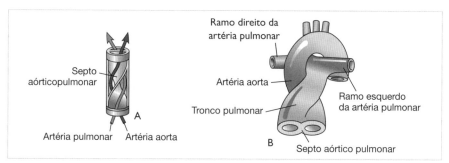

FIGURA 1.9 A. Septação do tronco arterial na 5º semana gestacional divide esta estrutura em artéria pulmonar e artéria aorta. Notar o formato helicoidal ou em espiral do septo aorticopulmonar. B. Relação anatômica estabelecida entre a artéria pulmonar e artéria aorta após a septação do tronco arterial. Adaptado[5].

Arcos aórticos

Durante o desenvolvimento embriológico, os 6 pares de arcos aórticos conectam a aorta dorsal e ventral com ramos que tipicamente envolvem o esôfago e a traqueia. À medida que o feto se desenvolve, os ramos do lado direito e o 1º, 2º e 5º pares se desintegram, deixando apenas a aorta do lado esquerdo e os ramos que originam os vasos sanguíneos. Dentre eles estão: as artérias carótidas (3º par), as artérias subclávias e arco da aorta (4º par), canal arterial e artéria pulmonar (6º par).

EMBRIOLOGIA CARDÍACA E AS CARDIOPATIAS CONGÊNITAS

- Comunicação interatrial (CIA): é causada quando a porção inferior do *septum primum* não se encontra com o tecido do coxim endocárdico ou por uma falha do *septum secundum* em cobrir as perfurações do *septum primum*[3].
- Forame oval patente (FOP): a causa do FOP está na reabsorção excessiva do *septum primum* e/ou *secundum*[3].
- Comunicação interventricular (CIV): o septo interventricular se desenvolve a partir de três componentes embrionários: os coxins endocárdicos, as saliências do cone-tronco e o septo muscular. A falha da septação ventricular pode ser causada por diferentes mecanismos originando várias formas de defeitos do septo interventricular, dentre os quais estão: desenvolvimento deficiente das saliências do cone-tronco proximais, falência na fusão do septo ventricular muscular e membranáceo, defeito no septo atrioventricular e desenvolvimento insuficiente do septo muscular interventricular[3].
- Defeito do septo atrioventricular (DSAV): a fusão incompleta dos coxins endocárdicos com o septo interatrial e a porção muscular do septo interventricular acarretará alteração na formação de qualquer uma das estruturas a seguir: a parte inferior do septo interatrial, o septo interventricular (logo abaixo da região tricúspide e mitral) e pela divisão da válvula única entre os átrios embrionários e os ventrículos[3].
- Estenose aórtica e pulmonar: ocasionada por erro na cavitação e no remodelamento do coxim responsável pela formação da valva semilunar aórtica e pulmonar[3].
- Interrupção do arco aórtico (IAA): as causas da IAA ainda não estão bem estabelecidas, mas acredita-se que ela ocorra por causa de uma deleção do cromossomo 22q11.2 que ocasiona a degeneração do 4º arco aórtico esquerdo que dará origem ao arco da aorta[4].
- *Truncus arteriosus* (TA): ocorre por falha na formação do septo que divide o tronco artéria em artéria aorta e artéria pulmonar pelo desenvolvimento anormal das células da crista neural[3].
- D-transposição das grandes artérias (D-TGA): ocorre quando a septação do tronco arterial não segue o padrão em espiral[3].
- Transposição corrigida das grandes artérias (LTGA): o tubo cardíaco na fase embrionária gira para a esquerda, assim o ventrículo primitivo irá se posicionar à direita e o *bulbus cordis* à esquerda[4].

REFERÊNCIAS BIBLIOGRÁFICAS

1. Moore KL, Persaud TVN. Embriologia clínica. 8ª ed. Rio de Janeiro (RJ): Elsevier; 2008.
2. Pereira FL. Embriologia do sistema cardiovascular. Faculdade Pernambucana de Saúde. Disponível em: https://educapes.capes.gov.br/handle/capes/566404. [Acesso em 22/11/2020].

3. Subramaniam KG Solomon N. The Basis of Management of Congenital Heart Disease, In: Firstenberg M, editor. Principles and Practice of Cardiothoracic Surgery, InTech. 2013.
4. Nichols DG, Ungerleider RM, Spevak PJ, Greeley WJ, Cameron DE, Lappe DG, et al. Critical Heart Disease in Infants and Children. 2nd ed. Elsevier Mosby; 2018.
5. Disciplina de Embriologia Humana da Faculdade de Medicina de Marília. Desenvolvimento do coração. Disponível em: https://www.famema.br/ensino/embriologia/sistemacardiovascularcoracao.php . [Acesso em 22/11/2020].
6. Balta JY. Development of human Heart. Disponível em: hduod.weebly.com. [Acesso em 22/11/2020].
7. Schoenwolf G. et al. Larsen's human embryology 4.ed. Churchill, 2008.
8. Oduah MTA, Sharma P, Brown KN. Anatomy, thorax, heart fossa ovalis. [Updated 2020 Sep 3]. In: StatPearls [Internet]. Treasure Island (FL): StatPearls Publishing; 2020.

2

Circulação fetal e transicional neonatal – conceitos básicos

Andyara Cristianne Alves

◊ CIRCULAÇÃO FETAL

A placenta é a única conexão entre o feto e o meio externo e tem a função de suprir as necessidades de um organismo em desenvolvimento em um ambiente de hipóxia relativa[1]. As adaptações circulatórias que existem na vida fetal garantem as trocas gasosas, a nutrição do feto e a retirada dos produtos de seu metabolismo.

A seguir, é descrito de forma detalhada como ocorre a circulação fetal e posteriormente como esta circulação se modificará após o nascimento.

◊ FISIOLOGIA DA CIRCULAÇÃO FETAL (FIGURA 2.1)

O sangue proveniente da placenta com alto teor de oxigênio (PO_2 = 30 a 35 mmHg) é transportado pela veia umbilical até o ducto venoso e mistura-se com o sangue venoso proveniente dos membros inferiores pela veia cava inferior (VCI). Ao alcançar o átrio direito (AD) ocorre nova mistura entre o sangue proveniente da VCI e da veia cava superior (VCS) fazendo com que ocorra nova redução na saturação periférica de oxigênio ($SatO_2$)[1].

Na vida intrauterina a pressão da artéria pulmonar (AP), do AD, e do ventrículo direito (VD) encontra-se elevada; este fator contribui para o desvio do fluxo sanguíneo pelo forame oval do átrio direito para o átrio esquerdo (AE).

O sangue que retorna das veias pulmonares e o fluxo sanguíneo proveniente do AD se misturam no AE.

Capítulo 2 – Circulação fetal e transicional neonatal **13**

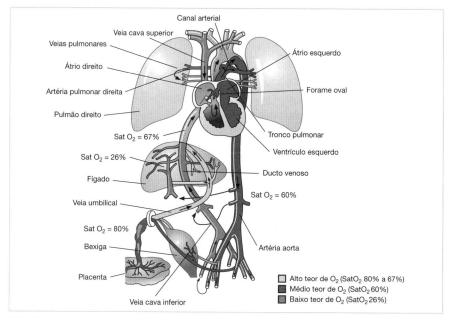

FIGURA 2.1 A circulação fetal: explicação no texto. As setas indicam a direção que o fluxo sanguíneo percorre na vida fetal. A cor cinza clara refere-se ao sangue com alto teor de oxigênio (SatO$_2$ 80% a 67%), encontrado na veia umbilical, no ducto venoso, na veia cava inferior (acima do ducto venoso), no átrio e ventrículo esquerdo e no arco da aorta. A cor cinza escura refere-se ao sangue misturado e com médio teor de oxigênio (SatO$_2$ 60%) encontrado no tronco pulmonar, no canal arterial e na aorta descendente. A cor cinza intermediária se refere ao sangue com baixo teor de oxigênio encontrado na veia cava superior, no átrio e ventrículo direito e na porção inferior da veia cava inferior (abaixo do ducto venoso). Adaptado[4].

Ao desaguar no ventrículo esquerdo (VE), o fluxo sanguíneo segue para a artéria aorta ascendente e para o arco da aorta; pelas artérias subclávias, carótidas e coronárias irriga a parte superior do feto incluindo: cérebro, coração e membros superiores.

A pequena quantidade de fluxo sanguíneo do AD se direciona para o VD e para a artéria pulmonar (AP) seguindo para os pulmões do feto, que estão preenchidos por líquido, enquanto a maior quantidade de fluxo sanguíneo se desvia para o canal arterial e segue em direção à porção descendente da aorta irrigando a parte inferior do corpo do feto.

Finalmente, as artérias umbilicais levam o sangue fetal de volta para a placenta para realizar as trocas gasosas.

Na vida intrauterina, o forame oval, o canal arterial, a veia umbilical e o ducto venoso são adaptações que garantem a sobrevivência do feto mesmo diante de lesões cardíacas complexas[1,2].

Algumas malformações cardiovasculares são de extrema gravidade e já podem ter repercussão na vida intrauterina. A efusão pericárdica (acúmulo excessivo de líquido na cavidade pericárdica), a perda da função contrátil do coração e a cardiomegalia são achados de disfunção cardíaca fetal.

FISIOLOGIA DA CIRCULAÇÃO TRANSICIONAL NEONATAL (FIGURA 2.2)

As modificações estruturais e funcionais que ocorrem da circulação fetal para a transicional neonatal são ocasionadas pela substituição da placenta como órgão de troca gasosa pelos pulmões do recém-nascido. Algumas alterações ocorrem já com a primeira respiração, enquanto outras podem ocorrer em poucas horas ou dias a partir do nascimento[3-5]. Essas mudanças levam ao fechamento do canal arterial e do forame oval que eram fundamentais na vida fetal e permitiam o desvio de sangue da AP para artéria aorta (AO) descendente e do AD para o AE respectivamente. Além disso, ocorrerão modificações nos padrões das pressões da circulação sistêmica e pulmonar que eram muito próximas na vida fetal.

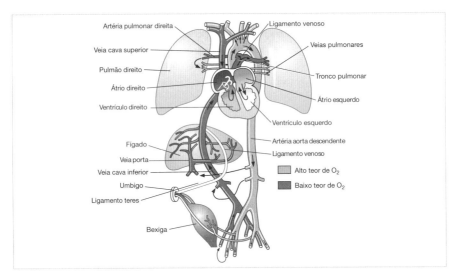

FIGURA 2.2 Circulação transicional neonatal, explicação mais detalhada no texto. Após o nascimento, a troca gasosa é feita pelos pulmões e ocorrerão a oclusão do forame oval e do canal arterial e a separação da circulação arterial e venosa. Em cinza claro, sangue arterial com alto teor de oxigênio. Em cinza escuro, sangue venoso com baixo teor de oxigênio. Adaptado[4].

Após o clampeamento do cordão umbilical e a remoção da placenta, ocorre aumento da resistência vascular sistêmica (RVS) e, com o início da respiração espontânea do recém-nascido, a resistência vascular pulmonar (RVP) diminui progressivamente. Os fatores que contribuem para a diminuição da RVP são a expansão pulmonar, o aumento da pressão arterial parcial de oxigênio (PaO_2) e o aumento da capacitância das veias pulmonares.

As alterações nas pressões da circulação sistêmica e pulmonar determinam mudanças na direção no fluxo sanguíneo que passa pelo canal arterial, até que ocorra o seu fechamento nas primeiras horas de vida pela constrição das paredes musculares lisas e posteriormente a necrose em até três semanas[1,2].

Os fatores que determinam o fechamento do canal arterial são: redução nos níveis de prostaglandina após remoção da placenta e aumento progressivo da PaO_2 após o nascimento; nos primeiros 10 minutos de vida a PaO_2 é de 50 mmHg e no segundo dia alcança 80 mmHg[2].

Nas cardiopatias complexas, a infusão de prostaglandina no período neonatal proporciona a manutenção do canal arterial aberto, garantindo a sobrevivência do neonato até a intervenção cirúrgica ou hemodinâmica.

A aderência do *septum primum ao septum secundum* em razão da elevação da pressão no AE impede o desvio de sangue entre as câmaras atriais e com o fechamento do forame oval forma-se a fossa oval[3-5].

Uma semana após o nascimento, a porção intra-abdominal da veia umbilical se torna o ligamento redondo do fígado e o ducto venoso origina ligamento venoso. O fechamento do ducto venoso ocorre pela contração do seu esfíncter e com isto o sangue que entra no fígado percorre os sinusoides hepáticos[3,4].

Portanto, após o nascimento à medida que as adaptações da vida fetal desaparecem e a circulação se torna em série não deve mais ocorrer mistura entre o sangue arterial e o venoso.

A circulação pulmonar, conhecida por pequena circulação, se inicia quando o sangue venoso proveniente da VCS e VCI deságua no AD e posteriormente com a abertura da valva tricúspide chega ao VD, sendo bombeado para as artérias pulmonares, chegando aos pulmões nos quais se realizam as trocas gasosas.

Na circulação sistêmica, ou grande circulação, o sangue arterial chega ao AE pelas veias pulmonares, passa para o VE com a abertura da valva mitral e de lá é bombeado para a AO sendo distribuído para todos os órgãos e tecidos do corpo para ofertar oxigênio (O_2) e remover o gás carbônico (CO_2).

Cada batimento cardíaco é desencadeado por uma corrente elétrica gerada no nó sinusal, ela se espalha do AD para o nó atrioventricular e segue pelo feixe de Hiss para ativar a contração ventricular na sístole.

CORAÇÃO NEONATAL

O coração do neonato possui características singulares e passa por transformações estruturais e funcionais durante os 2 primeiros anos de vida da criança.

Os mecanismos fisiológicos do sistema cardiovascular em amadurecimento explicam o porquê da maior vulnerabilidade desta faixa etária nas situações de estresse e o desenvolvimento de alterações metabólicas como acidose lática, hipoglicemia e alterações na termorregulação em resposta a estas situações[6-8].

Características do coração neonatal

- Miocárdio imaturo:
    - Menor capacidade sistólica, pois tem menos quantidade de miofibrilas.
    - Menor quantidade de proteínas contráteis (actina e miosina).
    - Maior quantidade de tecido conectivo.
    - Arranjo das miofibrilas caótico e não linear.
- Substrato energético do miocárdio para a contração[6-8]:
    - No neonato é a glicose, o piruvato e o lactato.
    - No adulto é o ácido graxo.
- Fibra miocárdica[6-8]:
    - Encontra-se mais estirada em condições basais resultando em menor eficiência contrátil e diminuição da complacência ventricular. Esta característica faz com que o coração do neonato tenha menor reserva diastólica em situações de sobrecarga volumétrica.
- O enchimento ventricular sofre ação do mecanismo de interdependência ventricular[6-8]:
    - Isto é, quando uma câmara ventricular sofre uma sobrecarga volumétrica ou pressórica o enchimento da outra câmara ficará comprometido[6-8].
- Retículo sarcoplasmático[6-8]:
    - Não está totalmente desenvolvido, portanto, o estoque de cálcio é menor.
    - O menor número de sarcômeros, mitocôndrias e o estoque elevado de glicogênio refletem as adaptações do neonato às condições anaeróbias com maior capacidade e tolerância aos insultos hipóxico-isquêmico[6-8].
- Sistema nervoso simpático[6-8]:
    - É imaturo, o estoque de catecolaminas no miocárdio é reduzido.
    - A contratilidade miocárdica é potencializada pela ação das catecolaminas circulantes, principalmente nos primeiros dias de vida, para garantir o adequado débito cardíaco, os neonatos e lactentes dependem muito mais da frequência cardíaca do que da pré-carga.

📖 REFERÊNCIAS BIBLIOGRÁFICAS

1. Mattos SS. Fisiologia da circulação fetal e diagnóstico das alterações funcionais do coração do feto. Arq Bras Cardiol. 1997;69(3):205-7.
2. Freed MD. Fetal and transitional circulation. In: Keane J, Fyler D, Lock J, editors. Nadas' Pediatric Cardiology. 2nd ed. Saunders; 2006.
3. Moore KL, Persaud TVN. Embriologia Clínica. 8ª ed. Rio de Janeiro (RJ): Elsevier; 2008.
4. Moore KL, Persaud TVN. The developing human: clinically oriented embryology. 7th ed. Philadelphia: WB Saunders; 2003.
5. Sadler TW. Langman Embriologia Médica. 9' ed. Rio de Janeiro (RJ): Guanabara Koogan; 2005.
6. Abellan DM. O recém-nascido com cardiopatia congênita. In: Procianoy RS, Leone CR, editors. PRORN Programa de Atualização em Neonatologia. Sociedade Brasileira de Pediatria. Artmed. Disponível em: xa.yimg.com namepro_rn_cardiopatia Acesso em: 16 mar 2018.
7. Hines MH. Neonatal cardiovascular physiology. Sem Pediatric Surg. 2013;22(4):174-8.
8. Abellan DM. Insuficiência Cardíaca Congestiva. Diagnóstico e Tratamento. In: Santana MVT, editor. Cardiopatias Congênitas no Recém-Nascido. Diagnóstico e Tratamento. São Paulo: Atheneu; 2005.

3

Nomenclatura e análise sequencial das estruturas cardíacas – conceitos básicos

Andyara Cristianne Alves

✎ INTRODUÇÃO

As cardiopatias congênitas podem ser simples ou complexas e ainda podem apresentar amplo espectro por causa da combinação de malformações estruturais.

A análise sequencial das estruturas cardíacas foi implementada a partir da década de 1960, por Van Praagh e Anderson, com a finalidade de padronizar e facilitar a comunicação utilizada entre os médicos no diagnóstico e no tratamento das cardiopatias congênitas[1,2].

Nesta análise sequencial, são identificados morfologicamente os três segmentos que compõem o coração, que são as câmaras atriais, a massa ventricular e as grandes artérias; além disso, esta análise descreve as conexões entre essas estruturas (Figura 3.1) e a existência de malformação em qualquer um destes segmentos[3].

A relação espacial entre as estruturas anatômicas que compõem o coração pode não seguir o padrão anatômico normal, isto é, as artérias, as veias e as câmaras cardíacas podem estar anatomicamente posicionadas em "qualquer lugar"[3].

Os termos morfologicamente direito e morfologicamente esquerdo são adotados para descrever as características estruturais internas dos segmentos cardíacos, mesmo quando estão localizados anormalmente[4]. Exemplificando, o átrio esquerdo (AE), que no padrão anatômico usual se encontra do lado esquerdo do corpo, pode estar localizado do lado direito, e as características morfológicas permitem a sua identificação mesmo estando do lado oposto.

Capítulo 3 – Nomenclatura e análise sequencial das estruturas cardíacas

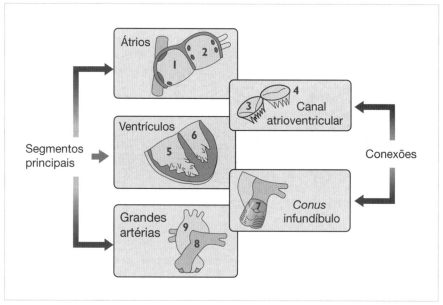

FIGURA 3.1 Os três segmentos principais do coração: átrios, ventrículos e grandes artérias e as conexões anatômicas atrioventriculares e ventriculoarterial. Em 1 átrio direito, 2 átrio esquerdo, 3 valva tricúspide, 4 valva mitral, 5 ventrículo direito, 6 ventrículo esquerdo, 7 infundíbulo pulmonar, 8 tronco pulmonar, 9 artéria aorta. Adaptado[5].

POSIÇÃO E ORIENTAÇÃO CARDÍACA

A posição do coração no tórax pode ser afetada por muitos fatores, incluindo a malformação cardíaca subjacente, anormalidades das estruturas mediastinais e torácicas, tumores, cifoscoliose e anormalidades do diafragma[2].

O coração anormalmente posicionado geralmente levanta a suspeita de cardiopatia congênita[6]. Os termos adotados para esta descrição são:

- Levoposição: descreve o padrão normal, quando a maior parte da massa do coração encontra-se do lado esquerdo do corpo.
- Dextroposição: descreve a localização da massa cardíaca em maior parte do lado direito do corpo.
- Mesoposição: descreve a localização da massa cardíaca predominantemente no centro do tórax.

Os padrões encontrados na análise da orientação do ápice do coração são[3] (Figura 3.2):

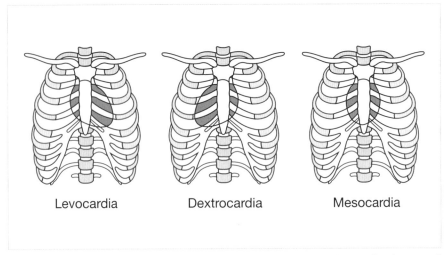

FIGURA 3.2 A orientação do coração em referência ao eixo base-ápice. Levocardia: eixo normal, o ápice cardíaco está direcionado para esquerda. No centro da figura: dextrocardia ocorre quando o ápice cardíaco está voltado para direita em relação à base. Mesocardia acontece quando o coração está orientado na linha média e o ápice situa-se diretamente inferior à base. Adaptado[7].

- Levocardia: ápice do coração direcionado para a esquerda (padrão normal).
- Dextrocardia: ápice do coração se direcionado para a direita.
- Mesocardia: ápice do coração se direcionado para o meio.

SITUS VISCEROATRIAL

O *situs* visceroatrial se refere às possíveis localizações dos órgãos torácicos e abdominais, que normalmente não são simétricos.

As alterações dos *situs* visceroatrial são condições raras e complexas, e a suspeita diagnóstica dessa condição pode ser confirmada por radiografia toracoabdominal, tomografia computadorizada e ecocardiografia. Outros exames, como a ecocardiografia transesofágica ou a ressonância magnética, permitem o reconhecimento mais facilitado dos possíveis padrões descritos na literatura[6,8].

O *situs* visceroatrial pode ser *solitus, inversus* ou *ambiguous* (Figura 3.3). Para se fazer esta classificação é necessário determinar a posição dos órgãos toracoabdominais como pulmões, brônquios pulmonares, fígado, estômago e baço.

- *Situs solitus*: é encontrado quando o posicionamento dos órgãos toracoabdominais segue a lateralidade normal ou o padrão usual (Figura 3.4A). Exemplificando: o átrio morfologicamente direito e o fígado se encontram à direita e o estômago à esquerda.

Capítulo 3 – Nomenclatura e análise sequencial das estruturas cardíacas   21

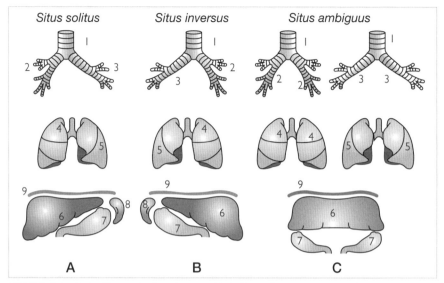

FIGURA 3.3 A classificação do situs visceroatrial. A. Situs solitus com órgão torácicos e abdominais no padrão usual. B. Situs inversus com a inversão da lateralidade de órgão torácicos e abdominais, imagem em espelho. C. Situs ambiguus: direito e esquerdo com arranjo simétrico das vísceras torácicas e abdominais, pode ocorrer poliesplenia ou asplenia. 1: traqueia; 2: brônquio fonte direito; 3: brônquio fonte esquerdo; 4: pulmão com 3 lóbulos; 5: pulmão com 2 lóbulos; 6: fígado; 7: estômago; 8: baço; 9: diafragma. Adaptado[9].

- *Situs inversus*: refere-se à imagem em espelho (Figura 3.4B). Ocorre quando há inversão da lateralidade de todos os órgãos torácicos e abdominais. Esta condição pode ocorrer sem que haja cardiopatia congênita associada.
- *Situs ambigüus*: é considerada condição rara e grave. Ocorre simetria dos órgãos assimétricos (Figura 3.4C e 3.4D), ou seja, os apêndices atriais de mesma morfologia encontram-se em ambos os lados do coração e ainda há isomerismo dos brônquios pulmonares e dos pulmões; esse padrão pode associar-se à heterotaxia dos órgãos abdominais que seguirá um padrão desordenado. A incidência de cardiopatia congênita e de anomalias extracardíaca nestes casos é elevada[3], podendo ocorrer:
  - Isomerismo do apêndice atrial direito, relacionado à asplenia (ausência de baço). As cardiopatias congênitas mais comuns nestes casos são: drenagem anômala total das veias pulmonares (DATVP), dupla via de saída do ventrículo direito (DVSVD) e coração univentricular com estenose ou atresia pulmonar.
  - Isomerismo do apêndice atrial esquerdo, relacionado a múltiplos baços (polisplenia); é comum nestes casos a persistência da veia cava superior esquerda (VCSE), que ocorre pela falha na regressão de parte da veia cardinal esquerda na vida fetal.

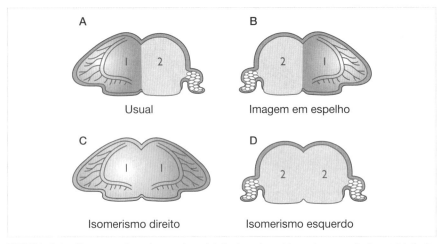

FIGURA 3.4 Os quatro tipos de arranjo atrial. A. Arranjo atrial usual, com apêndice atrial direito à direita e apêndice atrial esquerdo à esquerda. B. Imagem em espelho com apêndice atrial direito à esquerda e apêndice atrial esquerdo à direita. C e D. Isomerismo atrial direito e esquerdo respectivamente, com simetria atrial bilateral. Adaptado[3].

ANÁLISE MORFOLÓGICA DOS ÁTRIOS

Os átrios são compostos por três estruturas: a porção venosa, o apêndice atrial e o canal atrioventricular (AV). A principal estrutura que diferencia o átrio morfologicamente direito (AD) do esquerdo (AE) são os apêndices atriais ou aurículas e a junção destes na parede atrial[2].

O apêndice atrial morfologicamente direito tem uma forma triangular e junção ampla com a câmara atrial; há também a crista terminal proeminente com músculos pectíneos que se estendem ao redor de toda a junção atrioventricular[4].

O apêndice atrial morfologicamente esquerdo tem forma tubular e apresenta junção estreita que não é marcada pela crista terminal e os músculos pectíneos do apêndice morfologicamente esquerdo são muito mais limitados em extensão[4].

CONEXÃO ATRIOVENTRICULAR

No coração normal, existem dois orifícios AV que permitem a comunicação entre os átrios e os ventrículos adjacentes.

Normalmente, o AD está conectado ao ventrículo direito (VD) pela valva tricúspide e o AE se conecta ao ventrículo esquerdo (VE) pela valva mitral. Em corações com malformações complexas, existe a possibilidade de a junção AV ser feita por apenas uma valva AV comum ou por duas valvas, porém uma delas poderá se encontrar imperfurada, estenótica, cavalgando o ventrículo contralateral ou até o ausente[3].

As conexões biventriculares serão concordantes quando o AD e o AE conectarem-se ao VD ao VE por meio da valva tricúspide e mitral, respectivamente, e serão discordantes quando o AD se conectar ao VE e o AE se conectar ao VD. Nos casos de inversão ventricular, as valvas AV subjacentes sempre acompanham os ventrículos aos quais estão normalmente conectadas.

Já as conexões univentriculares ocorrem quando ambos os átrios se conectam a um ventrículo único (Figura 3.5) ou quando as valvas AV se abrem para um ventrículo dominante, enquanto o outro ventrículo é rudimentar. A valva sempre está relacionada ao ventrículo que recebe mais de 50% de seu orifício podendo este ser o ventrículo direito ou o esquerdo.

Observar na Tabela 3.1 as possibilidades entre as conexões AV.

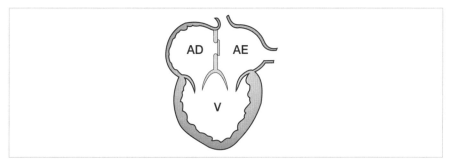

FIGURA 3.5 Conexão atrioventricular univentricular com dupla via de entrada no ventrículo indeterminado. Adaptado[10]. AD: átrio direito, AE: átrio esquerdo, V: ventrículo indeterminado.

TABELA 3.1 Resumo das possibilidades de conexões atrioventriculares na parte superior. Na parte inferior, as conexões possíveis entre os ventrículos e as grandes artérias

Conexões atrioventriculares
Concordante
Discordante
Ambígua
Dupla via de entrada
Ausência de conexão atrioventricular
Conexões ventriculoarteriais
Concordante
Discordante
Dupla via de saída
Saída única do ventrículo

◊ VENTRÍCULOS

A massa ventricular normalmente possui dois ventrículos, que são identificados por características externas e internas, um de morfologia direita (VD) e o outro de morfologia esquerda (VE), sendo raros os casos de ventrículo único indeterminado.

Externamente, o VD tem formato triangular, a artéria coronária direita e seus ramos irrigam este ventrículo. Internamente, o VD possui musculatura trabecular grossa e em pouca quantidade. A via de entrada do VD compreende a junção AV com músculos papilares pequenos e numerosos inserindo-se na parede e no septo interventricular. O aparelho valvar tricúspideo é composto por três folhetos: o anterior, o posterior e o septal que são fixados ao septo e na parede ventricular pelas cordas tendíneas. A via de saída do VD compreende a região infundibular, uma região lisa em torno do óstio pulmonar[3,4].

O VE tem formato arredondado, é irrigado pela artéria coronária esquerda e seus ramos. As suas trabeculações são finas, em grande quantidade e encontradas na parede do VE, exceto na porção superior. A musculatura papilar em menor número se insere apenas na parede ventricular. O aparelho valvar é constituído por 2 folhetos, o anterior e o posterior, formando a valva mitral. A ausência de região infundibular caracteriza a via de saída do VE[3].

A localização espacial dos ventrículos é feita pela identificação do ventrículo morfologicamente direito (VD), pela análise da via de entrada, via de saída e do septo ventricular. No posicionamento ventricular normal, o VD se encontra à direita do VE, significando que o tubo cardíaco na fase embrionária curvou-se para a direita (*D loop*). Porém, se, neste período, ocorreu a curvatura ventricular para o lado esquerdo (*L loop*) o futuro VD ficará à esquerda, assim o VD anatômico se posicionará à esquerda do VE. Isto ocorre na transposição corrigida das grandes artérias (LTGA).

◊ GRANDES ARTÉRIAS E CONEXÃO VENTRICULOARTERIAL

O tronco arterial dá origem às grandes artérias ou vasos da base, que são a artéria pulmonar (AP) e a artéria aorta (AO). Durante o desenvolvimento embriológico do coração, as alterações na região conotruncal também são responsáveis pelo surgimento de cardiopatias complexas. Os defeitos conotruncais são decorrentes de processos anormais da septação aorticopulmonar.

A localização espacial das grandes artérias é feita pelo posicionamento das valvas pulmonar e aórtica. A relação entre as grandes artérias pode ser normal, transposta, invertida e mal posicionada.

Há quatro formas de conexão entre os ventrículos e as grandes artérias[3] (Tabela 3.1).

Concordante

Normalmente, a conexão entre os ventrículos e as grandes artérias segue um padrão concordante, isto é, a AP emerge do VD e a AO emerge do VE.

Discordante

O padrão discordante é visto quando a AP emerge do VE e a AO emerge do VD (p. ex., D-transposição das grandes artérias).

Dupla via de saída

Este padrão é encontrado quando > 50% da circunferência de uma das valvas semilunares se encontra posicionada no ventrículo contralateral ou quando ambas artérias emergem de um mesmo ventrículo, que pode ser o direito ou o esquerdo.

Saída única do ventrículo

Uma outra variação pode ser encontrada quando um único tronco arterial se conecta ao ventrículo ou cavalga o septo interventricular, por exemplo: *truncus arteriosus*.

📖 REFERÊNCIAS BIBLIOGRÁFICAS

1. Schallert EK, Danton GH, Kardon R, Young DA. Describing congenital heart disease by using three--part segmental notation. Radio Graphics. 2013;33:E33-46.
2. Neil CA, Thompson WR, Spevak PJ. The segmental approch to congenital heart disease. In: Nichols DG, Ungerleider RM, Spevak PJ, Greeley WJ, Cameron DE, Lappe DG, et al. Critical Heart Disease in Infants and Children. 2nd ed. Elsevier Mosby; 2006.
3. Anderson RH, Shirali G. Sequential segmental analyses. Ann Pediatr Cardiol. 2009;2(1):24-35.
4. Princípios Básicos para o Diagnóstico. 2019. Disponível em: http://www.bibliomed.com.br/bibliomed/books/livro9/cap/cap02.htm. [Acesso em: 6 nov. 2018].
5. Gibreel M. Segmental Analysis of Congenital Heart Disease. Disponível em: https://www.slideshare.net/murtazavmmc/segmental-analysis-of-congenital-heart-disease. [Acesso em: 22/11/2020].
6. Shinebourne EA, Macartney FJ, Anderson RH. Sequential chamber localization -- logical approach to diagnosis in congenital heart disease. British Heart J. 1976;38:327-40.
7. Eidem BW. Echocardiography in Pediatric and Adult Congenital Heart Disease. 2.ed. Disponível em: https://doctorlib.info/cardiology/echocardiography-pediatric-adult/2.html. [Acesso em: 22/11/2020].
8. Isomerismo dos apêndices atriais. Disponível em: www.bibliomed.com.br/bibliomed/books/livro9/cap/cap04.htm. [Acesso em: 6 nov. 2020].
9. Segmental Anatomy & Nomenclature. Disponível em: https://sites.google.com/a/pedscards.com/pedscards-com/echocardiograms/segmental-anatomy--nomenclature-lai3 . [Acesso em: 22/11/2020].
10. Univentricular AV conection. Disponível em: https://sites.google.com/a/pedscards.com/pedscards--com/cardiology-notes/univentricular-av-connection. [Acesso em: 22/11/2020].

4

Cardiopatias congênitas acianóticas

Andyara Cristianne Alves

CONSIDERAÇÕES GERAIS

As cardiopatias congênitas são os defeitos congênitos mais comuns, segundo a Organização Mundial da Saúde (OMS), a incidência varia entre 0,8% nos países com alta renda e 1,2% nos países com baixa renda; a incidência média no Brasil e demais países da América Latina é de 1%[1,2].

As anormalidades cardiovasculares congênitas são a causa mais comum de mortalidade infantil no primeiro ano de vida e a terceira causa de mortalidade neonatal[3]. Estima-se que 30% dos recém-nascidos com cardiopatia congênita necessitam de tratamento intervencionista e/ou cirúrgico no período neonatal por causa da complexidade da cardiopatia[1].

No Brasil, os dados da Sociedade Brasileira de Cirurgia Cardiovascular sugerem que nascem em torno de 28 mil crianças com cardiopatia congênita por ano, porém por falta de diagnóstico ou vagas na rede pública apenas 22% destas crianças recebem tratamento[3]. Infelizmente, o número de bebês que morrem nas primeiras semanas de vida sem receber o diagnóstico da cardiopatia é considerável[4].

Atualmente, com os avanços dos métodos diagnósticos, melhora no tratamento clínico, aperfeiçoamento dos cuidados intensivos e dos resultados cirúrgicos tem-se observado aumento cada vez maior das chances destas crianças atingirem a idade adulta[5-7].

DEFINIÇÃO

As cardiopatias congênitas são caracterizadas por uma ou mais alterações na estrutura e na função cardiovascular que ocorre no período intrauterino e está presente no nascimento, mesmo que o diagnóstico seja feito posteriormente[6].

ETIOLOGIA

As cardiopatias congênitas possuem causa desconhecida, mas acredita-se que a combinação de fatores genéticos e ambientais sejam responsáveis pela malformação cardíaca. Geralmente as cardiopatias congênitas estão associadas a alterações genéticas, cromossômicas, história familiar, exposição a drogas e doenças maternas.

CLASSIFICAÇÃO

Elas são classificadas pelo perfil hemodinâmico, que reflete a magnitude do fluxo sanguíneo pulmonar. Assim, as cardiopatias podem ser de hiperfluxo, normofluxo ou hipofluxo pulmonar.

Pelo grau de oxigenação sanguínea elas se classificam em cardiopatias acianóticas com *shunt* esquerdo-direito (*shunt* E-D) ou cardiopatias obstrutivas. As cardiopatias cianóticas são de *shunt* direito-esquerdo (*shunt* D-E) ou mistura intracardíaca.

No diagrama da Figura 4.1, está apresentada a classificação das cardiopatias congênitas.

MANIFESTAÇÕES CLÍNICAS

O período e a intensidade das manifestações clínicas dependem do tipo da cardiopatia, do tamanho e do número de alterações estruturais do coração.

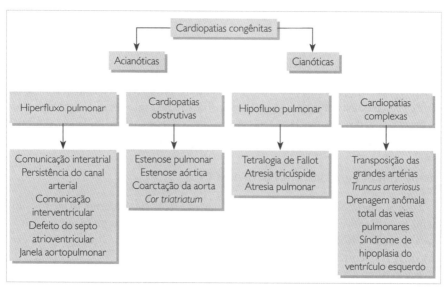

FIGURA 4.1 Classificação das cardiopatias congênitas mais comuns.

As cardiopatias que se manifestam nos primeiros dias de vida são as mais complexas e de maior gravidade. As manifestações clínicas no período neonatal ocorrem por causa das mudanças fisiológicas da circulação fetal para a neonatal, que podem limitar o fluxo sanguíneo pulmonar ou sistêmico em decorrência do fechamento do canal arterial. Em algumas ocasiões, também pode ocorrer aumento do fluxo sanguíneo pulmonar pela queda da resistência vascular pulmonar (RVP) após o nascimento.

No período neonatal os sinais e sintomas como sopro cardíaco, taquipneia, cianose, arritmias e insuficiência cardíaca congestiva (ICC) levantam a hipótese diagnóstica de cardiopatia congênita, porém se faz necessário o diagnóstico diferencial, pois estes sintomas também podem ser encontrados em outras situações como: anemia, sepse neonatal, infecções respiratórias e alterações neurológicas[7,8].

Nas crianças mais velhas, as manifestações clínicas geralmente são cansaço aos esforços, déficit ponderoestatural e quadros de infecções respiratórias de repetição[7-9].

A seguir, são descritas as manifestações clínicas mais comuns das cardiopatias congênitas e suas causas.

Sopro cardíaco

É detectado pela ausculta cardíaca; nos primeiros dias de vida é muito comum por causa da presença do canal arterial ou do forame oval, desaparecendo com o fechamento de ambos.

Ocasionalmente o sopro pode ser sinal de cardiopatia congênita; ele reflete turbulência do fluxo sanguíneo ao passar pelas valvas cardíacas ou pelas comunicações intercavitárias[7].

Cianose

A cianose central é caracterizada pela diminuição da pressão parcial de oxigênio (PaO_2) e da saturação de oxigênio (SatO_2) e é clinicamente observada quando a concentração de hemoglobina reduzida é > 5 g/100 mL. A coloração azulada é mais bem observada na ponta dos dedos, nas mucosas e nos lábios. Nos casos de anemia, torna-se mais difícil de ser detectada. As consequências da cianose são a policitemia e hipocratismo digital[7].

Insuficiência cardíaca congestiva (ICC)

Ocorre quando o sistema cardiovascular não consegue ofertar oxigênio suficiente para atender à demanda metabólica dos diferentes órgãos e sistemas. A ICC pode ter como causa cardiomiopatias, infecções, intoxicação medicamentosa e cardiopatias congênitas.

Nas cardiopatias congênitas, a ICC é ocasionada por sobrecarga pressórica, volumétrica ou por disfunção miocárdica.

Os sinais de ICC incluem taquicardia, taquipneia, retrações inspiratórias, batimento de aletas nasais, cardiomegalia, hepatomegalia, edema pulmonar, dificuldade para mamar, baixo ganho de peso e déficit de crescimento[7].

Redução do débito cardíaco (DC)

Nas cardiopatias congênitas a redução do DC é causada por fatores como obstrução do fluxo cardíaco ou por falência cardíaca. Os sinais de baixo débito cardíaco incluem pele moteada ou por vezes acinzentada, pulsos fracos, tempo de enchimento capilar aumentado, acidose metabólica, hipoglicemia, disfunção renal e hepática, alteração de comportamento com irritabilidade[7].

Arritmias

Os distúrbios do ritmo cardíaco podem estar presentes por causa de alterações estruturais do coração ou por outras causas, como intervenções cirúrgicas[8].

Taquipneia

É uma manifestação que pode estar presente nas cardiopatias congênitas e nos quadros de ICC ou outras doenças do recém-nascido como a taquipneia transitória do recém-nascido[8].

◎ DIAGNÓSTICO

Algumas cardiopatias são diagnosticadas durante a gestação, outras logo após o nascimento e não é incomum acontecer casos de diagnóstico somente na infância ou na fase adulta por causa da ausência de sinais ou sintomas precoces; nesses casos, o diagnóstico geralmente ocorre no exame físico de rotina.

O diagnóstico precoce tem grande impacto positivo na sobrevida da criança com cardiopatia congênita, pois permite melhor planejamento e direcionamento terapêutico.

As cardiopatias congênitas podem ser rastreadas durante o período gestacional pela ultrassonografia obstétrica, apesar de este exame possuir baixa sensibilidade para detectar a maioria delas; quando for detectada alguma anormalidade haverá indicação para a realização do ecocardiograma fetal[10]. O ecocardiograma fetal também é indicado para fetos com anomalias extracardíacas ou com transluscência nucal aumentada, nas arritmias fetais, nas mães com história familiar de cardiopatia congênita e nas mães com diabete melito ou que sofreram exposição a agentes cardioteratogênico como o lítio, anticonvulsivantes e anti-inflamatórios não hormonais[10].

O ecocardiograma fetal é um exame de imagem realizado por um cardiologista pediatra treinado e pode ser realizado a partir da 18ª semana gestacional. Este exame, além de fazer o diagnóstico da cardiopatia, permite também o acompanhamento do feto cardiopata até o seu nascimento[10]. Nos últimos 30 anos, vem aumentando o número de crianças que já nascem diagnosticadas pela ecocardiografia fetal; este fator está fortemente associado à diminuição da morbimortalidade neonatal[11].

Os outros exames que auxiliam no diagnóstico de cardiopatia congênita são os que seguem:

Exame físico

Os sinais vitais (pulso e pressão arterial) devem ser verificados nos quatro membros; ausculta cardíaca; coloração de pele e mucosas; temperatura corpórea e palpação do fígado, dentre outros.

Eletrocardiograma

Este exame identifica as arritmias cardíacas e a presença de hipertrofia ventricular direita (transposição das grandes artérias, tetralogia de Fallot etc.) ou esquerda (atresia tricúspide, *truncus arteriosus* etc.).

Radiografia de tórax

Permite avaliar se o fluxo sanguíneo pulmonar está aumentado (hiperfluxo pulmonar), normal ou diminuído (hipofluxo pulmonar) (Figura 4.2). A congestão pulmonar é comum nas cardiopatias de *shunt* E-D ou na disfunção ventricular esquerda.

Além disso, também é possível avaliar o *situs* cardíaco e a silhueta cardíaca. Em algumas cardiopatias congênitas o formato do coração é característico, na tetralogia de Fallot, por exemplo, o coração tem formato de tamanco holândes (Figuras 4.3 a 4.7).

Oximetria de pulso

O teste de triagem conhecido por teste do coraçãozinho é considerado um instrumento de elevada especificidade e sensibilidade para detectar precocemente as cardiopatias congênitas no recém-nascido com idade gestacional acima de 34 semanas.

A Portaria SCTIE/MS n. 20, de 10 de junho de 2014, tornou pública a decisão de incorporar a oximetria de pulso como parte da triagem neonatal no Sistema Único de Saúde (SUS)[4].

Capítulo 4 – Cardiopatias congênitas acianóticas 31

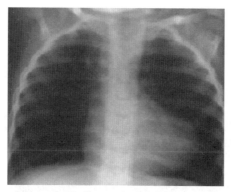

FIGURA 4.2   Imagem radiológica de hipofluxo pulmonar. Trama vascular reduzida e hipertransparência do parênquima pulmonar.

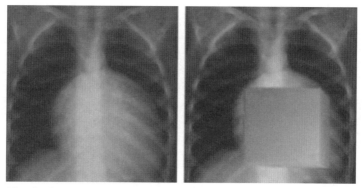

FIGURA 4.3   Cardiomegalia e hipofluxo pulmonar na anomalia de Ebstein[12].

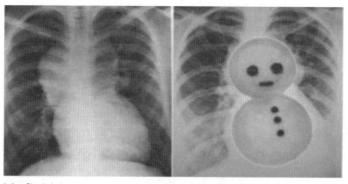

FIGURA 4.4   Sinal de boneco de neve da drenagem anômala total das veias pulmonares supracardíacas. Nota-se também congestão pulmonar[12].

32 Fisioterapia na Cardiologia Pediátrica

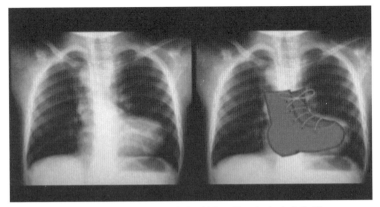

FIGURA 4.5 Coração em bota (ou tamanco holandês) na Tetralogia de Fallot[12].

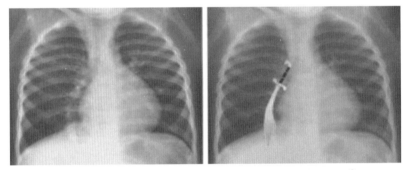

FIGURA 4.6 Sinal da cimitarra na drenagem anômala parcial das veias pulmonares[12].

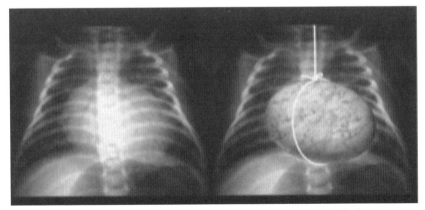

FIGURA 4.7 Coração em formato ovoide na D-transposição das grandes artérias[12].

Teste da hiperóxia

Este teste permite diferenciar a cianose de causa pulmonar e de causa cardíaca pela avaliação da PaO_2 antes e após suplementação de oxigênio a 100%.

Ecocardiograma transtorácico/transesofágico

Exame que verifica a anatomia do coração, defeitos cardíacos, a magnitude do *shunt* intracardíaco e as lesões valvares.

Cateterismo cardíaco

Torna possível o cálculo do *shunt*, mensura as pressões nas câmaras cardíacas e verifica a orientação dos grandes vasos da base.

TRATAMENTO

Após confirmação diagnóstica, o tratamento apropriado que será estabelecido depende do tipo de cardiopatia, da idade da criança e das comorbidades associadas.

O tratamento conservador pode ser indicado em alguns casos, porém, a maioria dos pacientes necessitará de tratamento cirúrgico com correção total ou paliativa, da cardiopatia. Em algumas ocasiões, a correção da cardiopatia também pode ser feita por via endovenosa (cateterismo cardíaco) associado ou não com o procedimento cirúrgico.

CARDIOPATIAS CONGÊNITAS ACIANÓTICAS COM HIPERFLUXO PULMONAR

São caracterizadas pelo *shunt* E-D, isto é, o fluxo sanguíneo segue do circuito de maior resistência (lado esquerdo do coração) em direção ao circuito que oferece a menor resistência (lado direito).

De modo geral, o aumento do fluxo sanguíneo para a circulação pulmonar evolui para quadros de hipertensão pulmonar (HP) e ICC. A intervenção cirúrgica no momento adequado evita a evolução desfavorável dessas cardiopatias[11,13].

Comunicação interatrial

É uma cardiopatia comum e caracteriza-se por um ou múltiplos orifícios de tamanhos variáveis na parede septal que separa as cavidades atriais (Figura 4.8). A comunicação interatrial (CIA) pode aparecer na forma isolada ou estar associada a outros defeitos cardíacos. Tem predominância no sexo feminino e os fatores de risco para o aparecimento é o diabete melito materno, alcoolismo materno e rubéola[13].

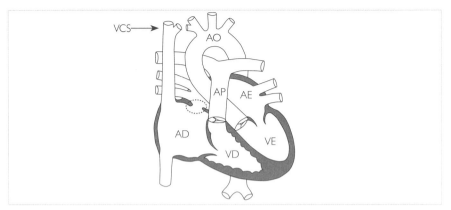

FIGURA 4.8 Comunicação interatrial (CIA) na área tracejada, cardiopatia de hiperfluxo pulmonar por causa do *shunt* E-D. AD: átrio direto, AE: átrio esquerdo, VD: ventrículo direito, VE: ventrículo esquerdo, AP: artéria pulmonar, AO: artéria aorta, VCS: veia cava superior.

Tipos

- *Ostium primum* (CIA OP): localizado na porção inferior do septo interatrial e relacionado ao *cleft* (fenda) da valva mitral. Corresponde a 20% dos casos de CIA[13].
- *Ostium secundum* (CIA OS): localizado na metade do septo interatrial (*septum primum*). É o tipo mais comum, representando 70% dos casos[13].
- Seio venoso: localizado próximo à veia cava superior (VCS) ou mais raramente próximo à veia cava inferior (VCI). Está muitas vezes associada à drenagem anômala da veia pulmonar superior direita[13].
- Seio coronariano: tem ampla comunicação entre o seio coronariano e o átrio esquerdo (AE), é o tipo mais raro[13].

Fisiopatologia

Ocorre desvio do fluxo sanguíneo do AE para o átrio direito (AD) (*shunt* E-D) pela CIA, ocasionando hiperfluxo pulmonar. A magnitude do *shunt* dependerá do tamanho do defeito, da resistência da circulação pulmonar sistêmica e da complacência biventricular. Com diminuição progressiva da RVP após o nascimento o VD torna-se mais complacente oferecendo menor resistência ao *shunt*, levando à dilatação das câmaras direitas[13].

Manifestação clínica

Depende do tamanho do defeito septal. A CIA pode ser assintomática, sendo identificada apenas em exames de rotina por causa do sopro cardíaco[13]. Porém, nos casos de CIA ampla, a criança apresenta quadros de dispneia, fadiga, redução da capacidade física, déficit de crescimento e infecções respiratórias de repetição.

Evolução

A mortalidade é baixa desde que a correção seja realizada na infância. As complicações da CIA incluem: hipertensão pulmonar, insuficiência cardíaca e as arritmias atriais[14].

Tratamento

O tratamento previne a evolução da doença da vasculatura pulmonar e reduz a incidência de arritmias supraventriculares[15]. Alguns casos podem evoluir para o fechamento espontâneo; geralmente isto ocorre no tipo CIAOS com 4 a 5 mm de diâmetro. Quando a CIA não se fecha espontaneamente é necessária a correção do defeito.

As formas de correção da CIA são:

- Fechamento percutâneo: é uma alternativa efetiva e segura, mas se restringe ao tipo CIA OS.
- Atriosseptorrafia: consiste na aproximação das bordas da CIA e sua sutura (Figura 4.9A).
- Atriosseptoplastia: consiste na colocação de um retalho (*patch*) de pericárdio bovino ou autólogo fixando a placa às bordas da CIA (Figura 4.9B).

Forame oval patente (Figura 4.10)

O septo interatrial é composto pelo *septum primum* e pelo *septum secundum*. O aumento de pressão no AE, após o nascimento, ocasiona a aderência do *septum primum* sobre o *septum secundum* originando a fossa oval. Quando esta aderência não ocorre é criado um "túnel" que permite a passagem de sangue entre os átrios. O forame oval patente (FOP) pode ser encontrado em 30% da população adulta e difere do defeito da fossa oval, que consiste na CIA OS[16].

Fisiopatologia

Ocorre *shunt* bidirecional entre os átrios a depender do ciclo respiratório. O mais frequente é que ocorra *shunt* do AE para o AD. Porém, em situações em que ocorre o aumento da pressão no AD, o *shunt* pode se inverter e acarretar processo embólico sistêmico[16].

Evolução

Geralmente o FOP tem evolução benigna e é considerado uma variação anatômica da normalidade. Porém, em indivíduos com menos de 55 anos de idade e com acidente vascular cerebral de causa indeterminada (AVC criptogênico) o FOP é encontrado em 60% dos casos[16].

36 Fisioterapia na Cardiologia Pediátrica

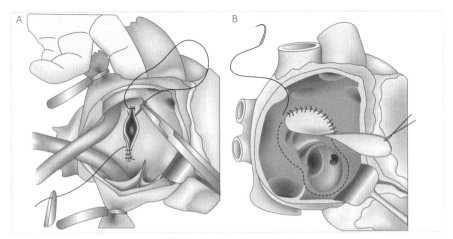

FIGURA 4.9 Correção cirúrgica da CIA. A. Atriosseptorrafia: consiste na aproximação e sutura das bordas da CIA. B. Atriosseptoplastia: consiste na colocação de retalho (patch) para fechar a CIA. Adaptado[17].

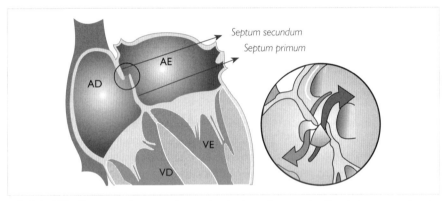

FIGURA 4.10 Forame oval patente dentro do círculo na figura maior. Em destaque, as setas demonstram o *shunt* bidirecional. Adaptado[18]. AD: átrio direito, AE: átrio esquerdo, VD: ventrículo direito, VE: ventrículo esquerdo.

Tratamento

O tratamento destina-se à profilaxia do AVC e pode ser clínico ou percutâneo.

Comunicação interventricular

A comunicação interventricular (CIV) é caracterizada por abertura única ou múltipla no septo interventricular, permitindo a comunicação entre os ventrículos[14,15] (Figura 4.11). O tamanho e a localização desta abertura é variável. Pode ser encontrada na forma isolada, representando 20% de todas as cardiopatias ou estar

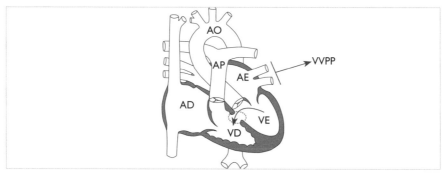

FIGURA 4.11 Comunicação interventricular (CIV) a seta demonstra a direção do shunt intracardíaco da esquerda para a direita no círculo tracejado. AD: átrio direito, AE: átrio esquerdo, AO: artéria aorta, VD: ventrículo direito, VE: ventrículo esquerdo, AP: artéria pulmonar, VVPP: veias pulmonares.

associada a outros defeitos cardíacos. É predominante nos prematuros, nas crianças nascidas com baixo peso ou com síndrome de Down[15].

Tipos

Quanto à localização[15,19]:

- CIV perimembranosa: é o tipo mais comum, localizado na porção membranosa do septo interventricular, próximo às valvas aórtica e tricúspide, apresenta nas bordas tecido fibroso. Dificilmente fecha-se espontaneamente, porém pode acontecer de o folheto da valva tricúspide ocluir o defeito.
- CIV muscular: localizada na porção muscular do septo interventricular, as bordas são musculares e geralmente são múltiplas. É o tipo com maior possibilidade de fechamento espontâneo por causa do crescimento do septo interventricular.
- CIV duplamente relacionada ou justarterial. Também conhecida por CIV via de saída ou CIV subpulmonar. Está localizada abaixo da valva pulmonar e a borda é fibrosa. Esse tipo é mais comum na população asiática e está associado à insuficiência aórtica (IAo) e à endocardite bacteriana[14,19].

Fisiopatologia

A intensidade do *shunt* E-D dependerá do tamanho da CIV e da RVP, isto é, quanto maior a CIV e quanto menor a RVP maior será o *shunt* E-D[15]. A diminuição progressiva da RVP após o nascimento acentua o *shunt* E-D sobrecarregando de volume o leito vascular pulmonar deixando os pulmões congestos. O retorno venoso para o AE ficará aumentado e ocorre sobrecarga volumétrica do VE com consequente instalação da ICC que, por sua vez, reduz a oferta de O_2 aos tecidos. O hiperfluxo pulmonar propicia o desenvolvimento da doença vascular pulmonar e nos casos de extrema gravidade se desenvolve a síndrome de Eisenmenger.

Manifestação clínica

A manifestação clínica depende do tamanho da CIV, quando pequena pode evoluir de maneira assintomática; neste caso, a descoberta do defeito ocorre em exame médico de rotina pela presença de sopro cardíaco. Já nos casos de CIV moderada ou grande, ocorre déficit de crescimento, aumento do trabalho respiratório e infecções respiratórias de repetição. A ICC se desenvolve precocemente, sendo a taquipneia a primeira manifestação. Além disso, o aparecimento de cansaço às mamadas com interrupções frequentes contribuem para o baixo ganho de peso.

Evolução

As complicações da CIV não tratada são a hipertensão arterial pulmonar (HAP), síndrome de Eisenmenger, ICC, endocardite, regurgitação aórtica, arritmias[20].

Tratamento

- Clínico: é realizado para melhor controle da ICC e consiste no uso de drogas digitálicas, diuréticas e inibidores da enzima conversora de angiotensina (IECA).
- Cirúrgico: nos casos de CIV pequena e assintomática, o tratamento é conservador, pois pode ocorrer o fechamento espontâneo da CIV no primeiro ano de vida[19]. Porém, nos casos de CIV moderada ou grande com repercussão hemodinâmica, a correção cirúrgica deve ser realizada antes do primeiro ano de vida pelos riscos do desenvolvimento de lesão vascular pulmonar[19].
- Ventriculosseptoplastia: realizada através da esternotomia mediana. Consiste na colocação e na sutura de um *patch* de pericárdio bovino ou autólogo fechando a CIV. Os bloqueios atrioventriculares (BAV) podem ser uma complicação resultante da intervenção cirúrgica.
- Bandagem do tronco pulmonar (Figura 4.12): técnica paliativa pela qual realiza-se uma toracotomia anterolateral esquerda, e é feita a constrição da artéria pulmonar por uma fita não elástica ao redor dela com o objetivo de reduzir a luz do vaso e, consequentemente, o fluxo sanguíneo e a pressão na artéria pulmonar. Está indicada para crianças com CIV múltiplas (muscular) ou naquelas com CIV associada ao quadro de ICC e desnutrição grave[11].

Persistência do canal arterial

O canal arterial (CA) é a estrutura vascular que comunica o istmo da aorta com o tronco pulmonar encontrado em todos os fetos normais, porém a falta de oclusão do canal vascular após o nascimento caracterizará anormalidade cardíaca (Figura 4.13).

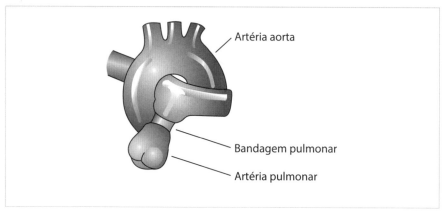

FIGURA 4.12 Bandagem ou cerclagem da artéria pulmonar é uma cirurgia paliativa que consiste na colocação de uma fita ao redor da artéria pulmonar. Adaptado[21].

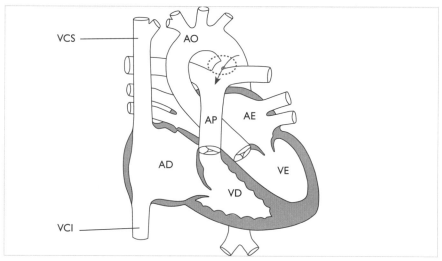

FIGURA 4.13 Persistência do canal arterial no círculo tracejado. A seta indica a direção do *shunt* esquerdo-direito. AD: átrio direito, AE: átrio esquerdo, VD: ventrículo direito, VE: ventrículo esquerdo, AP: artéria pulmonar, AO: artéria aorta, VCS: veia cava superior, VCI: veia cava inferior.

Os fatores que determinam o fechamento do canal arterial pós-natal são o aumento da tensão de oxigenação e a diminuição da prostaglandina E circulante[7] (PGE1).

A persistência do canal arterial (PCA) pode ser encontrada isolada ou associada a outras cardiopatias. Os fatores de risco para a PCA incluem: fatores genéticos, infecção por rubéola no primeiro trimestre gestacional, ausência de exposição aos glucocorticoides pré-natal e prematuridade.

A maior prevalência é encontrada em recém-nascidos prematuros, especialmente aqueles com baixo peso ao nascer e tem predomínio no sexo feminino[22].

Fisiopatologia

Após o nascimento se o canal arterial não se ocluir, o sangue flui da aorta descendente para o tronco pulmonar gerando hiperfluxo pulmonar, aumento do retorno venoso ao AE e finalmente sobrecarga de volume das câmaras esquerdas. Esses fatores contribuem para a dilatação do AE, VE e ICC[22].

Manifestação clínica

Os canais pequenos geralmente são assintomáticos. Nos canais moderados e grandes, os sintomas são taquipneia, sudorese, cansaço às mamadas, baixo ganho de peso e infecções respiratórias recorrentes.

Evolução

O fechamento funcional do canal arterial ocorre pela contração da musculatura da parede do canal 12 horas após o nascimento e posteriormente ocorre o fechamento anatômico pela proliferação fibrosa da camada íntima do canal arterial entre o 14º e 21º dia de vida.

Nos prematuros, o *shunt* E-D interfere na perfusão dos órgãos sistêmicos por causa da redução do volume diastólico final (VDF) ocasionando a diminuição do fluxo sanguíneo cerebral, renal e gastrointestinal. A PCA aumenta o risco de hemorragia intraventricular, disfunção renal, agravamento da insuficiência cardíaca e enterocolite necrotizante, infecções pulmonares, hemorragia pulmonar e displasia broncopulmonar[22]. Outras complicações da PCA incluem falência cardíaca, síndrome de Eisenmenger e endocardite infecciosa.

Tratamento

- Clínico: uso de indometacina ou ibuprofeno que são inibidores da síntese da prostaglandina. Nos casos de insucesso, é considerado o tratamento da PCA com a oclusão percutânea ou com o tratamento cirúrgico[22].
- Cirúrgico[19]: secção e sutura do canal arterial: toracotomia lateroposterior esquerda, por dissecção da PCA, seguido por clampeamento, secção e sutura dos cotos pulmonar e aórtico (Figura 4.14). Possíveis complicações: hemotórax, pneumotórax residual, enfisema subcutâneo, lesão do nervo faríngeo, hipertensão arterial sistêmica.
- Clipagem do canal arterial: minitoracotomia por meio de pequena incisão na região interescapular vertebral no 4º espaço intercostal esquerdo, fazendo-se afastamento do pulmão e dissecção da PCA, com posterior clipagem com clipes de titânio.

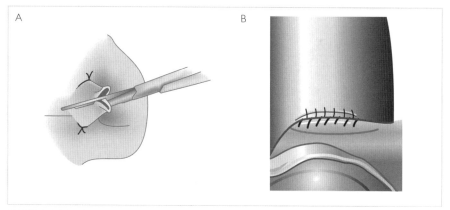

FIGURA 4.14 Cirurgia para correção da persistência do canal arterial. A. Secção do canal arterial. B. Sutura de cada um dos cotos do canal arterial.

Considerações

Em determinados tipos de cardiopatia congênita a manutenção da patência do canal arterial pela infusão de prostaglandina garante o fluxo sanguíneo sistêmico ou pulmonar e a sobrevida do neonato até que seja realizada uma intervenção percutânea ou a correção cirúrgica da cardiopatia. Dentre as cardiopatias dependentes de canal arterial destacam-se: a transposição das grandes artérias (D TGA), atresia tricúspide (AT), coarctação da aorta (CoAo), interrupção do arco aórtico e a síndrome da hipoplasia do ventrículo esquerdo (SHVE).

Defeito do septo atrioventricular

É uma cardiopatia de grande variabilidade anatômica, resultante da falha de desenvolvimento dos coxins endocárdicos. É caracterizado pela ausência das estruturas septais atrioventriculares, isto é, os septos que separam as quatro câmaras cardíacas estão ausentes ou incompletos com canal atrioventricular comum (Figura 4.15). Esta cardiopatia corresponde a 5% das cardiopatias congênitas e está frequentemente associada à síndrome de Down[14,23].

Tipos

- Defeito do septo atrioventricular total (DSAVT): caracterizado por apresentar CIAOP, CIV, orifício valvar AV comum composto por cinco folhetos e com regurgitação significativa (Figura 4.16). Além disso, a artéria aorta encontra-se anteriorizada e o trato de saída subaórtico é mais estreito que a via de entrada do VE. Na forma balanceada, a valva AV comum está centralizada com ventrículos

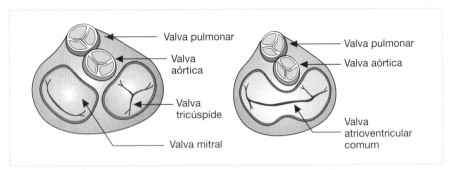

FIGURA 4.15 À esquerda, as valvas mitral e tricúspide no coração normal. À direita, a valva atrioventricular comum encontrada na cardiopatia congênita defeito do septo atrioventricular (DSAV). Adaptado[24].

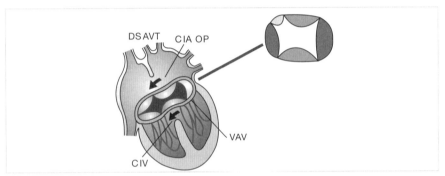

FIGURA 4.16 Defeito do septo atrioventricular total (DSAVT). Observar: CIA OP acima e CIV abaixo da VAV. As setas indicam a direção do *shunt* intracardíaco esquerdo/direito. Em destaque, a VAV comum. AD: átrio direito, AE: átrio esquerdo, VD: ventrículo direito, VE: ventrículo esquerdo, CIA OP: comunicação interatrial *ostium primum*, CIV: comunicação interventricular, VAV: valva atrioventricular. Adaptado[25].

de mesmo tamanho; já na forma desbalanceada a valva AV comum não está bem centralizada e um dos ventrículos será menos desenvolvido que o outro.

Classificação de Rastelli para o DSAVT: baseia-se na anatomia e na inserção do folheto anterior da valva AV comum:

- Tipo A: mais comum, o folheto ponte anterior (ou posteroanterior) se divide em dois, tem formato triangular e se insere no topo do septo ventricular pelo músculo papilar médio.
- Tipo B: o folheto se divide em dois e se insere no músculo papilar anômalo próximo ao septo ventricular do VD.
- Tipo C: o mais raro, o folheto não se divide, tem formato retangular e não se conecta ao septo interventricular e sim à parede do VD.

- Defeito do septo atrioventricular parcial (DSAVP): é caracterizado por apresentar CIAOP, valva AV comum com dois orifícios distintos e separados por uma membrana e *cleft* do folheto anterior da valva AV esquerda, nesta forma, o septo interventricular está íntegro (Figura 4.17).
- Defeito do septo atrioventricular intermediário: é o tipo menos frequente, caracterizado por apresentar CIA OP, CIV pequena e valva AV comum; porém, por causa da fusão dos folhetos ponte anterior e ponte posterior observam-se dois componentes valvares distintos. A forma intermediária é muito semelhante à forma completa, porém as manifestações clínicas são mais parecidas com a forma parcial.

Fisiopatologia

- DSAVT: ocorre *shunt* E-D pela CIA e CIV, a intensidade do *shunt* E-D está diretamente relacionada à classificação de Rastelli, aumentando do tipo A para o tipo C. A RVP aumenta rapidamente e a instalação da HAP ocorre de forma muito precoce[23].
- DSAVP: o grau de insuficiência da valva AV esquerda influencia a magnitude do *shunt* E-D pela CIA, na sobrecarga volumétrica biventricular e no débito cardíaco. De maneira geral, os padrões anormais de fluxo sanguíneo resultam em hiperfluxo pulmonar e aumento do trabalho cardíaco[14].

Manifestação clínica

Os sinais e sintomas são variáveis, dependem do tipo específico do defeito e da presença ou ausência de defeitos associados. A DSAV pode ser assintomática nos primeiros meses de vida ou podem aparecer quadros graves de ICC no primeiro mês de

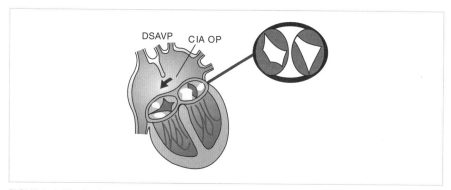

FIGURA 4.17 Defeito do septo atrioventricular parcial (DSAVP) que se distingue da forma total (DSAVT), pois não há CIV e a VAV comum está dividida por um tecido em componente direito e esquerdo (em destaque). A CIA OP está presente, a seta indica o *shunt* intracardíaco esquerdo-direito. Adaptado[25]. AD: átrio direito, AE: átrio esquerdo, VD: ventrículo direito, VE: ventrículo esquerdo, CIA OP: comunicação interatrial ostium primum, VAV: valva atrioventricular.

vida. Alguns recém-nascidos podem apresentar cianose nos primeiros dias de vida por causa de *shunt* bidirecional.

Evolução

Na DSAVT sem correção cirúrgica, muitos pacientes morrem na infância e os que sobrevivem desenvolvem doença vascular pulmonar (HAP) e evoluem para a síndrome de Eisenmenger[6,14].

Tratamento

- Clínico: o tratamento farmacológico é realizado para controle da ICC e consiste no uso de diuréticos e vasodilatadores. Alguns pacientes necessitam de suplementação calórica e oferta de dieta por sonda no pré-operatório por causa das dificuldades para se alimentar; o quadro de desnutrição não é incomum[6].
- Cirúrgico:
  - DSAVT: geralmente é feito antes dos 6 meses de idade ou antes que se instale a doença hipertensiva vascular pulmonar; as crianças com síndrome de Down desenvolve HAP de maneira rápida, por causa de suas vias aéreas menores e $PaCO_2$ maior causada pela hipoventilação crônica. A técnica cirúrgica consiste na correção da CIA e da CIV com dois retalhos de pericárdio bovino e na reconstrução valvar (Figura 4.18).
  - DSAVP: em pacientes assintomáticos ou com mínima regurgitação valvar, o reparo cirúrgico pode ser feito eletivamente e em alguns casos a correção

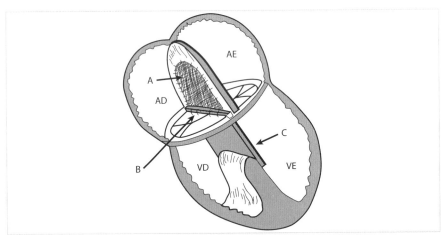

FIGURA 4.18 Correção cirúrgica completa do DSAVT. A. Fechamento do *ostium primum* com retalho de pericárdio. B. Retalho de Dacron® suturado no lado direito do septo ventricular e no anel da valva atrioventricular comum. C. Sutura entre os enxertos nos folhetos seccionados da valva comum. AD: átrio direito, AE: átrio esquerdo, VD: ventrículo direito, VE: ventrículo esquerdo.

será realizada somente na idade pré-escolar com o fechamento da CIA e da fenda valvar[19].

As complicações mais comuns do pós-operatório são: bloqueio atrioventricular, taquicardia juncional e derrame pleural.

CARDIOPATIAS CONGÊNITAS OBSTRUTIVAS

São caracterizadas por alterações estruturais de estreitamento à passagem do fluxo sanguíneo causando sobrecarga pressórica cardíaca, hipertrofia ventricular e falência cardíaca. A obstrução ao fluxo sanguíneo pode variar do grau leve ao grave e estar localizada na região valvar, subvalvar ou supravalvar das grandes artérias.

Estenose aórtica

A estenose aórtica (EAo) congênita se caracteriza pelo estreitamento na região da valva aórtica, devido à fusão dos folhetos valvares levando à abertura incompleta da valva aórtica. A estenose também pode se localizar acima ou abaixo dos folhetos valvares que possuir dois folhetos, sendo chamada valva aórtica bicúspide.

Fisiopatologia

A EAo gera redução do fluxo sanguíneo para a artéria aorta (AO) e para o corpo; desta maneira, o VE precisa de esforço extra para ejetar o sangue. Esse trabalho aumentado leva à hipertrofia do músculo cardíaco e posterior quadro de insuficiência cardíaca. A estenose aórtica está dividida em: leve com gradiente VE-Ao < 20 mmHg; moderado entre 21 a 40 mmHg e grave > 50 mmHg.

Tipos
- Subvalvar: causada geralmente pela presença de uma membrana concêntrica obstrutiva, muitas vezes associada à estenose mitral e à CIV.
- Valvar: tipo mais comum, geralmente coexiste com a valva aórtica bicúspide.
- Supravalvar: o estreitamento está localizado acima da valva aórtica; este tipo se associa com a estenose da artéria pulmonar ou seus ramos e com a síndrome de Williams.

Manifestação clínica

Os sintomas são variáveis e dependem do grau de acometimento valvar, podem aparecer nos primeiros dias de vida sinais de insuficiência cardíaca nos casos graves.

A criança pode apresentar dor no peito, tontura ou desmaios especialmente associados ao exercício.

Tratamento

A EAo crítica do neonato é uma cardiopatia muito grave que evolui para o choque cardiogênico e requer a instituição de tratamento clínico emergencial com a utilização de drogas vasoativas e ventilação mecânica.

A valvoplastia percutânea por cateter-balão é uma opção terapêutica bem recomendada para reduzir o gradiente de pressão entre o VE e a AO e o tratamento cirúrgico pode ser instituído no caso de insucesso[26,27].

Nas crianças maiores, a intervenção percutânea está indicada na presença de sintomas como a angina, síncope e insuficiência cardíaca.

- Procedimento cirúrgico:
    - Estenose valvar subaórtica: a cirurgia de Konno ou aortoventriculoplastia[22] consiste na abertura, no alargamento e na colocação de um retalho na via de saída do VE (estenosado) e a substituição da valva aórtica por prótese metálica ou biológica. Indicada para crianças mais velhas.
    - Estenose aórtica valvar: cirurgia de Ross-Konno[27] é um procedimento complexo que associa a aortoventriculoplastia com a substituição da valva aórtica estenosada pela valva pulmonar do paciente (autoenxerto) que tem a capacidade de acompanhar o crescimento da criança e o reimplante das artérias coronárias na raiz da aorta reconstruída. A valva pulmonar é substituída por um homoenxerto (prótese biológica). Esta cirurgia está indicada para todas as idades[28].
    - Estenose aórtica supravalvar: o reparo cirúrgico envolve a remoção da porção obstrutiva e as partes restantes da aorta são suturadas juntas ou como alternativa, a aorta é ampliada por um retalho (*patch*)[22].

Estenose pulmonar congênita

A estenose pulmonar (EP) congênita é o estreitamento da valva pulmonar que dificulta a passagem do sangue do VD para a AP. Pode ocorrer isoladamente ou associada a outros defeitos cardíacos e com a síndrome de Noonan.

Tipos

- Valvar (EPV): acomete os folhetos valvares que se encontram espessos ou parcialmente fusionados, geralmente associada à CIA.
- Supravalvar: ocorre o estreitamento acima da valva pulmonar.
- Subvalvar (infundibular): causado pelo aumento na espessura da camada muscular na via de saída do VD, geralmente associada à CIV.

Manifestações clínicas

Os sintomas são variáveis, a criança pode ser assintomática, nos casos leves, ou apresentar sintomas como dispneia, sudorese, taquicardia, taquipneia e cianose, nos casos moderado e crítico. Os casos de EP crítica geralmente são acompanhados de hipoplasia do VD.

Evolução

A EPV associada à CIA produz algum grau de cianose em razão do *shunt* D-E determinado pelo grau de EPV. A obstrução ao fluxo sanguíneo também provoca aumento das pressões nas câmaras cardíacas direitas, hipertrofia de VD e insuficiência cardíaca.

Tratamento

O tratamento depende do tipo de anormalidade valvar. Os casos de EPV crítica do recém-nascido são inicialmente abordados com internação em unidade de terapia intensiva e instituição de prostaglandina para manter o canal arterial aberto até que seja feita uma intervenção para aumentar o fluxo sanguíneo pulmonar e melhorar a cianose[27].

- Valvoplastia por cateter balão está indicada quando a valva pulmonar tem tamanho normal e a obstrução se deve à fusão dos folhetos valvares. O procedimento é realizado no momento do cateterismo cardíaco para diminuir o grau de obstrução da valva pulmonar[27].
- Valvotomia pulmonar consiste na abertura da valva cirurgicamente. É indicada para crianças com formas mais complexas de obstrução valvar pulmonar, quando a valva se encontra obstruída por tecido grosso e displásico e o diâmetro da própria valva for pequeno[27].

Coarctação da aorta

Cardiopatia obstrutiva caracterizada pelo estreitamento da aorta ocasionado pelo espessamento da camada média luminal da aorta, frequentemente localizado abaixo da artéria subclávia esquerda, podendo ser proximal ou distal ao canal arterial. A coarctação da aorta (CoAo) pode se apresentar na forma isolada ou associada a outras cardiopatias congênitas, como a valva aórtica bicúspide ou a CIV.

Tem predominância no sexo masculino e associação com a síndrome de Turner.

Geralmente no recém-nascido o diagnóstico é feito por causa dos sintomas de ICC e nas crianças mais velhas por causa do desenvolvimento da hipertensão arterial sistêmica (HAS)[14,15,19].

Tipos

A classificação é feita com base na anatomia e na localização do estreitamento da aorta em relação ao canal arterial (CA).

- Pré-ductal: localiza-se antes do CA, é encontrada em neonatos e crianças menores e pode estar associada à hipoplasia do arco aórtico e a outras anomalias cardíacas[14] (Figura 4.19):
  - Justa-ductal: encontra-se oposta à inserção do canal arterial.
  - Pós-ductal: localiza-se após o CA, é mais comum em adultos e crianças maiores.

Fisiopatologia

Após o fechamento do CA ocorre aumento da pós-carga do VE de forma abrupta e diminuição aguda da fração de ejeção, podendo levar até à isquemia miocárdica. O aumento da pressão diastólica final do VE leva ao aumento da pressão no AE, ocasionando a abertura do forame oval e *shunt* E-D com dilatação das câmaras direitas por sobrecarga de volume. A pós-carga do VE também pode aumentar gradualmente o desenvolvimento de vasos colaterais arteriais[14,29]. O mecanismo do desenvolvimento da HAS se deve à obstrução mecânica associada a alterações nos barorreceptores na área pré-estenótica, hiperatividade do sistema renina-angiotensina-aldosterona e resposta anormal aos agentes simpaticomiméticos.

Manifestação clínica

São achados frequentes no neonato a diferença de pressão entre os membros superiores (MMSS) e inferiores (MMII), diminuição de pulsos nos MMII, sinais de ICC e a acidose metabólica. As crianças maiores podem se queixar de fadiga nas extremidades inferiores e apresentar também claudicação intermitente.

Evolução

Em alguns casos, a evolução pode ser assintomática e em outros apresentar hipertensão arterial sistêmica, hipertensão pulmonar venosa secundária ao aumento

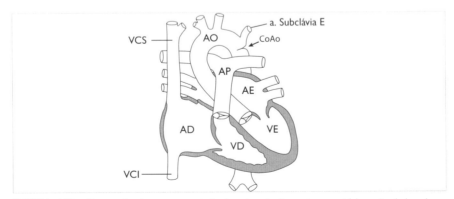

FIGURA 4.19 Coarctação da aorta caracterizada pelo estreitamento na artéria aorta abaixo da artéria subclávia. AD: átrio direito, AE: átrio esquerdo, AO: artéria aorta, AP: artéria pulmonar, CoAo: coarctação da aorta, VCI: veia cava inferior, VCS: veia cava superior, VD: ventrículo direito, VE: ventrículo esquerdo, a. subclávia E: artéria subclávia esquerda.

de pressão no AE e, por fim, a ICC. Sem o tratamento é possível ocorrer hemorragia intracraniana, ruptura da aorta e endocardite[15].

Tratamento

- Clínico: inclui drogas inotrópicas, diuréticos e ventilação mecânica. Em alguns casos é recomendado o uso da prostaglandina E para manutenção do CA aberto até a correção cirúrgica[19].
- Angioplastia: o tratamento percutâneo da coarctação da aorta (angioplastia com cateter balão) atualmente é considerado uma alternativa terapêutica para crianças com mais de 1 ano de idade sem hipoplasia do arco aórtico[25].
- Cirúrgico: a correção cirúrgica pode ser realizada por esternotomia mediana ou por toracotomia lateroposterior esquerda. Pode ser realizada a ressecção da zona coarctada e a anastomose terminoterminal dos dois cotos aórticos (Figura 4.20) ou a aortoplastia com enxerto de artéria subclávia esquerda[19]. As complicações principais relacionadas à correção da CoAo são: lesão da medula espinhal, recidiva da CoAo, lesão do nervo frênico, hipertensão pós-cotectomia, lesão recorrente do nervo laríngeo[14].

Interrupção do arco aórtico

Cardiopatia rara caracterizada pela descontinuidade anatômica total entre as aortas ascendente e a torácica descendente; isto é, ocorre ausência do arco da aorta (Figura 4.21).

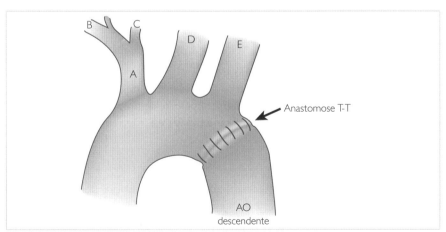

FIGURA 4.20 Correção cirúrgica da CoAo com anastomose T-T entre a crossa e aorta descendente. A. Artéria tronco braquiocefálico. B. Artéria subclávia direita. C. Artéria carótida comum direita. D. Artéria carótida comum esquerda. E: Artéria subclávia esquerda. AO: artéria aorta, T-T: terminoterminal[31].

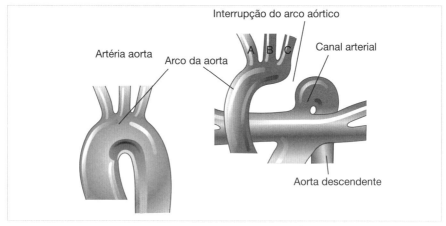

FIGURA 4.21 Interrupção do arco aórtico tipo A, com a separação completa entre a porção do arco aórtico e da aorta descente. A: artéria tronco braquiocefálico, B: artéria carótida comum esquerda, C: artéria subclávia esquerda. Adaptado[32].

Acomete igualmente ambos os sexos e é quase sempre associada com outras lesões congênitas cardiovasculares como a PCA, CIV, TGA e estenose subaórtica. Há também forte associação entre a interrupção do arco aórtico (IAA) e a síndrome de DiGeorge, que se caracteriza pela ausência de timo, insuficiência das glândulas parótidas e hipocalcemia.

A taxa de mortalidade nos primeiros dias de vida desta cardiopatia é alta se o tratamento não for instituído de maneira rápida[27].

Tipos

A classificação é baseada no local da interrupção do arco aórtico:

- IAA tipo A: está localizada no istmo aórtico.
- IAA tipo B: localiza-se entre a artéria carótida comum esquerda e a subclávia esquerda, é o tipo mais comum, principalmente na síndrome de Di Giorge.
- IAA tipo C: localiza-se entre a artéria inominada e a artéria carótida comum esquerda; é o tipo mais raro[15].

Fisiopatologia

Nesta cardiopatia, o CA é essencial para suprir a circulação dos órgãos abdominais e dos MMII. Se ocorrer o fechamento do CA, o neonato evolui com acidose metabólica, insuficiência renal e choque. À medida que a RVP diminui e a RVS aumenta, após o nascimento, haverá o redirecionamento do fluxo sanguíneo para a circulação pulmonar resultando em sobrecarga pressórica e volumétrica do coração, edema pulmonar e falência biventricular[14]. A presença de CIV contribui para o aumento do fluxo sanguíneo pulmonar e os quadros de congestão pulmonar.

Manifestação clínica

Os sintomas surgem nos primeiros dias de vida, tão logo o CA comece a fechar e incluem taquipneia, pulsos periféricos fracos ou ausentes em MMII, sudorese, pele fria, pegajosa e por vezes acinzentada, dificuldade para mamar e baixo débito urinário. A cianose pode estar presente dependendo de outros defeitos cardiovasculares associados à IAA[14,15].

Evolução

Sem o tratamento cirúrgico, a IAA é uma cardiopatia fatal já nos primeiros dias de vida.

Tratamento

- Clínico: no período pré-operatório, é instituída a prostaglandina E para manutenção do CA aberto. As drogas inotrópicas, ventilação pulmonar mecânica, administração de nutrição, correção dos eletrólitos e dos gases sanguíneos também são estratégias adotadas neste período para tratar o quadro de choque e acidose metabólica até que se estabeleça a continuidade do arco aórtico.
- Cirúrgico: realizado nos primeiros dias de vida após as medidas para estabilizar o quadro clínico e consiste na reconstrução do arco aórtico, correção dos defeitos intracardíacos associados (CIV e PCA). A técnica cirúrgica é bem complexa e são necessários, durante a cirurgia, circulação extracorpórea, hipotermia profunda e parada circulatória total. As complicações pós-operatórias podem ocorrer em fase precoce ou tardia e são estenose no arco aórtico, estenose aórtica, compressão do brônquio fonte esquerdo e traqueomalácea. As crianças com síndrome de DiGeorge são mais suscetíveis às complicações pós-operatórias, como sepse e pneumonia em razão da imunodeficiência característica desta síndrome[14].

📖 REFERÊNCIAS BIBLIOGRÁFICAS

1. Brasil. Ministério da Saúde: Síntese de evidências para políticas de saúde- Diagnóstico precoce de cardiopatias congênitas. Brasília – DF. 2017. Disponível em: http://bvsms.saude.gov.br/bvs/publicacoes/sintese_evidencias_politicas_cardiopatias_congenitas.pdf [Acesso em: 6 nov. 2018].
2. van der Linde D, Konings EE, Slager MA, Witsenburg M, Helbing WA, Takkenberg JJ, Roos-Hesselink JW. Birth prevalence of congenital heart disease worldwide: a systematic review and meta-analysis J Am Coll Cardiol. 2011;58(21):2241-7.
3. Pinto Junior VC, Castello Branco KMP, Cavalcante RC, Carvalho Junior W, Lima JRC, Freitas SM, et al. Epidemiology of congenital heart disease in Brazil. Rev Bras Cir Cardiovasc. 2015;30(2):219-24.
4. Brasil. Ministério da Saúde. Portaria nº 1.727, de 11 de julho de 2017. Disponível em: http://bvsms.saude.gov.br/bvs/saudelegis/gm/2017/prt1727_12_07_2017.html [Acesso em: 6 nov. 2018].
5. Jatene IB. Cardiopatias congênitas em adultos: um problema em ascenção. In: Cardiopatias Congênitas, um novo olhar: diagnóstico e tratamento. Rev Soc Cardiol Est SP. 2015;25(3):156-9.
6. Hoffman J, Kaplan S. The incidence of congenital heart disease. J Am Coll Cardiol. 2002;39(12):1890-900.
7. Abellan DM. O recém-nascido com cardiopatia congênita. In: Procianoy RS, Leone CR, editors. PRORN SEMCAD. Programa de Atualização em Neonatologia. Artmed; 2014.
8. Amaral F, Granzotti JA, Manso PH, Conti LS. Quando suspeitar de cardiopatia congênita no recém--nascido. Faculdade de Medicina de Ribeirão Preto (USP). 2002;35:192-7.

9. Lopes LM, Zugaib M. Evolução no diagnóstico de cardiopatias fetais: do ecocardiograma convencional à técnica tridimensional de STIC. Rev Soc Cardiol Est SP. 2011;21(03):293-300.
10. Lopes LM. Diagnóstico intrauterino de cardiopatia: implicações terapêuticas. In: Cardiopatias Congênitas, um novo olhar: diagnóstico e tratamento. Rev Soc Cardiol Est SP. 2015;25(3):122-5.
11. Lopes LM, Myiadahira S, Zugaib M. Eco fetal: indicações. In: Cardiopediatria - Avanços no Diagnóstico e Terapêutica. Rev Soc Cardiol Est SP. 1999;9(5):720-5.
12. Deepu C. Classical X ray signs in congenital heart disease. Chest Medicine.org. Chest MedMade Easy – Dr Deepu. Disponível em: http://www.chestmedicine.org/2016/06/classical-x-ray-signs-in-congenital.html. [Acesso em: 12 nov. 2018].
13. Santana MVT Cardiopatias Congênitas no Recém-Nascido. Diagnóstico e Tratamento. São Paulo: Atheneu; 2000.
14. Nichols DG, Spevak PJ, Cameron DE, Wetzel RC, Ungerleider RM, Greeley WJ, Lappe DG. Critical Heart Disease in Infants and Children. 2nd ed. Elsevier Mosby; 2006.
15. Freed MD. Fetal and Transitional Circulation. In: Keane J, Fyler D, Lock J. Nadas' Pediatric Cardiology. 2nd ed. Saunders; 2006.
16. Pedra SRFF, Pontes Jr SC, Cassar RS, Pedra CAC, Braga SLN, Esteves CA, et al. O papel da ecocardiografia no tratamento percutâneo dos defeitos septais. Arq Bras Cardiol. 2006;86(2):87-96.
17. Rumi SRK. Atrial septal defect. Disponível em: https://www.slideshare.net/drrumibd/atrial-septal-defect-111615420. [Acesso em: 23/11/2020].
18. Patent foramen ovale. Disponível em: https://my.clevelandclinic.org/health/diseases/17326-patent-foramen-ovale-pfo. [Acesso em: 23/11/2020].
19. Pedra CAC, Arrieta SR. Estabilização e Manejo Clínico Inicial das Cardiopatias Congênitas Cianogênicas no Neonato. Rev Soc Cardiol Est SP. 2002;12(5):734-50.
20. Harald MG, Heger M, Innerhofer P, Zehetgruber M, Mundigler G, Wimmer M, et al. Long-term outcome of patients with ventricular septal defect considered not to require surgical closure during childhood. J Am Coll Cardiol. 2002;39(6):1066-71.
21. Pulmonary artery banding. Disponível em: https://primumn0nn0cere.wordpress.com/2010/04/28/pulmonary-artery-banding/ [Acesso em: 23/11/2020].
22. Karatza A, Azzopardi D, Gardiner H. The persistently patent arterial duct in the premature infant. Imag Paediatr Cardiol. 2001;3(1):4-17.
23. Braian C. Atrioventricular septal defect: from fetus to adult heart. 2006;92:1879-85.
24. Atrioventricular Septal Defect AV Canal Defect. https://www.rch.org.au/cardiology/heart_defects/Atrioventricular_Septal_Defect_AV_Canal_defect/ [Acesso em: 23/11/2020].
25. Atrioventricular septal defects. Disponível em: https://thoracickey.com/atrioventricular-septal-defects-2/. Acesso em: 23/11/2020.
26. Costa FA, Kajita LJ, Martinez Filho EE. Intervenções percutâneas em cardiopatias congênitas. Arq Bras Cardiol. 2002;78:608-17.
27. Bojar RM, Warner KG. Manual of Perioperative Care in Cardiac Surgery. 3.ed. Blackwell Science; 1999.
28. Brown JW. The Ross–Konno procedure in children: outcomes, autograft and allograft function, and reoperations Ann Thorac Surg. 2006;82:1301-130.
29. Patnana SR, Seib PM. Coarctation of the Aorta. The Heart.org Medscape. Pediatrics: Cardiac Disease and Critical Care Medicine. Updated: Dec 31, 2017.
30. Coimbra G, Duarte EV, Kajita LJ, Lemos P, Arrieta R. Coarctação da Aorta em Crianças com Menos de 25 kg: Tratamento Percutâneo da CoAo por Punção da Artéria Axilar. Rev Bras Cardiol Invasiva. 2014;22(3):271-4.
31. Modificação Técnica para Correção de Coarctação Aórtica com Hipoplasia do Arco Aórtico. Disponível em: http://bjcvs.org/article/1376/pt-BR/modificacao-tecnica-para-correcao-de-coarctacao-aortica-com-hipoplasia-do-arco-aortico. [Acesso em: 23/11/2020].
32. Interrupted aortic arch variants. Disponível em: https://www.uptodate.com/contents/image?imageKey=PEDS%2F103748&topicKey=PEDS%2F101291&source=see_link. [Acesso em: 23/11/2020].

5
Cardiopatias congênitas cianóticas

Andyara Cristianne Alves

As cardiopatias que serão abordadas neste capítulo são as mais comuns dentre as cianóticas e representam a forma mais complexa da doença cardíaca congênita e caracterizam-se pela presença de cianose e hipoxemia. Nessas cardiopatias, o reconhecimento precoce, a estabilização do paciente e o tratamento da cardiopatia em um centro especializado garantem o melhor resultado.

CONCEITOS PRINCIPAIS

Cianose

Nas cardiopatias congênitas cianóticas, a cianose pode ser causada por alguns mecanismos como: *shunt* direito-esquerdo; mistura intracardíaca de sangue venoso e arterial nos ventrículos, átrios ou nas grandes artérias; obstruções valvares; e baixo débito cardíaco[1].

Hipoxemia

A hipoxemia arterial é a baixa concentração de oxigênio no sangue arterial, isto é, saturação arterial de oxigênio ($SatO_2$) < 95%. Os fatores que determinam a $SatO_2$ nas crianças com cardiopatia congênita são:

- Saturação venosa de oxigênio (SvO_2):
    - Reflete a extração de oxigênio pelos tecidos e exerce grande influência na $SatO_2$ nas crianças com cardiopatia congênita cianogênica.

- Fatores como o débito cardíaco (DC), a concentração de hemoglobina [Hb] e o consumo de oxigênio (VO_2) irão determinar a SvO_2.
- Valor normal: SvO_2 = 60% a 80%.
- Relação entre o fluxo sanguíneo pulmonar (Qp) e o fluxo sanguíneo sistêmico (Qs):
  - Quanto maior a relação Qp:Qs, maior será a $SatO_2$ nas crianças com cardiopatia congênita, pois:
    - Qp:Qs = 1: fluxo sanguíneo pulmonar e sistêmico equilibrados.
    - Qp:Qs < 1: hipofluxo pulmonar, menor $SatO_2$, cianose acentuada.
    - Qp:Qs > 1: hiperfluxo pulmonar, maior $SatO_2$, diminuição da perfusão sistêmica.
- Débito cardíaco (DC)
  - Fator determinante sobre a quantidade de oxigênio (O_2) que será entregue aos tecidos e depende da frequência cardíaca (FC) e do volume sistólico (VS).
- Consumo de oxigênio (VO_2)
  - Depende do DC x [Hb] x ($SatO_2$ − SvO_2); além disso, os fatores que influenciam o VO_2 em crianças com cardiopatia congênita são a frequência respiratória elevada, a desnutrição, o tipo de cardiopatia e a repercussão hemodinâmica.
- Oferta de oxigênio aos tecidos (DO_2)
  - Depende do DC e do conteúdo arterial de oxigênio (CaO_2).
  - A adequada DO_2 dependerá da [Hb], do DC e de medidas que diminuam o consumo de oxigênio.
  - No coração univentricular, essa oferta estará intimamente relacionada com a relação Qp:Qs, isto é, quando essa relação aumenta, menos oxigênio será ofertado aos tecidos apesar da maior $SatO_2$.

Canal arterial

As cardiopatias congênitas cianóticas podem ou não ser dependentes de canal arterial para suprir a circulação pulmonar ou sistêmica.

- Cardiopatias congênitas dependentes de canal arterial:
  - Estenose pulmonar crítica (EP), atresia pulmonar (AP), atresia tricúspide (AT), anomalia de Ebstein, síndrome da hipoplasia do ventrículo esquerdo e transposição das grandes artérias (DTGA).
- Cardiopatias congênitas não dependentes de canal arterial:
  - Tetralogia de Fallot (T4F), *truncus arteriosus* (TA), drenagem anômala total das veias pulmonares (DATVP).

Corações univentriculares

Caracterizam-se pela mistura completa de sangue venoso e arterial com mais frequência no plano atrial ou ventricular e, eventualmente, no plano venoso-sistêmico ou arterial. A saturação de oxigênio é semelhante na artéria pulmonar e na artéria aorta.

Geralmente, são cardiopatias que apresentam uma câmara ventricular funcional ou dominante e outra rudimentar, entretanto há algumas cardiopatias que apresentam dois ventrículos de tamanho adequado e funcionais (Tabela 5.1)[2].

TABELA 5.1 Variantes de corações univentriculares[2]

Variantes de corações univentriculares do tipo esquerdo	- Atresia tricúspide (AT) - Dupla via de entrada do ventrículo esquerdo (DVEVE) - Defeito do septo atrioventricular, forma desbalanceada pela esquerda (DSAV) - Atresia pulmonar com septo íntegro, com ventrículo direito hipoplásico (AP com SIV)
Variantes de corações univentriculares do tipo direito	- Atresia mitral (síndrome de hipoplasia do coração esquerdo ou dupla via de saída do ventrículo direito) - Atresia aórtica na síndrome de hipoplasia de coração esquerdo - Dupla via de entrada para ventrículo direito (DVEVD) - Defeito do septo atrioventricular desbalanceado para a direita (DSAV) - Lesões com estenose pulmonar ou atresia pulmonar associadas a isomerismos
Corações anatomicamente biventriculares	- Atresia pulmonar com comunicação interventricular (AP com CIV) - Atresia pulmonar com septo interventricular íntegro e com ventrículo esquerdo de bom tamanho (AP com SIV) - Tronco arterioso comum (*truncus arteriosus*) - Conexão anômala total de veias pulmonares (DATVP)

Manifestações clínicas das cardiopatias cianóticas

As manifestações clínicas mais comuns desse grupo de cardiopatia congênita são: pele acinzentada ou azulada, hipocratismo digital, dificuldade de ganhar peso, hipodesenvolvimento, dispneia, taquipneia, adoção da postura de cócoras para aliviar os sintomas das crises hipoxêmicas.

Tratamento das cardiopatias cianóticas

Não é incomum que o paciente com cardiopatia congênita cianótica necessite de drogas inotrópicas, intubação e ventilação mecânica na fase pré-operatória para promover a estabilização do quadro hemodinâmico até a correção cirúrgica ou intervenção hemodinâmica. Essas medidas visam à melhora dos sintomas, melhora da qualidade de vida e aumento da sobrevida desses pacientes.

Em muitas ocasiões, será imprescindível a infusão de prostaglandina para manter o canal arterial aberto e garantir a circulação pulmonar ou sistêmica até que a correção cirúrgica total ou paliativa seja realizada. O momento em que os procedimentos serão realizados dependerá de diversos fatores como: quadro clínico, evolução da cardiopatia, repercussão hemodinâmica etc.

Os procedimentos cirúrgicos podem ser de correção total ou paliativa. A cirurgia paliativa será indicada pela gravidade da malformação anatômica, casos de risco cirúrgico elevado ou para preceder a correção total. Em algumas ocasiões, a correção paliativa será realizada para aumentar o fluxo sanguíneo pulmonar e, assim, amenizar a hipóxia e a cianose até que a estrutura cardíaca e pulmonar se desenvolva. Por outro lado, quando ocorre hiperfluxo pulmonar é necessário um procedimento paliativo que reduza o fluxo sanguíneo nas artérias pulmonares; desse modo, é indicada a colocação de uma banda ou uma faixa ao redor da artéria pulmonar.

Na Tabela 5.2, são apresentadas as principais correções paliativas, suas indicações e seus efeitos, o que será detalhado no decorrer do capítulo.

PRINCIPAIS CARDIOPATIAS CONGÊNITAS CIANÓTICAS

Tetralogia de Fallot (T4F)

É a cardiopatia congênita cianogênica mais comum e caracteriza-se pela presença de quatro alterações: estenose pulmonar (ocorre a fusão das bordas das válvulas, o que leva a um estreitamento de sua abertura), estreitamento da via de saída do ventrículo direito (VD) para a artéria pulmonar; hipertrofia do ventrículo direito; dextroposição da aorta de grau variado, que permite sua conexão com ambos os ventrículos, e comunicação interventricular (CIV) (Figura 5.1). A T4F pode aparecer na forma isolada, estar associada a outros defeitos cardíacos ou a síndromes genéticas, como a trissomia do 21 e a síndrome de DiGeorge (22q11)[1-3].

Fisiopatologia

A estenose pulmonar dificulta a passagem do sangue para as artérias pulmonares e, consequentemente, para o pulmão, diminuindo a quantidade de sangue a ser oxigenada. O grau de estenose varia de acordo com o caso, podendo ser do mais leve ao mais grave. Por causa dessa obstrução da via de saída, o ventrículo direito irá se hipertrofiar. Ocorre desvio do fluxo sanguíneo do VD para a aorta (AO) e VE (*shunt* D-E) pela CIV, a magnitude do *shunt* dependerá da variabilidade anatômica relacionada à via de saída do VD. O arco aórtico é voltado para a direita e cavalga o septo, dessa maneira uma parte da válvula aórtica tem conexão biventricular.

TABELA 5.2 Cirurgias paliativas: indicações e efeitos

Cirurgia paliativa	Indicações	Efeitos
Blalock-Taussig e Blalock-Taussig modificado*	• Hipofluxo pulmonar • Aumento e desenvolvimento das artérias pulmonares	• Aumento do fluxo sanguíneo pulmonar • Aumento da saturação de O_2
Shunt central**	• Hipofluxo pulmonar • Aumento e desenvolvimento das artérias pulmonares	• Aumento do fluxo sanguíneo pulmonar • Aumento da saturação de O_2
Rastelli	• Criação de continuidade entre ventrículo direito e artéria pulmonar com tubo valvulado	• Direciona o fluxo sanguíneo do ventrículo direito para a artéria pulmonar
Atriosseptostomia ou procedimento de Rashkind	• Comunicação interatrial restritiva	• Melhora a mistura sanguínea • Aumento da saturação de O_2
Bandagem da artéria pulmonar	• Defeito do septo atrioventricular não balanceado • CIV • Transposição das grandes artérias	• Aumento do fluxo sanguíneo pulmonar • Aumento da saturação de O_2
Norwood	• Hipoplasia da aorta (arco aórtico e aorta ascendente)	• Shunt sistêmico pulmonar • Ventrículo direito câmara univentricular
Glenn	• Corações univentriculares	• Aumento do fluxo sanguíneo pulmonar • Aumento da saturação de O_2 • Aumento da pré-carga ventricular
Fontan	• Corações univentriculares	• Aumento do fluxo sanguíneo pulmonar • Separação total da circulação pulmonar e sistêmica • Aumento da saturação de O_2

* Cirurgia de Blalock-Taussig modificado: consiste na interposição de um enxerto tubular de Gore-Tex entre a artéria subclávia e o ramo pulmonar ipsilateral; esse procedimento é realizado principalmente nos neonatos com artéria subclávia muito estreita para o fluxo sanguíneo pulmonar.
** *Shunt* central: cirurgia que utiliza um tubo que conecta a aorta ascendente com a artéria pulmonar.

Manifestação clínica

Depende do grau de obstrução da via de saída do ventrículo direito (quanto maior for o grau de estenose, cianose mais intensa) e do tamanho da CIV. Inicialmente o paciente pode se apresentar acianótico e, com a progressão da obstrução da VSVD, desenvolver cianose.

Crise hipoxêmica

Manifestação clínica ameaçadora à vida, comum entre o 2º e o 4º mês de vida e pode levar à hipóxia cerebral e morte. Consiste em episódios agudos de espasmo na VSVD que aumentam o *shunt* D-E, piorando a cianose; essas crises são desenca-

58 Fisioterapia na Cardiologia Pediátrica

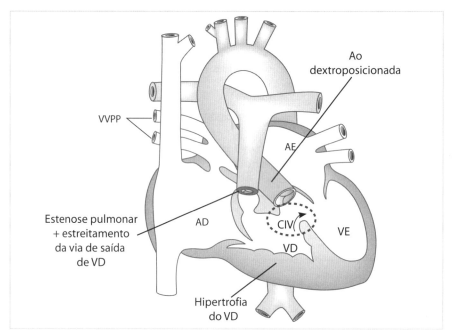

FIGURA 5.1 Tetralogia de Fallot (T4F). Dextroposição da aorta, estenose pulmonar, hipertrofia do ventrículo direito e comunicação interventricular na área de tracejada em círculo. A seta indica a direção do *shunt* intracardíaco direito-esquerdo. AE: átrio esquerdo, VD: ventrículo direito, VE: ventrículo esquerdo, AO: artéria aorta, CIV: comunicação interventricular, VVPP: veias pulmonares.

deadas por situações que aumentam o consumo de oxigênio (VO_2) e a obstrução ao fluxo sanguíneo pulmonar como: agitação, choro, esforço para evacuar, medo e ansiedade. No momento da crise hipoxêmica, a criança apresenta choro, irritabilidade, hiperpneia, aumento da cianose, podendo evoluir para a síncope. O tratamento da crise hipoxêmica consiste na administração de oxigênio, na adoção de medidas que aumentam a pré-carga de VD e a pós-carga do VE, favorecendo a circulação pulmonar, como a postura de agachamento ou dobrar os membros inferiores sobre o tórax, além de medicamentos como morfina, esmolol e propranolol para o relaxamento da musculatura infundibular.

Baqueteamento digital

Aumento das falanges distais dos dedos das mãos e dos pés geralmente associado a doenças cardíacas e pulmonares crônicas.

Policitemia

Aumento do número de eritrócito, tornando o sangue mais viscoso.

Tratamento

A correção cirúrgica geralmente é feita no primeiro ano de vida e pode ser realizada em dois tempos ou ser realizada a correção primária precoce.

Blalock-Taussig

Este procedimento foi desenvolvido na década de 1940 e é um tratamento paliativo que consiste na anastomose da artéria subclávia com o ramo pulmonar ipsilateral por toracotomia posterolateral. Esse procedimento irá aumentar o fluxo sanguíneo para os pulmões e melhorar a $SatO_2$ em condições como T4F, atresia pulmonar, estenose pulmonar grave e atresia tricúspide, até que o defeito possa ser reparado com outras técnicas em outro momento (Figura 5.2).

Correção total da T4F

Consiste na ampliação da via de saída do VD, comissurotomia da valva pulmonar, ventriculosseptoplastia, ampliação transanular da via de saída de VD na vigência de hipoplasia da artéria pulmonar (Figura 5.3).

Em centros avançados, esta correção pode ser feita no período neonatal.

Atresia pulmonar[1-3]

A atresia pulmonar (AP) caracteriza-se pelo desenvolvimento anormal da valva pulmonar, causando a ausência de conexão entre o VD e a artéria pulmonar. A valva

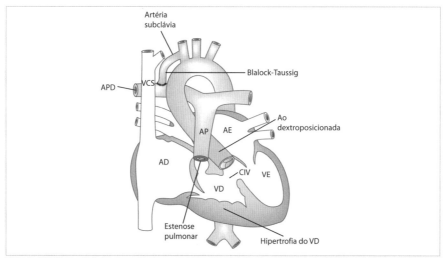

FIGURA 5.2 Cirurgia paliativa de Blalock-Taussig que consiste na anastomose da artéria subclávia direita na artéria pulmonar direita. Nesta figura está representada a tetralogia de Fallot. AD: átrio direito, AE: átrio esquerdo, VD: ventrículo direito, VE: ventrículo esquerdo, AP: artéria pulmonar, APD: artéria pulmonar direita, AO: aorta, VCS: veia cava superior, CIV: comunicação interventricular.

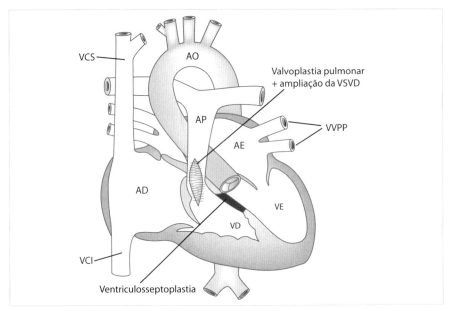

FIGURA 5.3 Correção da T4F com fechamento da CIV (ventriculosseptoplastia), ampliação da via de saída do ventrículo direito (VSVD) e valvoplastia pulmonar. VD: ventrículo direito; VE: ventrículo esquerdo, VVPP: veias pulmonares.

pulmonar tem três folhetos que funcionam como uma porta de mão única, permitindo que o sangue flua do VD para os pulmões a fim de ser oxigenado, porém a ausência ou imperfuração da valva pulmonar impede que o fluxo sanguíneo possa fluir do VD para os pulmões.

Tipos

Atresia pulmonar com septo interventricular íntegro (AP com SIV)

Trata-se de cardiopatia de amplo espectro, podendo ser acompanhada de graus variados de hipoplasia do VD e da valva tricúspide, e pode haver também deformidade das artérias coronárias. Dependendo do CA e da CIA permite a mistura do sangue venoso com o arterial.

Atresia pulmonar com comunicação interventricular (AP com CIV)

Caracteriza-se por apresentar VD bem desenvolvido, CIV e grande variabilidade em relação à anatomia das artérias pulmonares, que podem ser bem formadas e confluentes ou até mesmo estarem ausentes, assim a circulação pulmonar será feita por colaterais sistêmico-pulmonares.

Fisiopatologia

A AP apresenta fisiologia de coração univentricular e sua manifestação clínica será variável em razão de seu amplo espectro.

Nos casos de AP com septo interventricular íntegro, o forame oval (FOP) ou a CIA deve permitir o *shunt* D-E entre as cavidades atriais para alcançar a circulação sistêmica, e o canal arterial irá suprir a circulação pulmonar; à medida que o canal arterial se fecha, ocorre aumento da cianose e da hipoxemia, pois o Qp < Qs.

Já na AP com CIV, tanto o canal arterial como as colaterais sistêmico-pulmonares irão determinar o fluxo pulmonar, podendo ocorrer hiperfluxo pulmonar com saturações elevadas, pois o Qp > Qs.

Manifestações clínicas

Cianose em graus variados, e sinais/sintomas de ICC.

Tratamento

Infusão de prostaglandina nos casos de dependência de canal arterial e drogas vasoativas a fim de garantir estabilidade hemodinâmica.

Procedimento de Rashkind ou atriosseptostomia por cateter balão pode ser necessário: consiste na ampliação da comunicação interatrial (CIA), a fim de promover maior mistura intracardíaca entre o fluxo sanguíneo sistêmico e pulmonar, assim ocorre a melhora da hipoxemia e da saturação de oxigênio.

As cirurgias são feitas por etapas:

- Cirurgia de Blalock-Taussig (descrita anteriormente).
- Cirurgia de Glenn bidirecional: consiste na anastomose entre a veia cava superior com a artéria pulmonar direita, aumentando o fluxo sanguíneo pulmonar para os ramos pulmonares direito e esquerdo (Figura 5.4).
- Cirurgia de Fontan (cavopulmonar total): consiste na anastomose da veia cava inferior com a artéria pulmonar; desse modo, o ventrículo direito não participará mais da circulação sanguínea (Figura 5.5). A técnica de Fontan é realizada geralmente em crianças > 2 anos e pode ser com tubo extracardíaco ou tunel lateral. A fenestração do conduto permite alívio da sobrecarga de pressão pulmonar até que esta se adapte à nova condição hemodinâmica. No Fontan fenestrado ocorre mistura de sangue venoso e arterial na circulação sistêmica; então, a $SatO_2$ será menor comparada à técnica sem fenestração.

Nas técnicas de Glenn e Fontan, o deságue do retorno venoso requer que o sangue se desloque do gradiente de menor pressão (sistêmico) para um gradiente de maior pressão (pulmonar). Para que isso seja possível a pressão venosa central (PVC) tem de ao menos se igualar à pressão do território pulmonar. Essa condição será atingida pelo aumento da pré-carga com reposição volêmica que mantenha o intravascular cheio[4], além de adoção de estratégias que reduzam a RPV (fármacos/parâmetros ventilatórios).

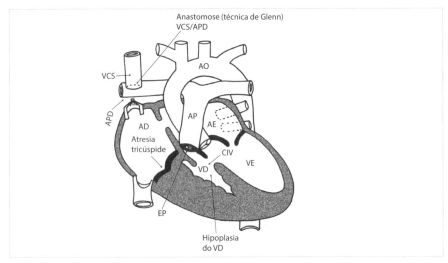

FIGURA 5.4 Correção de Glenn bidirecional. AD: átrio direito, AE: átrio esquerdo, AT: atresia tricúspide, VD: ventrículo direita, VE: ventrículo esquerdo, AO: artéria aorta, AP: artéria pulmonar, APD: artéria pulmonar direito, VCS: veia cava superior, CIV: comunicação interventricular, EP: estenose pulmonar.

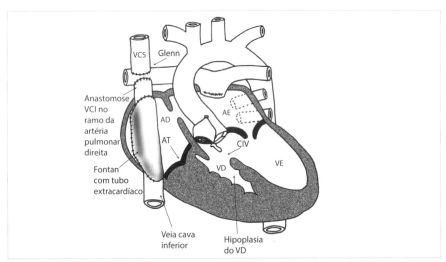

FIGURA 5.5 Cirurgia de Fontan/cavopulmonar total. AD: átrio direito, AE: átrio esquerdo, VD: ventrículo direito, VE: ventrículo esquerdo, VCS: veia cava superior, VCI: veia cava inferior, CIV: comunicação interventricular.

- Correção biventricular: cirurgia de Rastelli: consiste no redirecionamento do fluxo sanguíneo em nível ventricular por um conduto extracardíaco que é colocado conectando o VD com a AP (Figura 5.6)[5].

Atresia tricúspide (AT)

A AT caracteriza-se pela ausência de conexão entre o átrio direito (AD) e o VD por agenesia ou imperfuração da valva tricúspide, além de ser acompanhada por grau variado de hipoplasia de VD (Figura 5.7) ou algum grau de estenose pulmonar. A AT também pode estar associada a outros defeitos cardíacos, como a coarctação da aorta (CoAo) ou a DTGA.

Tipos

A classificação dependerá da posição dos vasos da base (concordante ou discordante), da obstrução da valva pulmonar e da presença ou ausência de CIV[6].

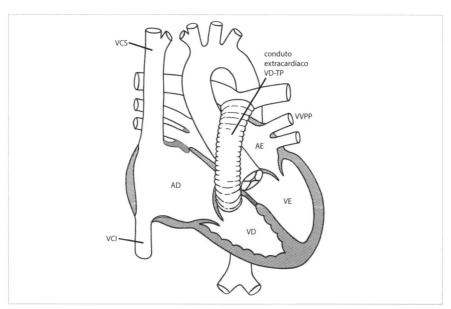

FIGURA 5.6 Cirurgia de Rastelli ou tubo VD-TP. AD: átrio direito, AE: átrio esquerdo, VD ventrículo direito, VE: ventrículo esquerdo, AO: artéria aorta, VCS: veia cava superior, VCI: veia cava inferior, vvpp: veias pulmonares,

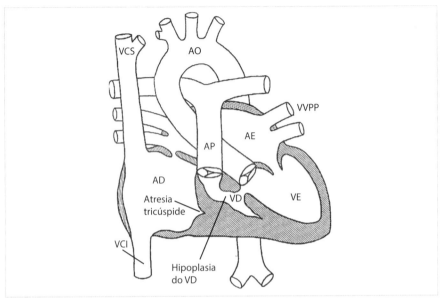

FIGURA 5.7 Atresia tricúspide: nesta cardiopatia, a valva tricúspide não se desenvolve, dessa maneira o sangue venoso não flui do AD para o VD; ocorre que pela CIA o sangue venoso fluirá para o AE e irá se misturar com o sangue arterial proveniente das veias pulmonares. O AE desagua o sangue misto para o VE que bombeia a maior parte do sangue misto para a circulação sistêmica e outra parte para a circulação pulmonar por causa da presença da CIV. Notar o VD hipoplásico, levando o VE ser a câmara responsável pela circulação sistêmica e pulmonar. AD: átrio direito, AE: átrio esquerdo, VD: ventrículo direito, VE: ventrículo esquerdo, AO: artéria aorta, AP: artéria pulmonar, VCS: veia cava superior, VCI: veia cava inferior, vvpp: veias pulmonares.

- Tipo I: grandes artérias normorrelacionadas (conexão ventrículo arterial concordante)
    - IA: com AP sem CIV + PCA.
    - IB: com EP + CIV pequena.
    - IC: sem EP e CIV grande.
- Tipo II: atresia tricúspide com transposição das grandes artérias (D-TGA)
    - IIA: com AP + CIV + PCA.
    - IIB: com EP e CIV ampla.
    - IIC: sem EP e com CIV.
- Tipo III: atresia tricúspide com transposição corrigida das grandes artérias (LTGA)

Fisiopatologia

Na AT, o fluxo sanguíneo proveniente do AD contornará a valva tricúspide ausente pela CIA: alcança a circulação pulmonar bombeado pelo ventrículo dominante para ser oxigenado. Na presença de estenose grave ou atresia pulmonar associada, a circulação sanguínea passa a depender também da patência do canal arterial.

Manifestações clínicas

Cianose em graus variados, ICC e HAP.

Tratamento

- Infusão de prostaglandina e suporte inotrópico.
- Procedimento de Rashkind pode ser necessário.
- Cirurgia de Blalock-Taussig: se necessária, é realizada nos primeiros dias de vida.
- Bandagem pulmonar: consiste na colocação de uma banda ou uma faixa ao redor da artéria pulmonar. É realizada em casos de hiperfluxo pulmonar e sinais de insuficiência cardíaca.
- Cirurgias de Glenn e Fontan: já descritas anteriormente.

Transposição das grandes artérias

A transposição das grandes artérias, cuja sigla "D-TGA" faz menção ao VD localizar-se do lado direito, é um dos defeitos cianóticos mais comuns em recém-nascidos e caracteriza-se pela discordância ventriculoarterial: a AP está conectada ao VE e a AO ao VD. Com isso, o sangue venoso proveniente da veia cava alcança o VD e é bombeado para a circulação sistêmica pela AO sem ser oxigenado, enquanto o sangue arterial proveniente das veias pulmonares é bombeado pelo VE para a artéria pulmonar e a circulação pulmonar para fazer as trocas gasosas originando uma circulação em paralelo (Figura 5.8)[1,7].

Essa cardiopatia só é compatível com a vida se estiver associada a defeitos intra ou extracardíacos que permitam a mistura entre o sangue venoso e o sangue arterial como: PCA (persistência do canal arterial), CIA, FOP ou CIV, tornando possível a oferta de sangue com melhor $SatO_2$ aos tecidos.

A D-TGA pode também estar associada à CoAo, estenose pulmonar, alterações valvares e das artérias coronárias[1,7].

Os fatores de risco para a D-TGA incluem: mães acima de 40 anos de idade; mães com *diabetes mellitus* ou que tiveram infecção viral como a rubéola no período gestacional[1,7].

Fisiopatologia

Na D-TGA, o sangue recircula por meio de dois grandes sistemas: pulmonar e sistêmico.

Na D-TGA, as funções ventriculares estão trocadas, o VD está bombeando sangue para um sistema de alta pressão, a circulação sistêmica, e o VE bombeia o sangue para um sistema de baixa pressão, imposta pela circulação pulmonar. Com isso, o VD se torna hipertrofiado e o VE fica mais delgado; essas alterações levam à insuficiência cardíaca.

A $SatO_2$ dependerá da efetividade da mistura entre o sangue arterial e o venoso, além da quantidade de sangue que alcança a circulação sistêmica[2].

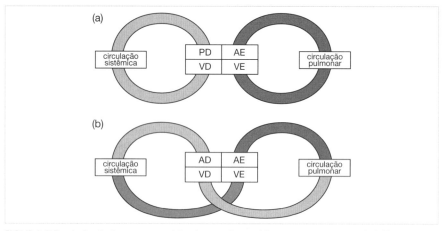

FIGURA 5.8 A circulação na transposição das grandes artérias e no coração normal. A: Transposição das grandes artérias com circulação pulmonar e sistêmica paralela. B: Posição normal das grandes artérias com as circulações pulmonar e sistêmica conectadas em série.

Manifestações clínicas

Por causa da fisiopatologia variável, as manifestações clínicas dependerão da presença dos defeitos cardíacos associados e da resistência vascular pulmonar.[2] Comumente, os achados incluem cianose, taquipneia, taquicardia, sopro cardíaco e sinais de insuficiência cardíaca.

Tratamento

O tratamento inicial visa a estabilização clínica com infusão de prostaglandina para manter o canal arterial aberto, procedimento de Rashkind nos casos de D-TGA com CIA restritiva para ampliar a CIA, intubação e ventilação mecânica a fim de reduzir o consumo de oxigênio, drogas vasoativas e volume a fim de melhorar o débito cardíaco e manutenção de $SatO_2$ entre 65% e 80% para garantir fluxo pulmonar e sistêmico satisfatório[2].

Cirurgia de Jatene

Trata-se de correção em nível arterial e consiste no reposicionamento dos grandes vasos com translocação das artérias coronárias (Figura 5.9). Essa cirurgia é realizada antes do primeiro mês de vida, a ecocardiografia no pré-operatório define a posição do septo interventricular que reflete a pressão do VE e sua capacidade de arcar com a circulação sistêmica no pós-operatório. O VE irá trabalhar com um circuito de maior pressão, a AO[4]. Dessa maneira, se o septo interventricular estiver retificado ou após o reposicionamento arterial, procede-se à indicação cirúrgica, visto que a pressão do

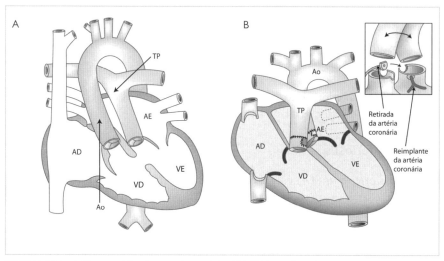

FIGURA 5.9 A. Transposição das grandes artérias (D-TGA), cardiopatia que se caracteriza pela discordância ventrículo arterial; nesta figura há presença de CIV. B. Cirurgia de Jatene: técnica que corrige anatomicamente a DTGA e consiste na transecção acima da região valvar da artéria aorta e da artéria pulmonar, remoção e reimplante das artérias coronárias direita e esquerda na neo aorta, translocação da artéria pulmonar para a região anterior a artéria aorta (manobra de Lecompte) e a ventriculoseptoplastia para fechar a CIV. AD: átrio direito, AE: átrio esquerdo, VD: ventrículo direito, VE: ventrículo esquerdo, AO: artéria aorta, TP: tronco pulmonar.

VE é igual ou superior ao VD[8]. Se o septo interventricular estiver abaulado para o VE, será preciso prepará-lo com bandagem da pulmonar (já descrita) antes do procedimento de Jatene.

Cirurgia de Senning

Trata-se de correção paliativa em nível atrial, com a excisão completa do septo interatrial e uso de um enxerto para construir túneis intracardíacos que redirecionarão a circulação pulmonar e sistêmica[9]. Desse modo, o sangue venoso proveniente das veias cavas é redirecionado para a valva mitral pelo túnel intracardíaco e alcança o VE e a artéria pulmonar após ser oxigenado nos pulmões. O sangue arterial chega nas veias pulmonares, que estão anastomosadas ao remanescente AD, seguindo para a valva tricúspide e para o VD, que continua com função sistêmica, bombeando o sangue arterial para a AO[10].

A disfunção ventricular sistêmica e a alta prevalência de arritmias foram fatores de morbidade tardia determinante para que tal técnica fosse colocada em desuso e substituída por uma técnica mais fisiológica, a cirurgia de Jatene[9].

Cirurgia de Rastelli

Conforme descrito anteriormente, esse procedimento é indicado na DTGA com CIV e obstrução de via de saída de VE[5].

Manobra de Lecompte

Consiste na anteriorização do tronco pulmonar quando os vasos da base estão em posição anteroposterior, não lado a lado[9].

Truncus arteriosus

Truncus arteriosus (TA) é uma cardiopatia rara que se caracteriza pela ausência do septo que separa a artéria aorta (AO) da artéria pulmonar (AP), resultando em um único tronco arterial que supre a circulação pulmonar e sistêmica. Além disso, a valva arterial pode apresentar algum grau de regurgitação ou estenose e sempre ocorre CIV. É comum na síndrome de DiGeorge (síndrome da deleção 22q11)[2].

Tipos

Há diferentes tipos de *truncus* e se classificam, segundo Collet e Edwads, em I, II, III, IV ou Van Praah os classifica em A1, A2, A3, A4 (Figura 5.10)[11].

- Tipo I/A1: é o tipo mais comum, o tronco pulmonar é curto e emerge do tronco arterial. As artérias pulmonares esquerda e direita estão presentes.
- Tipo II/A2: as artérias pulmonares se originam diretamente na parede posterior do tronco arterial.
- Tipo III/A2: as artérias pulmonares surgem separadamente na parede lateral do tronco pulmonar.
- Tipo IV: é essencialmente uma forma de atresia pulmonar, pois não há conexão entre o coração e as artérias pulmonares.
- Tipo A3: atresia de uma das artérias pulmonares e circulação colateral para o pulmão subjacente.
- Tipo A4: associado à interrupção do arco aórtico ou com coarctação da aorta.

Fisiopatologia

Enquanto a RVP encontrar-se elevada após o nascimento e o canal arterial estiver aberto, a $SatO_2$ se mantém em torno de 75% a 85% e a cianose é discreta a moderada.

Conforme ocorre a diminuição da RVP, o quadro de hiperfluxo pulmonar se instala, a $SatO_2$ se eleva, e o neonato evolui para o quadro de ICC e HAP.

Manifestações clínicas

Estão presentes já no período neonatal. Principalmente se a insuficiência truncal for grave, os sinais e sintomas de ICC se instalam precocemente: taquicardia, taquip-

Capítulo 5 – Cardiopatias congênitas cianóticas **69**

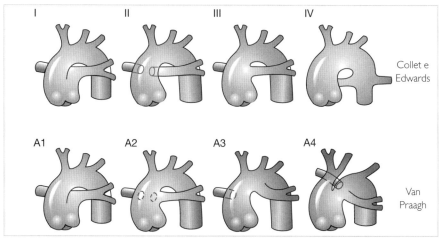

FIGURA 5.10 Classficações de Collett & Edwards e Van Praagh de truncus arteriosus. O tipo I e o tipo A1 são iguais. O tipo II (artérias pulmonares originando-se separadamente da porção posterior do trombo) e o tipo III (artérias pulmonares originando-se separadamente das paredes laterais do trombo) são agrupados como um único A2. O tipo A3 representa atresia de uma das artérias pulmonares com fluxo colateral para esse pulmão. O tipo IV é uma forma de atresia pulmonar, pois não há conexão entre o coração e as artérias pulmonares e sim artérias colaterais aortopulmonares. O tipo A4 é o truncus associado ao arco aórtico interrompido. Adaptado[11].

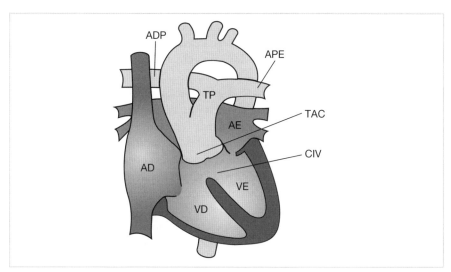

FIGURA 5.11 *Truncus arteriosus* tipo I ou 1A. O tronco pulmonar está presente e se bifurca nas artérias pulmonares esquerda e direita; presença de CIV na maioria dos casos. AD: átrio direito, AE: átrio esquerdo, VD: ventrículo direito, VE: ventrículo esquerdo, TP: tronco pulmonar, APD: artéria pulmonar direita, APE: artéria pulmonar esquerda, CIV: comunicação interventricular.

neia e sudorese. A cianose pode desaparecer ou ser discreta em decorrência da diminuição da RVP e do aumento do fluxo/volume sanguíneo pulmonar.

Tratamento

Após estabilização clínica com uso de medicamentos (diuréticos e drogas vasoativas) e ventilação mecânica em unidade de terapia intensiva, o reparo cirúrgico (correção total) é feito nas primeiras semanas de vida. O procedimento consiste em fechamento da CIV, plastia da valva truncal, se necessário, desconexão das artérias pulmonares do *truncus* e colocação de um conduto ou túnel do VD para as artérias pulmonares (cirurgia de Rastelli).

Síndrome de hipoplasia do ventrículo esquerdo

A síndrome de hipoplasia do ventrículo esquerdo (SHVE)[12] é uma cardiopatia congênita complexa que se caracteriza pelas alterações descritas a seguir nas estruturas do lado esquerdo do coração:

- Ventrículo esquerdo hipoplásico, incapaz de manter a circulação sistêmica.
- Atresia mitral ou valva mitral pouco desenvolvida.
- Atresia aórtica ou valva aórtica pouco desenvolvida.
- Aorta ascendente hipoplásica.

A sobrevivência do recém-nascido é possível por causa da presença da CIA, FOP e do canal arterial, pois essas estruturas permitem a mistura sanguínea entre o lado direito e esquerdo do coração e que o fluxo sanguíneo chegue à circulação sistêmica (Figura 5.12).

A SHVE é prevalente no sexo masculino e pode estar associada a anomalias extracardíacas ou a síndromes genéticas como síndrome de Turner, síndrome de Holt-Oram, síndrome de Noonam, trissomia 13, trisssomia 18 e trissomia 21[13]. Antes da década de 1980, a SHVE estava associada à alta taxa de mortalidade no primeiro mês de vida, mas nas últimas décadas a melhoria das técnicas operatórias e dos cuidados no pré e no pós-operatório aumentaram a sobrevida desses pacientes, porém a taxa de morbidades pós-operatórias que acompanham esses pacientes não diminuiu. As morbidades que são apresentadas pelos pacientes com SHVE tornaram-se uma questão de grande preocupação para a equipe multiprofissional, principalmente as alterações neurológicas. Dentre estas, as mais citadas na literatura são: tromboembolismo cerebral, convulsões, lesões hipóxico-isquêmicas e déficit cognitivo, enteropatia perdedora de proteínas, bronquite plástica, hipertensão arterial pulmonar, arritmias e disfunção ventricular direita[14].

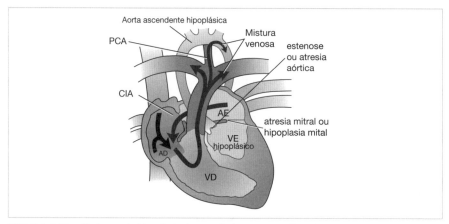

FIGURA 5.12 Síndrome da hipoplasia do ventrículo esquerdo (SHVE) caracterizada pela hipoplasia das estruturas do lado esquerdo do coração e a incapacidade dessas estruturas proverem a circulação sistêmica. As anomalias cardíacas estruturais incluem: atresia ou hipoplasia da valva mitral e aórtica, cavidade ventricular esquerda hipoplásica, hipoplasia da aorta ascendente e do arco aórtico, coarctação da aorta (comumente observada), forame oval pérvio (FOP), comunicação interatrial (CIA) e persistência do canal arterial (PCA). A setas indicam a direção do fluxo sanguíneo venoso (seta preta) e misturado (seta cinza). Adaptado[13].

Fisiopatologia

Essa cardiopatia é um coração univentricular: o coração tem apenas um ventrículo responsável pela ejeção do fluxo sanguíneo para a circulação pulmonar e sistêmica.

Na SHVE, o sangue arterial proveniente das veias pulmonares desemboca no átrio esquerdo e, pelo FOP ou pela CIA, ele é desviado para o AD. No AD, ocorrerá mistura de sangue arterial e venoso; o VD bombeará esse sangue relativamente desoxigenado para a circulação pulmonar e para a circulação sistêmica pelo canal arterial, que também é responsável pelo fluxo sanguíneo retrógado na aorta ascendente hipoplásica e para as artérias coronárias.

Manifestações clínicas

Os sintomas que geralmente aparecem nos primeiros dias de vida são cianose, palidez, pele úmida e fria, taquicardia, taquidispneia e má aceitação alimentar. No recém-nascido, a evolução para a insuficiência cardíaca é rápida.

Tratamento

A estabilização inicial do recém-nascido é realizada com adoção de medidas que mantenham a permeabilidade do canal arterial e aumentem a resistência vascular pulmonar garantindo o Qp/Qs = 1. Dentre essas medidas, destacam-se infusão de prostaglandina, aporte calórico adequado, suporte inotrópico, diurético e baixa fração inspirada de oxigênio (FiO_2)[12].

Atualmente, as opções de tratamento para essa cardiopatia englobam transplante cardíaco, procedimento híbrido, cirurgias paliativas realizadas em três estágios e tratamento paliativo não cirúrgico de conforto[15].

Procedimento híbrido

O procedimento híbrido é uma opção alternativa ao primeiro estágio da técnica clássica de reparo em estágios e é realizado durante a primeira semana de vida. Consiste em bandagem bilateral dos ramos da artéria pulmonar para diminuir o fluxo sanguíneo pulmonar e colocação de *stent* no canal arterial para garantir o *shunt* da direita para a esquerda[14]. Após este procedimento, é realizada a atriosseptostomia e o paciente recebe alta hospitalar, retornando ao hospital por volta do 3º mês de vida para fazer o procedimento de Norwood-Glenn.

- Primeiro estágio – cirurgia de Norwood-Sano: esta técnica geralmente é realizada nas primeiras semanas de vida e consiste em formar uma nova aorta (neoaorta), conectando-se o tronco da artéria pulmonar ao arco aórtico previamente ampliado. O restabelecimento da circulação pulmonar é realizado pela anastomose entre o ventrículo direito (VD) e a artéria pulmonar (AP) por um conduto. Após a cirurgia a cianose persiste por causa do *shunt* intracardíaco[12]. No pós-operatório, o equilíbrio entre os fluxos sanguíneos sistêmico e pulmonar e a garantia de adequada oferta de O_2 aos tecidos depende de fatores como: associação de drogas vasoativas, estratégia ventilatória, reposição volêmica e manutenção da pressão arterial média em torno de 50 mmHg. Na gasometria arterial, a $SatO_2$ não deve ultrapassar 80% a PaO_2 e a $PaCO_2$ devem ser mantidas em 40 mmHg[4].
- Segundo estágio – cirurgia de Glenn (descrita anteriormente): realiza-se esse procedimento entre o 4º e o 6º mês de vida da criança. Nele não haverá substituição da derivação sistêmico-pulmonar por uma anastomose cavopulmonar bidirecional.
- Terceiro estágio – cirurgia de Fontan (descrita anteriormente): realiza-se esse procedimento para completar o tratamento geralmente entre os 18 meses e 3 anos de idade da criança.

Transplante cardíaco

As principais limitações do transplante são a escassez de doadores, o tamanho correspondente de doador/receptor e os efeitos colaterais adversos da imunossupressão. Apesar de a terapia cirúrgica estagiada (Norwood, Gleen e Fontan) oferecer mais esperança de sobrevivência ao paciente com SHVE até a realização do transplante cardíaco, essas técnicas apresentam alta mortalidade e morbidade. Já o transplante cardíaco é considerado o tratamento que melhora a qualidade de vida e a sobrevida desses pacientes. Porém, no transplante há problemas associados à imunossupressão, a doença arterial coronariana do enxerto e os resultados em longo prazo ainda são incertos, sendo necessárias mais investigações sobre esse aspecto. A rejeição do enxerto é a principal causa de morte após o transplante cardíaco pediátrico, porque o diagnóstico precoce é difícil[14,15].

Terapia paliativa não cirúrgica

Considerando o prognóstico da SHVE e os custos do tratamento clínico-cirúrgico, alguns centros de cirurgia cardiovascular, localizados em outros países, junto aos familiares podem optar por uma terapia paliativa não cirúrgica. Nessa abordagem, a criança recebe sedação e analgesia, mas a terapia com prostaglandina é suspensa – com um resultado fatal[15].

REFERÊNCIAS BIBLIOGRÁFICAS

1. Bojar RM, Warner KG. Manual of perioperative care in cardiac surgery. 3.ed. Blackwell Science, 1999.
2. Pedra CAC, Arrieta SR. Estabilização e manejo clínico inicial das cardiopatias congênitas cianogênicas no neonato. Soc Cardiol Estado de São Paulo. 2002;5:734-50.
3. Abellan DM. O recém-nascido com cardiopatia congênita. In: Procianoy RS, Leone CR. PRORN Programa de Atualização em Neonatologia. Secad. Artmed/Panamericana Editora Ltda.
4. Ferreiro CR, Romano ER, Bosisio IBJ. Pós-operatório nas cardiopatias congênitas. Rev Soc Cardiol Estado de São Paulo. 2002;5:776-87.
5. Maluf MA, Catani R, Silva C, Diógenes S, Carvalho WB, et al. Procedimento de Lecompte para a correção de transposição das grandes artérias, associada à comunicação interventricular e obstrução de via de saída do ventrículo esquerdo. Rev Bras Cir Cardiovasc [Internet]. 2006;21(4):433-443.
6. Rosenthal A, Dick M. Tricuspid atresia. In: Adams FH, Emmanouilides GC, Riemenschneider TA (eds.). Moss' Heart disease in infants, children and adolescents. 4.ed. Baltimore: Williams and Wilkins; 1989.
7. Warnes CA. Transposition of the great arteries. Congenital Heart Disease for the adult Cardiologist. Circulation. 2006;114:2.699-709.
8. Jatene MB. Tratamento cirúrgico das cardiopatias congênitas acianogênicas e cianogênicas. Rev Soc Cardiol Estado de São Paulo. 2002;5:763-75.
9. Penha JG, Zorzanelli L, Barbosa-Lopes AA, Atik E, Miana LA, et al. Palliative Senning in the treatment of congenital heart disease with severe pulmonary hypertension. Arq Bras Cardiol. 2015;105(4):353-61.
10. Canêo LF, Lourenço Filho DD, Silva RR, Franchi SM, Afiune JY, et al. Operação de Senning com a utilização de tecidos do próprio paciente. Rev Bras Cir Cardiovasc. 1999;14(4):298-302.
11. Boston Children's Hospital. Truncus Arteriosus: Collett & Edwards and Van Praagh Classifications. Disponível em: https://apps.childrenshospital.org/MML/viewBLOB.cfm?MEDIA_ID=2027. [acesso set 2020]
12. Silva JP, Fonseca L, Baumgratz JF, Castro RM, Franchi SM, Sylos C, et al. Síndrome da hipoplasia do coração esquerdo: a influência da estratégia cirúrgica nos resultados. Arq Bras Cardiol. 2007;88(3):354-60.
13. Disponível em: https//kidshealth.org/en/parents/norwood.html(acesso set 2020)
14. Fruitman DS. Hypoplastic left heart syndrome: Prognosis and management options. PaediatrChild Health. 2000;5(4):219-25.
15. Gobergs R, Salputra E, Lubaua I. Hypoplastic left heart syndrome: a review. Acta Med Litu. 2016;23(2):86-98.

6

Alterações do sistema respiratório nas cardiopatias congênitas

Andyara Cristianne Alves

INTRODUÇÃO

Os sistemas cardiovascular e respiratório funcionam como uma unidade e estão intimamente relacionados, atuando conjuntamente para garantir a eliminação do gás carbônico (CO_2) pela ventilação e a oferta eficaz de oxigênio (O_2) aos tecidos por meio do débito cardíaco.

As alterações estruturais e fisiológicas do coração estão relacionadas às mudanças da mecânica respiratória e da função pulmonar nas crianças com cardiopatia congênita. Esses fatores podem influenciar nos resultados da cirurgia cardiovascular e também gerar comorbidades respiratórias que terão impacto na qualidade de vida na infância e na fase adulta[1].

Por causa das alterações do fluxo sanguíneo nos pulmões, elevação da pressão na artéria pulmonar e dilatação das estruturas cardiovasculares torna-se muito comum na criança com cardiopatia congênita o desenvolvimento de quadros de edema alveolar, compressão das vias aéreas e infecções pulmonares de repetição[1,2].

Além disso, o aumento da sobrevida das crianças com cardiopatia congênita também foi acompanhado pelo aumento de doença pulmonar restritiva ou obstrutiva, contribuindo para a limitação da capacidade física[3].

PARTICULARIDADES ANATÔMICAS E FISIOLÓGICAS DO SISTEMA RESPIRATÓRIO INFANTIL

O desenvolvimento do sistema respiratório se inicia na 4ª semana gestacional; após o nascimento, este sistema continuará o processo de desenvolvimento com a alveolorização da árvore brônquica até o 8º ano de vida.

As diferenças anatomofisiológicas do sistema respiratório infantil comparadas às do adulto são marcantes. Compreender as particularidades desse sistema e os mecanismos que levam ao rápido desenvolvimento da insuficiência respiratória na população infantil é primordial para se instituir um tratamento rápido e eficaz.

Associado às particularidades do sistema respiratório o neonato e a criança com cardiopatia congênita possuem ainda o agravante de limitação cardiovascular diante de situações em que ocorre aumento de demanda metabólica, como nas infecções respiratórias, pois o aumento do débito cardíaco não ocorre conforme o esperado. Esse fator contribui para agravar ainda mais a oferta de O_2 aos tecidos[1].

A seguir estão descritas as principais particularidades anatômicas e fisiológicas do sistema respiratório que predispõem a população infantil ao desenvolvimento de quadros de obstrução de vias aéreas e/ou de insuficiência respiratória:

- Ser respirador nasal obrigatório nos primeiros meses de vida. A resistência nasal do neonato é quase a metade da resistência total das vias aéreas.
- Possuir língua relativamente grande para o tamanho da orofaringe.
- Ter traqueia mais curta e com menor suporte cartilaginoso (Figura 6.1).
- Laringe em posição mais superior no pescoço.
- Epiglote em forma alongada, flexível e estreita.
- A porção mais estreita da via aérea está abaixo das cordas vocais, no nível da cartilagem cricoide (Figura 6.1).
- Vias aéreas menores em diâmetro e comprimento (Figura 6.1).

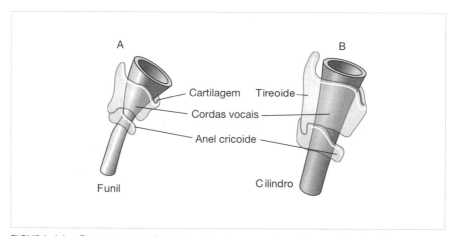

FIGURA 6.1 Comparação anatômica das vias aéreas superiores do neonato e da criança pequena (A) em formato de funil e do adulto (B) em formato cilíndrico. A porção mais estreita das vias aéreas em neonatos e crianças pequenas situa-se no anel cricoide, dificulta a passagem do tubo endotraqueal nesta região, mesmo que ele tenha passado pelas cordas vocais. O formato afunilado da laringe contribui para o acúmulo de secreções no espaço retrofaríngeo. Adaptado[4].

- Alvéolos em menor número e tamanho.
- Maior taxa metabólica.
- Controle respiratório imaturo aumentando o risco de apneia.
- Ventilação colateral pelos poros de Kohn (interalveolares) e canais de Lambert pouco desenvolvidos nos primeiros anos de vida, propiciando a formação de atelectasias.
- Vias aéreas periféricas oferecendo alta resistência ao fluxo aéreo, mesmo com pequenas reduções no seu diâmetro.
- Caixa torácica de formato cilíndrico, costelas horizontalizadas e maleáveis exercendo pouca oposição às forças de recolhimento elástico dos pulmões (Figura 6.2).
- Menor capacidade de aumentar o volume corrente.
- Musculatura diafragmática retificada.
- Fibra muscular diafragmática do tipo I escassa (contração lenta e metabolismo oxidativo).
- Musculatura intercostal pouco desenvolvida resultando em pouca estabilidade da caixa torácica

MECÂNICA RESPIRATÓRIA E CARDIOPATIAS CONGÊNITAS

As crianças com cardiopatia congênita frequentemente apresentam alterações na mecânica respiratória. O comprometimento da complacência pulmonar e da resistência das vias aéreas contribui para o aumento da frequência respiratória, do trabalho respiratório e do consumo de oxigênio[5,6].

Os fatores que contribuem para a alteração da mecânica respiratória no período pré-operatório estão relacionados à magnitude do fluxo sanguíneo pulmonar e à pressão na artéria pulmonar[6].

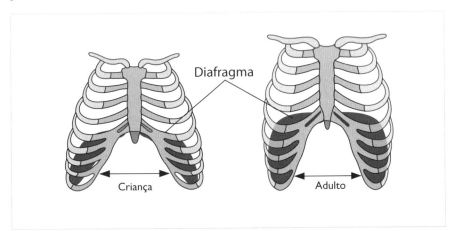

FIGURA 6.2 Comparação entre a caixa torácica e a posição do diafragma de neonatos e crianças pequenas (A) e adultos (B). Em A, observam-se costelas horizontalizadas e diafragma retificado. Adaptado[7].

No pós-operatório, fatores como toracotomia mediana, anestesia, circulação extracorpórea, hipotermia e ausência de ventilação durante a cirurgia também podem alterar a função pulmonar destes pacientes[5].

Cardiopatias congênitas de hiperfluxo pulmonar

Nas cardiopatias de hiperfluxo pulmonar, ocorre aumento do volume sanguíneo na circulação pulmonar e aumento das pressões nas artérias, capilares e veias pulmonares. Segundo alguns estudos, o aumento do fluxo sanguíneo e da pressão da artéria pulmonar está associado à diminuição da complacência pulmonar, aumento da resistência das vias aéreas e alteração da relação V/Q[2,6,8].

Dentre os mecanismos envolvidos na diminuição da complacência pulmonar estão o aumento da vascularização pulmonar e a sobrecarga de volume no coração, que causam aumento da pressão atrial esquerda e propiciam o desenvolvimento de edema intersticial e de hipertensão pulmonar[1,6].

O aumento da resistência das vias aéreas é ocasionado pela compressão das vias aéreas de grande, médio e pequeno calibres pela dilatação das estruturas cardiovasculares e pelo edema intersticial pulmonar. A hipertensão pulmonar causa constrição e hipertrofia dos músculos liso vascular e bronquial[1,6].

Segundo alguns pesquisadores, a correção cirúrgica das cardiopatias congênitas com *shunt* E-D, no momento adequado, melhora a complacência pulmonar e a resistência das vias aéreas[9,10].

Cardiopatias congênitas de hipofluxo pulmonar

Nas cardiopatias congênitas de hipofluxo pulmonar, o volume sanguíneo na circulação pulmonar encontra-se reduzido e ocorre alteração da relação V/Q em razão do aumento do espaço morto fisiológico[1-3].

A complacência pulmonar encontra-se aumentada pela menor quantidade de volume sanguíneo nos pulmões. O quadro de hipóxia crônica observado nestes pacientes faz com que a resposta ventilatória em situações de piora da hipóxia seja diminuída[3].

É observado no sistema respiratório dos pacientes com hipofluxo pulmonar aumento da resistência ao fluxo aéreo por causa da redução no lúmen das vias aéreas que podem ser hipoplásicas, pois o desenvolvimento dos pulmões e da vasculatura pulmonar está intimamente relacionado[1,3].

FUNÇÃO PULMONAR E CARDIOPATIAS CONGÊNITAS

A avaliação da função pulmonar nas crianças com cardiopatia congênita nem sempre é possível por vários fatores como: intervenção cirúrgica de urgência, fase neonatal, falta de equipamento adequado e adaptado para a população infantil e quantidade restrita de centros especializados.

As limitações cardiovasculares que essa população apresenta para as atividades físicas são bem conhecidas, porém as limitações pulmonares devem ser identificadas e consideradas para se instituir um tratamento pulmonar adequado e desta maneira otimizar a capacidade funcional e a qualidade de vida.

Nas crianças, a maturação pulmonar se completa até o 8º ano de vida. Fatores como hipoperfusão pulmonar, infecções respiratórias de repetição, intervenção cirúrgica, desnutrição, restrição de atividade física, ventilação mecânica prolongada e disfunção diafragmática comprometem o crescimento e a multiplicação dos alvéolos[11].

As alterações da função pulmonar podem ser encontradas tanto no período pré como no pós-operatório. O padrão restritivo é o mais relatado, sendo caracterizado pela diminuição da capacidade vital forçada (CVF). Isso se deve às alterações da parede torácica que são comuns em pacientes com cardiopatia congênita e também está intimamente relacionado ao número de vezes a que ela foi submetida à toracotomia ou à esternotomia, diminuição da complacência pulmonar e fraqueza muscular respiratória[1,12]. A cardiomegalia, as aderências pleurais ou a ascite também podem limitar mecanicamente o volume pulmonar.

O padrão obstrutivo quando presente, está associado à compressão das vias aéreas ou à hipoplasia, pois a redução da trama vascular afeta o desenvolvimento pulmonar[1,12].

Nas cardiopatias congênitas com *shunt* E-D, no período pré-operatório, é observada a diminuição do volume corrente, da ventilação voluntária máxima, da capacidade pulmonar total e da capacidade vital (CV), principalmente nos casos de HAP avançada, pois acredita-se que a hipertrofia da camada média e a proliferação da camada íntima da vasculatura pulmonar resultem em diminuição da distensibilidade pulmonar e dos volumes pulmonares caracterizando pulmões enrijecidos[13].

Os pacientes com cardiopatia de hipofluxo pulmonar também apresentam comprometimento da função pulmonar, porém é observada a diminuição da capacidade residual funcional (CRF) por causa da perda do efeito de estabilidade oferecida ao arcabouço alveolar pelos capilares pulmonares que se encontram em menor quantidade[14].

No período pós-operatório, as modificações da mecânica respiratória são associadas à anestesia e à circulação extracorpórea, por causa da resposta inflamatória sistêmica que contribui para o edema pulmonar, perda de CRF e alterações das trocas gasosas.

Apesar disso, em alguns estudos foram demonstrados potenciais efeitos benéficos na mecânica respiratória após reparo cirúrgico, como: diminuição na pressão da artéria pulmonar e redução do trabalho respiratório, da frequência respiratória e do volume minuto[1,5]. Esse resultado favorável também está relacionado com a idade em que a criança é submetida ao tratamento cirúrgico, ao tipo de correção realizada e ao processo de maturação pulmonar[6].

Em um estudo com 35 crianças após correção cirúrgica de transposição das grandes artérias, os autores demonstraram que 88% apresentaram alteração da função

Capítulo 6 – Alterações do sistema respiratório nas cardiopatias congênitas

pulmonar, o principal achado se refere à perda da elasticidade pulmonar, diminuição dos volumes pulmonares e sinais de hiperinsuflação pulmonar[15].

Outro estudo com 52 pacientes em pós-operatório tardio de Fontan, os autores demonstraram que 58% dos pacientes evoluíram com função pulmonar restritiva e diminuição da CVF, do volume expiratório forçado no primeiro segundo (VEF1) e da VEF1/CVF[3]. Crianças submetidas à cirurgia de Fontan apresentam a chamada "circulação de Fontan" que predispõe a complicações tromboembólicas e bronquite plástica e evoluem com função pulmonar restritiva[3].

Foi encontrado também em um outro estudo uma correlação entre os achados do ecocardiograma e as alterações da mecânica respiratória das crianças com cardiopatia congênita, isto é, o tamanho aumentado do AE e do calibre da artéria pulmonar se correlacionavam de forma negativa com a complacência pulmonar e positivamente com o aumento da resistência das vias aéreas[6].

COMPLICAÇÕES RESPIRATÓRIAS E CARDIOPATIAS CONGÊNITAS

Edema alveolar

O edema alveolar nas crianças com cardiopatia congênita é causado por mecanismos de aumento de pressão no átrio esquerdo, hipertensão venosa pulmonar e aumento de pressão no átrio direito (AD). Exemplos de cardiopatias nas quais comumente são observados o edema alveolar são: comunicação interatrial (CIA), comunicação interventricular (CIV), persistência do canal arterial (PCA), *cor triatriatum*, ventrículo único e estenose mitral[1].

A dilatação e a ruptura dos capilares pulmonares provocam o extravasamento de líquido para a região intersticial e alveolar do parênquima pulmonar, causando aumento do trabalho respiratório, desequilíbrio da relação V/Q e alterações das trocas gasosas.

Obstrução das vias aéreas

A obstrução das vias aéreas poderá ocorrer por causa de edema peribrônquico ou por compressão extrínseca das vias aéreas pelas estruturas cardiovasculares dilatadas, mal formações vasculares ou pelo edema intersticial e alveolar.

As cardiopatias que cursam com hiperfluxo pulmonar, hipertensão pulmonar e cardiomegalia como CIA, CIV, PCA e as mais complexas como o ventrículo único, janela aorto pulmonar e *truncus* evoluem para congestão vascular pulmonar, disfunção diastólica do ventrículo esquerdo e cardiomiopatia dilatada[1].

Os sinais de compressão das vias aéreas são: desconforto respiratório, apneia, atelectasias, sibilos inspiratórios e expiratórios; e se tornam mais evidentes na vigência de infecções do sistema respiratório[1].

Infecções respiratórias

As infecções respiratórias nos lactentes e crianças com cardiopatia congênita são importante causa de internação hospitalar e aumento da morbimortalidade.

Os fatores de risco para os quadros de infecção respiratória nestes pacientes incluem: desnutrição, incoordenação para a deglutição, broncoaspiração, uso de antibióticos, ventilação mecânica prolongada prévia e síndromes genéticas[1].

Nas cardiopatias de *shunt* E-D, o hiperfluxo pulmonar provoca hiperplasia das células caliciformes nos brônquios, por este motivo ocorre aumento das secreções pulmonares que propicia o desenvolvimento de atelectasias e infecção do trato respiratório em um parênquima pulmonar que se encontra mais congesto.

A bronquiolite é a infecção respiratória mais comum em crianças com menos de 2 anos com cardiopatia congênita, a profilaxia com a vacinação é uma maneira de diminuir a taxa de hospitalização e a mortalidade entre esses pacientes[1].

Hipertensão arterial pulmonar

A hipertensão arterial pulmonar (HAP) é complicação comum das cardiopatias congênitas de hiperfluxo pulmonar. Essa condição leva ao remodelamento da vasculatura pulmonar com consequente elevação da resistência vascular pulmonar (RVP) e da pressão na câmara direita do coração[16]. Os sinais de HAP são pouco específicos e incluem: desconforto respiratório, palidez e síncope[3].

As crianças com síndrome de Down e cardiopatia congênita desenvolvem, de maneira mais rápida, a hipertensão pulmonar por causa das doenças obstrutivas das vias aéreas superiores comuns nesses pacientes[17,18].

O tratamento inclui medicação vasodilatadora, correção cirúrgica da cardiopatia e resoluções dos fatores que pioram a condição da HP, como a acidose e a hipoxemia. No Capítulo 12, a HP será abordada em maior profundidade.

Hemorragia alveolar e hemoptise

A hemorragia alveolar e a hemoptise são complicações observadas nas crianças com cardiopatia congênita. São condições graves, que pioram a hipoxemia por causa do *shunt* intrapulmonar e aumentam o risco de mortalidade[1]. Geralmente estão relacionadas à HAP ou hipertensão venosa, síndrome de Einsenmenger, desenvolvimento de circulação colateral sistêmico-pulmonar (resposta fisiológica à cianose crônica, comum em corações univentriculares e após cirurgia de Fontan), dilatação das artérias brônquicas, mal formação das artérias pulmonares, distúrbio de coagulação e trombos.

Bronquite plástica

A bronquite plástica é complicação rara, grave que pode levar ao óbito[19]. Caracteriza-se pela formação e expectoração de muco com consistência espessa que assume o aspecto da árvore brônquica como se fosse um molde[20]. Os sintomas apresentados incluem: tosse, dispneia, febre, sibilos e expectoração de placas de secreção.

Essa condição ainda que pouco comum é observada principalmente em pacientes com coração univentricular após serem submetidos à cirurgia de Fontan e indica uma adaptação inadequada da cirugia[20]. Também pode ser encontrada em crianças com asma, fibrose cística e influenza subtipo H1N1[19].

A causa ainda não está bem estabelecida, podendo ser explicada por predisposição genética e estresse cirúrgico, lesão do ducto linfático durante a cirurgia e o aumento da pressão vascular pulmonar[1,19]. A lesão da barreira alveolocapilar e o extravasamento de material proteico provocam infiltração linfática endobrônquica e inflamação das vias aéreas com exsudação desse material mucoide[1].

O tratamento clínico é feito com broncodilatadores, mucolíticos, DNAse recombinate e fisioterapia respiratória. É necessário otimizar a hemodinâmica dos pacientes que sofrem com essa condição com a fenestração do Fontan ou pelo uso de medicamentos como o carvedilol e os vasodilatadores pulmonares[20].

◈ FISIOTERAPIA RESPIRATÓRIA

As alterações do sistema respiratório no neonato e na criança com cardiopatia congênita tornam a assistência fisioterápica primordial na prevenção e no tratamento das complicações respiratórias, seja no período pré-operatório, no pós-operatório ou mesmo durante o tratamento clínico. Nesse contexto, o fisioterapeuta que integra a equipe multidisciplinar atua em estreita colaboração com médicos, enfermeiros, fonoaudiólogos e outros especialistas para fornecer atendimento diferenciado e eficiente.

As complicações do sistema respiratório são muito comuns e estão relacionadas às alterações do sistema cardiovascular e à imaturidade do sistema respiratório. Esses fatores associados aos aspectos que envolvem internação hospitalar, anestesia, imobilidade no leito, tempo de ventilação mecânica, circulação extracorpórea e tempo de permanência na unidade de terapia intensiva colaboram em maior ou menor grau para o desenvolvimento de quadros de hipersecreção pulmonar, estenose subglótica, traqueomalácea, atelectasias, infecções respiratórias, paralisia diafragmática, derrames pleurais, quilotórax, bronquite plástica e fraqueza muscular[16].

Atualmente, ainda há poucas evidências sobre a eficácia das técnicas de fisioterapia respiratória nessa população, por isso a atuação do fisioterapeuta deve ser baseada com foco na avaliação do paciente, na interpretação dos exames complementares, no conhecimento das medicações em uso e no quadro clínico.

Dessa maneira torna-se imprescindível que o profissional tenha conhecimento sobre a cardiopatia, a cirurgia a que o paciente foi submetido, os efeitos da ventilação mecânica na interação cardiopulmonar e as resposta da oxigenoterapia e de outros gases no sistema cardiovascular.

A eleição de técnicas e recursos apropriados para o tratamento das condições pulmonares traz benefícios sem provocar efeitos adversos na oxigenação e no estado hemodinâmico. Hoje em dia, a variedade de técnicas fisioterápicas aumenta as possibilidades de alcance dos objetivos da terapia, desde que sejam realizadas de maneira individualizada e adaptadas para cada situação.

O manejo preventivo da dor no pós-operatório é sempre recomendável, principalmente em crianças que apresentam crise de hipertensão pulmonar e necessitam de atendimento fisioterápico, pois a dor pode levar à agitação e à queda importante da saturação de oxigênio, aumento da dispneia e descompensão do quadro hemodinâmico.

Os benefícios promovidos pela fisioterapia respiratória incluem melhora da oxigenação, preservação de condições satisfatórias de ventilação pulmonar, garantia da permeabilidade das vias aéreas, otimização do volume corrente, da mecânica respiratória e recuperação das atividades funcionais o mais precocemente possível, com redução do tempo de internação hospitalar.

A atuação do fisioterapeuta também envolve a instituição de ventilação não invasiva (VNI) como alternativa terapêutica em diversas situações, administração de misturas especiais de gases, como dióxido de carbono, misturas de gases hipóxicos e vasodilatadores desde que indicadas pelo médico. O fisioterapeuta também participa do gerenciamento dos parâmetros ventilatórios, do desmame da ventilação mecânica e da extubação. Os benefícios da intervenção fisioterápica se estende por meio de adoção de posturas que favoreçam a mecânica ventilatória ou circulatória e pelas orientações aos pais e às crianças quanto às atividades a serem desenvolvidas nas diferentes circunstâncias. As atividades lúdicas e a criação de um ambiente tranquilo e confortável durante o atendimento são ferramentas facilitadoras da interação entre o fisioterapeuta e a criança.

O posicionamento e as mudanças posturais são realizados com o objetivo de melhorar a ventilação e a oxigenação, porém em algumas situações haverá restrição para a adoção de algumas posturas; no pós-operatório de Glenn, por exemplo, a criança deverá ser mantida a 45º de elevação para facilitar o desague do sangue na circulação pulmonar. A postura prona, apesar dos benefícios já reconhecidos sobre a oxigenação, geralmente é pouco utilizada e pode ser pouco tolerada por neonatos e lactentes com cardiopatias congênitas por diversos motivos, como: sintomas de insuficiência cardíaca congestiva (ICC), hipertensão pulmonar, incisão cirúrgica recente, presença de dreno mediatinal, por não fazer parte da rotina da criança e medo dos pais.

O fisioterapeuta deve estar atento às respostas fisiológicas do neonato e da criança, especialmente durante os procedimentos fisioterápicos e ao término, pois estas respostas podem indicar instabilidade hemodinâmica com necessidade de se modificar a abordagem para atender sem colocar a estabilidade clínica em risco. Dentre estas respostas destacam-se aumento da cianose ou da palidez, moteamento da pele, alterações da frequência cardíaca, queda da saturação de oxigênio, instabilidade da pressão arterial e expressões faciais de dor.

Enfim não há nenhum modelo de atuação profissional, mas o comprometimento do fisioterapeuta com o paciente, o conhecimento das cardiopatias, as implicações e a prevenção das morbidades podem assegurar à criança e ao profissional uma atuação mais segura.

📖 REFERÊNCIAS BIBLIOGRÁFICAS

1. Apostolopoulou SC. The respiratory system in pediatric chronic heart disease. Pediatr Pulmonol. 2017;52(12):1628-35.
2. Martin DL, Meliones JN. Applied Respiratory Physiology. In: Nichols GD, Ungerlerider RM, Spevak PJ, Greeley WJ, Cameron DE, Lappe DG, Wetzel RC, editors. Critical Heart Disease in Children. 2nd ed. Elsevir; 2006.
3. Healy F, Hanna BD, Zinmam R, et al. Pulmonary complications of congenital heart disease. Paediatr Respir Rev. 2012;13(1):10-5.
4. Azman KB. Applied anatomy and physiology of paediatric anaesthesia. 2016. Available in: https://www.slideshare.net/khairunnisaazman10/applied-anatomy-and-physiology-of-paediatric-anaesthesia. [Acessado em 24/11/2020.]
5. Goraieb L, Croti UA, Orrico SRP, Rincon OYP, Braile DM. Alterações da função pulmonar após tratamento cirúrgico de cardiopatias congênitas com hiperfluxo pulmonar. Arq Bras Cardiol. 2008;91(2):77-84.
6. Agha H, Heinady FE, Falaky ME, Sobih A. Pulmonary functions before and after pediatric cardiac surgery . Pediatr Cardiol. 2014;35(3):542-90.
7. Morrow BM. Not just 'small adults': paediatric anatomy and physiology in relation to trauma. Available in: https://thoracickey.com/not-just-small-adults-paediatric-anatomy-and-physiology-in-relation-to-trauma/. [Acessado em 24/11/2020.]
8. Takeuchi M, Kinouchi K, Fukumitsu K, Kishimoto H, Kitamura S. Postbypass pulmonary artery pressure influences respiratory system compliance after ventricular septal defect closure. Pediatr Anaesth. 2000;10(4):407-11.
9. Lanteri CJ, Kano S, Duncan AW, Sly PD. Changes in respiratory mechanics in children undergoing cardiopulmonary bypass. Am J Respir Crit Care Med. 1995;152(Pt 1):1893-900.
10. Stayer SA, Diaz LK, East DL, Gouvion JN, Vencill TL, McKenzie ED, et al. Changes in respiratory mechanics among infants undergoing heart surgery. Anesth Analg. 2004;98(1):49-55.
11. Opotowsky AR. Abnormal spirometry I Congenital Heart Disease. Circulation. 2013;127(8):865-7.
12. Hawkins SM, Taylor AL, Sillau SH, Mitchell MB, Rausch CM. Restrictive lung function in pediatric patients with structural congenital heart disease. J Thorac Cardiovasc Surg. 2014;148(1):207-11.
13. Linde ML, Siegel IS, Martelle RR, Simmons HD. Lung Function in Congenital Heart Disease. From the Department of Pediatrics, Physiology and Medicine, Disease of Chest, 46,1, Los Angeles , CA, 1964.
14. von Ungern-Sternberg BS, Petak F, Hantos Z, Habre W. Changes in functional residual capacity and lung mechanics during surgical repair of congenital heart diseases: effects of preoperative pulmonary hemodynamics. Anesthesiology. 2009;110(6):1348-55.

15. Šamánek, M, Sulc J, Zapletal A. Lung function in simple complete transposition after intracardiac repair. Int J Cardiology. 1989;24(1):13-7.
16. D'Alto M, Mahadevan VS. Pulmonary arterial hypertension associated with congenital heart disease. Eur Respir Rev. 2012;21:(126):328-37.
17. Irving CA, Chaudhari MP. Cardiovascular abnormalities in Down's syndrome spectrum, management and survival over 22 years. Arch Dis Child. 2012;97(4):326-30.
18. Shapiro NL, Huang RY, Sangwan S, Willner A, Laks H. Tracheal stenosis and congenital heart disease in patients with Down syndrome: diagnostic approach and surgical options. Int J Pediatr Otorhinolaryngol. 2000;54(2-3):137-42.
19. Caruthers RL, Kempa M, Loo A, Gulbransen E, Kelly E, Erickson SR, et al. Demographic Characteristics and Estimated Prevalence of Fontan-Associated Plastic Bronchitis. Pediatric cardiology. 2013;34(2):256-61.
20. Singhi AK, Vinoth B, Kuruvilla S, Sivakumar K. Plastic bronchitis. Ann Pediatric Cardiology. 2015;8(3):246-8.

7

Fisioterapia na criança com insuficiência cardíaca

Andyara Cristianne Alves
Iracema Ioco Kikuchi Umeda

INTRODUÇÃO

A insuficiência cardíaca (IC) é uma síndrome clínica progressiva caracterizada pela incapacidade de o coração suprir as necessidades metabólicas do organismo prejudicando o crescimento e o desenvolvimento infantil[1].

A disfunção cardíaca sistólica se caracteriza pela incapacidade do ventrículo se contrair normalmente e ejetar o fluxo sanguíneo, enquanto a disfunção diastólica ocorre pela perda de capacidade de relaxamento e enchimento ventricular.

Nas crianças submetidas à correção da cardiopatia congênita em fase precoce a incidência de IC tem diminuído, pois o tratamento cirúrgico é realizado antes da instalação dos sintomas. Por outro lado, o avanço dos tratamentos e o aumento da expectativa de vida de pacientes com fisiologia de coração univentricular, transposição de grandes artérias (TGA) ou com *situs inversus* formam um número crescente de pacientes que evoluem para IC e chegam a uma fase terminal necessitando como única forma de tratamento o transplante cardíaco[1,2].

A IC é um problema de saúde pública e traz grande impacto para a economia do país por causa da necessidade de tratamento cirúrgico ou hemodinâmico e também pela perda de uma população produtiva por causa de morte prematura[1,3].

ETIOLOGIA

Na população infantil, a IC tem múltiplas etiologias, sendo as cardiopatias congênitas a causa principal. Os fatores desencadeantes de IC nos neonatos, lactentes e crianças são[3,4]:

- Sobrecarga de volume: cardiopatias com *shunt* esquerdo-direito – a comunicação interventricular (CIV) é a cardiopatia congênita mais comum que causa IC por sobrecarga volumétrica[5].
- Sobrecarga de pressão: comum nas cardiopatias obstrutivas – a estenose aórtica valvar congênita grave (EAo) pode cursar com IC, especialmente no neonato e no lactente jovem[5].
- Limitação da capacidade diastólica: pericardite e cardiomiopatia restritiva[1].
- Limitação da capacidade sistólica: cardiomiopatia dilatada[1].
- Causas não cardíacas: podem ocorrer nas doenças endócrinas, neuromusculares, reumatológicas e metabólicas[1].

Na Tabela 7.1, observam-se as principais causas de IC nas diferentes faixas etárias em pediatria.

TABELA 7.1 Principais causas de insuficiência cardíaca em pediatria

Período	Causas
Fetal	Taquicardia supraventricular, bloqueio AV, anemia intensa
Prematuro	PCA, CIV, sobrecarga hídrica, hipertensão pulmonar
Recém-nascido a termo	EAO, CoAo, cardiomiopatia por asfixia
Lactente até 2 anos	Cardiopatias com *shunt* E-D, origem anômala da ACE
Crianças e adolescentes	Febre reumática, anemia falciforme, endocardite, miocardite viral, hipertensão aguda

AV: atrioventricular; PCA: persistência do canal arterial; CIV: comunicação interventricular; EAo: estenose aórtica; CoAo: coarctação de aorta; ACE: artéria coronária esquerda; *shunt* E-D: *shunt* esquerdo-direito.

FISIOPATOLOGIA

A fisiopatologia da IC envolve a interação de mecanismos genéticos, neuro-humorais, circulatórios e moleculares. Os mecanismos compensatórios na fase aguda são desencadeados por causa da diminuição do débito cardíaco e incluem taquicardia e vasodilatação periférica (Tabela 7.2). Ambos promovem aumento do fluxo sanguíneo periférico e a remoção dos metabólitos[1,4].

Com a diminuição da pressão sanguínea ocorre ativação do sistema nervoso simpático (SNS), que responde com liberação adrenérgica, causando aumento da contratilidade miocárdica e vasoconstrição periférica para normalizar a pressão arterial e a perfusão dos órgãos[1,2].

O aumento da atividade do sistema renina-angiotensina-aldosterona (SRAA) gera retenção hídrica e aumento do volume intravascular. Dessa maneira, o incremento do enchimento ventricular restaura o débito cardíaco. Este mecanismo de *feedback* mantém a pressão, o fluxo e o volume vascular no limite por algum período.

A progressão da IC culmina primariamente com a queda do débito cardíaco e secundariamente da pressão sanguínea, gerando um quadro de hipervolemia caracterizado por congestão venosa (Tabela 7.2). As consequências do quadro hipervolêmico são bem conhecidas: edema periférico, edema pulmonar, hipertensão pulmonar, insuficiência respiratória e disfunções gastrointestinais.

Os mecanismos compensatórios da IC e a modulação do sistema cardiovascular pelo SNS e SRAA levam ao dano miocárdico. Além disso, nesse processo de remodelamento cardíaco, ocorre atuação das citocinas inflamatórias (interleucina1 e fator de necrose tumoral), da vasopressina, da endotelina, do peptídeo natriurético, dentre outros. Em resumo, encontram-se abaixo os principais mecanismos responsáveis pela IC:

- A liberação da aldosterona, que acontece pelo estímulo da angiotensina II, causa fibrose e apoptose dos miócitos e está associada à arritmia ventricular e à morte súbita.
- A redução dos estoques de noraepinefrina e dos receptores B adrenérgicos que diminuem a resposta inotrópica aos mediadores adrenérgicos são causados pelo SNS.
- A ativação do SRAA e do SNS provocam vasoconstrição dos sistemas cutâneo, muscular e renal como modo de garantir a perfusão sanguínea de órgãos vitais. A redução da perfusão renal leva ao desequilíbrio eletrolítico.
- O aumento da pressão de enchimento ventricular estimula o remodelamento cardíaco elevando a capacitância diastólica.
- O incremento da tensão da parede do miocárdio durante a sístole leva à hipertrofia ventricular, aumenta o consumo de oxigênio pelo músculo cardíaco sem que ocorra aumento da rede de capilares ou do fluxo sanguíneo no músculo cardíaco hipertrofiado prejudicando o suprimento de oxigênio ao miocárdio[2].
- A fraqueza muscular e a fadiga observadas nos pacientes com IC se deve à acidose lática secundária ao metabolismo anaeróbico.

TABELA 7.2 Mecanismos fisiopatológicos compensatórios da insuficiência cardíaca[5]

Fase aguda	Aumento da frequência cardíaca
	Aumento da contratilidade miocárdica
	Vasoconstricção periférica seletiva
	Retenção de sal e fluidos
	Manutenção da pressão arterial sistêmica
Fase crônica	Sinais de congestão venosa sistêmica e pulmonar
	Baixo débito cardíaco e choque

MANIFESTAÇÕES CLÍNICAS

A IC se manifesta de maneiras diferentes nas diversas faixas etárias.

Fase fetal

O miocárdio fetal começa a se desenvolver durante a vida fetal e continua se desenvolvendo após o nascimento. Como os ventrículos funcionam em paralelo e não em série, as alterações estruturais do coração que ocorrem nas cardiopatias congênitas são bem toleradas durante o período fetal[1,4].

As causas principais de IC nessa fase são as taquiarritmias, regurgitação da valva atrioventricular, constrição ductal ou do forame oval e situações de alto débito como na síndrome de transfusão feto-fetal[6,7].

No feto, a IC caracteriza-se por edema generalizado que leva ao desenvolvimento de hidropsia fetal.

O tratamento da IC fetal é um grande desafio e engloba medidas farmacológicas para as arritmias, a transfusão em fetos anêmicos e a embolização das fístulas[5].

Fase neonatal

Nessa fase, a reserva miocárdica contrátil encontra-se reduzida, pois apenas 30% de toda a massa miocárdica é composta de elementos contráteis. O débito cardíaco depende da frequência cardíaca e o ventrículo direito está adaptando-se para suportar uma circulação de baixa pressão, enquanto o ventrículo esquerdo está sofrendo modificações para vencer a pressão sistêmica[5].

No neonato, os mecanismos compensatórios são pouco efetivos por causa da maior demanda de oxigênio, maior taxa metabólica e da dificuldade do sistema circulatório responder às demandas do organismo[3].

Os sinais clínicos de baixo débito muitas vezes se confundem com quadro de choque séptico, pois o quadro clínico caracteriza-se por taquipneia, taquicardia, irritabilidade e má perfusão periférica[6].

As causas cardíacas mais frequentes de IC na fase neonatal são as cardiopatias congênitas como: estenose aórtica (EAo), coarctação da aorta (CoAo), interrupção do arco aórtico (IAo), TGA, síndrome da hipoplasia do ventrículo esquerdo (SHVE) e a persistência do canal arterial (PCA) nos prematuros.

As causas não cardíacas nessa fase são provocadas pelos distúrbios metabólicos como a hipoglicemia, hipocalcemia e as síndromes hipoxêmicas[7].

Lactentes

Nos lactentes, o quadro clínico inclui os sinais e sintomas já citados na fase neonatal associados à hepatomegalia, sudorese excessiva, dificuldade de sucção, infecções respiratórias de repetição e baixo desenvolvimento ponderoestatural[5].

As causas principais de IC nos lactentes são as cardiopatias congênitas como CIV, defeito do septo atrioventricular (DSAV), PCA, EAo, CoAo e a origem anômala da coronária esquerda. Outras causas são: cardiomiopatia dilatada, cardiomiopatia restritiva ou cardiomiopatia hipertrófica e cardiomiopatias secundárias a arritmias, desnutrição grave, tóxicas, infiltrativas e infecciosas[6].

Crianças e adolescentes

Nas crianças e adolescentes, as manifestações típicas são fadiga, intolerância ao exercício, falta de apetite, dificuldade de crescimento e desenvolvimento. Nessa fase, a síndrome clínica da IC é semelhante a dos adultos[5].

São causas frequentes de IC nessa faixa etária as lesões residuais após correção da cardiopatia congênita e as cardiopatias adquiridas como as miocardites e cardiomiopatias[6].

CLASSIFICAÇÃO

A classificação da New York Heart Association (NYHA) é amplamente utilizada para adolescentes e adultos com IC, porém essa escala não tem aplicabilidade para lactentes e crianças com diagnóstico de IC.

Assim foi desenvolvida a classificação de Ross (Tabela 7.3) para a faixa etária infantil que se correlaciona com os níveis de norepinefrina para pontuar o estadiamento da doença, do grau I ao IV[6,7]. Recentemente uma escala de Ross modificada foi desenvolvida baseada em um sistema de pontuação mais específico que inclui como variáveis diaforese, frequência respiratória, frequência cardíaca e o tamanho da hepatomegalia; os escores totais variam de 0 a 12[7]: 0 a 2 sem insuficiência cardíaca congestiva; 3 a 6 insuficiência cardíaca congestiva leve; 7 a 9 insuficiência cardíaca congestiva moderada e 10 a 12 insuficiência cardíaca congestiva grave.

Connelly et al. desenvolveram o sistema de classificação New York University Pediatric Heart Failure Index, escala de 30 pontos que usa muitos dos sinais e sintomas da classificação de Ross, mas adiciona pontos para medicamentos usados no tratamento da IC e de fisiologia de ventrículo único[7].

A IC também pode ser classificada de outras formas: IC compensada e descompensada, aguda e crônica, de alto e baixo débito, direita e esquerda, cardiorrenal. Essas classificações auxiliam no momento da abordagem do paciente na prática clínica[5].

TABELA 7.3 Classificação de insuficiência cardíaca de Ross[6,7]

Classe	Sintomas
I	Assintomático
II	Leve taquipneia ou diaforese na alimentação em lactentes. Dispneia ao exercício em crianças maiores
III	Importante dispneia ou diaforese na alimentação em lactentes. Tempo de alimentação muito prolongado. Déficit de crescimento. Importante dispneia ao exercício em crianças maiores
IV	Sintomas de taquipneia, retrações, roncos ou diaforese em repouso

DIAGNÓSTICO

Os procedimentos para o diagnóstico incluem história clínica, avaliação física e exames como[8]:
- Eletrocardiograma: a taquicardia sinusal é um achado comum na IC.
- Ecocardiografia e cateterismo cardíaco: avaliam a função cardíaca, isto é, a fração de ejeção.
- Exames laboratoriais: urina, lactato, troponina sérica; peptídeo natriurético cerebral (BNP) e o precursor NT-pró-BNP são produzidos pelos ventrículos em resposta à sobrecarga de volume, pressão e tensão na parede ventricular; além disso, o BNP diferencia um quadro de desconforto respiratório por doença pulmonar e cardíaca.
- Biópsia do tecido cardíaco: determina a causa da insuficiência cardíaca.
- Radiografia torácica: a área cardíaca na radiografia torácica pediátrica é avaliada pelo índice cardiotorácico (ICT), sendo considerado normal nos valores seguintes: recém-nascidos > 0,6; até 2 anos de idade > 0,55; nas crianças mais velhas > 0,5. Um timo grande pode imitar a cardiomegalia na radiografia torácica de lactentes e recém-nascidos[9] (Figura 7.1).
- Teste cardiopulmonar: realizado para acompanhar a progressão da IC em alguns casos para crianças mais velhas.

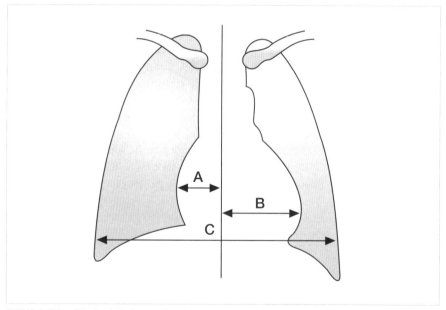

FIGURA 7.1 Cáculo do índice cardiotorácico: A+B/C. A. Distância entre a borda mais externa do átrio direito até a linha média. B. Distância da borda lateral mais externa do ventrículo esquerdo até a linha média. C. Diâmetro transverso do tórax logo acima da linha do diafragma. Adaptado[9].

◊ TRATAMENTO

O tratamento da IC envolve o conhecimento do fator desencadeante da doença e sua eliminação, além do controle dos sintomas e da progressão. Devem ser realizadas a correção das cardiopatias congênitas e as condições que agravam a IC, como anemia, arritmia ou febre, que também devem ser investigadas e tratadas.

As medidas terapêuticas adequadas estabilizam o quadro de IC, auxiliam na melhora clínica e melhoram o desempenho cardíaco; assim se otimizam a oferta de oxigênio aos tecidos.

Medicamentos

A terapia medicamentosa melhora a sobrevida e a qualidade de vida de crianças com IC[8].

- Digitálicos: a digoxina é o principal inotrópico oral, isto é, seu uso melhora a contratilidade miocárdica em pacientes sintomáticos[5,8].
- Diuréticos: o diurético mais utilizado em pediatria é a furosemida. Os diuréticos são amplamente utilizados, pois aumentam a excreção de sal e água, além de promover substancial melhora dos sintomas da IC como a congestão venosa periférica e pulmonar[8].
- Diuréticos poupadores de potássio: ajudam a reter o potássio que muitas vezes é perdido quando se usam diuréticos. A espironolactona tem propriedade de bloquear a aldosterona que provoca efeitos adversos como a disfunção vascular endotelial e a apoptose dos miócitos[8,10].
- Inibidores da enzima conversora da angiotensina (IECA): esse medicamento previne, atenua e possivelmente inverte o remodelamento miocárdico fisiopatológico que ocorre na IC[8,11]. Sua ação bloqueia a formação da angiotensina, promove vasodilatação periférica e diminui a pós-carga ventricular.
- Inibidores da fosfodiesterase tipo III: medicamento com efeito inotrópico, vasodilatador e lusitrópico, isto é, aumenta o tempo de relaxamento ventricular[8,12].
- Inotrópicos: as aminas simpaticomiméticas, como a dobutamina e dopamina, são fármacos endovenosos que aumentam o débito cardíaco e reduzem a resistência vascular sistêmica e pulmonar[8].
- Vasodilatadores: hidralazina por via oral ou nitroglicerina por via endovenosa[8].
- Betabloqueadores: diminuem a frequência cardíaca, aumentam o enchimento diastólico e podem reverter a remodelação ventricular esquerda melhorando a função sistólica.
- Levosimendana: é um sensibilizador de cálcio com ação vasodilatadora, também melhora a contratilidade cardíaca, porém há pouca experiência do uso em crianças[5,8].

Dispositivos cardíacos

São indicados para pacientes com risco de morte súbita por causa da progressão da IC, apesar das medidas medicamentosas. Os principais dispositivos são o cardioversor-desfibrilador implantável (CDI) e a terapia de ressincronização cardíaca (TRC)[8]. A indicação dos dispositivos deve ser criteriosa, pois quanto mais jovem o paciente, maiores são os riscos e mais desafiadoras são as técnicas de implante[13].

- Marca-passo: é o dispositivo mais utilizado em pediatria principalmente no contexto de bloqueio cardíaco.
- Ressincronizador e desfibrilador cardíaco: são próteses mais complexas, pouco utilizadas na população infantil. Indicado em casos muito específicos[13].
- Suporte circulatório mecânico: geralmente é indicado para pacientes com falência ventricular, choque cardiogênico ou IC aguda com baixa perfusão sem resposta à terapia medicamentosa. A oxigenação por membrana extracorpórea (ECMO), ou o dispositivo de assistência ventricular esquerda (VAD), nem sempre está amplamente disponível ou pode ser implementada em situações emergenciais[5]. Nesses casos, a ECMO continua a ser a base para o início e a manutenção de suporte circulatório mecânico na insuficiência cardíaca de criança[5] e pode ser considerada como medida temporária, ou seja, é uma "ponte" que fornece suporte hemodinâmico para o transplante cardíaco[8,14].

Transplante cardíaco

O transplante cardíaco pediátrico é uma opção importante no tratamento de crianças com IC refratária, há consenso de que aumente significativamente a sobrevida, a capacidade funcional e a qualidade de vida[8].

As indicações de transplante cardíaco são[15]:

- IC em estágio terminal associada à disfunção ventricular sistêmica, seja secundária à cardiomiopatia ou à cardiopatia congênita.
- IC avançada com arritmias e risco de morte súbita.
- IC avançada associada à limitação grave de exercício e atividade com pico de consumo máximo de oxigênio < 50% previsto para idade e sexo.
- IC avançada em pacientes com cardiomiopatia restritiva associada à hipertensão pulmonar reativa.

Terapia nutricional

Ganhar peso é um grande desafio para a população infantil com IC, dar aos bebês fórmulas de alto teor calórico ou leite materno fortificados ajudam na nutrição extra de que necessitam[5].

Oxigenoterapia

A oferta de oxigênio aos tecidos depende do débito cardíaco (DC), da concentração de hemoglobina (Hb) e do conteúdo de oxigênio (CaO$_2$) do sangue e não apenas da saturação de oxigênio (O$_2$).

O sistema para fornecer O$_2$ deve ser de fácil adaptação, sendo útil ter alternativas para suplementá-lo à criança, pois algumas delas podem resistir ao uso de certo dispositivo.

Nos pacientes com hiperfluxo pulmonar, o O$_2$ pode aumentar o fluxo sanguíneo para os pulmões, porém a oferta deve ser feita quando houver sinais de hipóxia e hipoperfusão. Já nas cardiopatias cianóticas, oferta-se fluxo de O$_2$ necessário para alcançar as saturações-alvo que geralmente situam-se entre 75% e 85%.

Pacientes de alto risco cirúrgico que, durante o perioperatório, não recebem oferta adequada de oxigênio tecidual (DO$_2$) desenvolvem mais complicações no pós-operatório[5], assim deve-se otimizar a oferta de O$_2$, com o objetivo de adequar a perfusão tissular e evitar a ocorrência de disfunção orgânica[5].

Estratégia visando à oferta de O$_2$ acima do necessário (DO$_2$ supramáximo) deve ser evitada, pois não resulta em prevenção da disfunção orgânica[5].

Ventilação não invasiva

Apesar de não haver estudos sobre o uso de ventilação não invasiva (VNI) na população infantil com IC, tem sido empregada em pacientes adultos nesta condição e apresentado resultados favoráveis, como prevenção de intubação, melhora da dispneia de esforço e redução da morbimortalidade[16].

As principais indicações de VNI para neonatos, lactentes e crianças são bem conhecidas e englobam a síndrome da apneia obstrutiva do sono, desmame ventilatório, edema pulmonar e obstrução de vias aéreas por laringoespasmo, traqueomalácia ou laringomalácia[17].

Na IC, o edema alveolar causado pelas alterações da barreira alveolocapilar e as atelectasias causadas pela obstrução pulmonar são situações frequentemente encontradas, principalmente nas cardiopatias de hiperfluxo pulmonar. Nesse processo, o uso de VNI auxilia na redução do fluxo sanguíneo para os pulmões, além de constituir uma alternativa para o tratamento da insuficiência respiratória, pois promove melhora das trocas gasosas, reduz o trabalho respiratório, fornece repouso da musculatura respiratória e diminui o consumo de oxigênio[18].

As importantes diferenças anatomofisiológicas dos sistemas cardiovascular e respiratório na população infantil são fatores que exercem impacto nos resultados do emprego da VNI. Outros aspectos que influenciam na taxa de sucesso ou falha são: uma equipe experiente e treinada, a escolha do equipamento para fazer a VNI e a interface, o ajuste do modo e dos parâmetros ventilatórios, a umidificação do sistema e a monitoração contínua do paciente.

Na criança com cardiopatia congênita complexa e comprometimento do ventrículo direito, a eleição dos parâmetros da pressão positiva deve ser cautelosa, pois pode ocorrer piora da função hemodinâmica com a utilização de parâmetros muito elevados[18].

Na população infantil com IC, secundária a cardiopatias congênitas ou às cardiomiopatias, a VNI não deve ser utilizada como um instrumento que substitui a necessidade de entubação e a ventilação mecânica. Por isso, vários aspectos precisam ser considerados simultaneamente quando se elege essa terapêutica: desde a identificação do momento ideal para o emprego da VNI a questões relacionadas às condições clínica e hemodinâmica do paciente, evolução do quadro clínico, prognóstico e equipamentos adequados à população neonatal e pediátrica disponíveis.

A probabilidade de falha da VNI é menor quanto mais rápida for a resposta positiva do paciente à instalação; deve ocorrer melhora clínica e gasométrica já nas primeiras horas.

A VNI está contraindicada nas situações de parada cardiorrespiratória, instabilidade hemodinâmica, obstrução aguda das vias aéreas e hemorragia digestiva.

FISIOTERAPIA NA CRIANÇA COM INSUFICIÊNCIA CARDÍACA

A IC tem características distintas na população infantil. A gravidade e a manifestação dos sintomas dependem do quanto a capacidade do coração foi afetada pela doença.

Durante a avaliação fisioterápica é preciso estar atento à presença e à intensidade dos sinais apresentados pelo paciente com IC aguda ou crônica. Dentre eles destacam-se: taquicardia, hipotensão, oligúria, hepatomegalia, ascite, sudorese excessiva (principalmente na região da cabeça), palidez e irritabilidade. A taquipneia e os sinais de desconforto respiratório geralmente são acompanhados por tosse seca ou produtiva, sibilância e aumento do trabalho respiratório[19].

Nos neonatos e lactentes, o elevado gasto energético para manter a ventilação e a tendência à fadiga ventilatória diante de situações patológicas[5] se devem à maior complacência da caixa torácica, à redução da capacidade residual funcional e ao consumo de oxigênio elevado.

O fisioterapeuta deve atuar de modo a otimizar a mecânica respiratória, a oxigenação, a ventilação e diminuir o trabalho respiratório, o consumo de oxigênio e o gasto calórico[19].

É fundamental a individualização da duração, da frequência e das técnicas fisioterápicas no tratamento do paciente com IC.

Os sinais vitais devem ser monitorados antes, durante e após o atendimento. Um quadro de agitação, choro excessivo, irritabilidade podem desencadear piora dos sinais de desconforto respiratório, diminuir a saturação periférica de oxigênio e aumentar o gasto calórico. Ainda, em pacientes com fraqueza muscular generalizada, dispneia aos esforços, arritmia, hipóxia e diminuição da tolerância aos esforços, as técnicas fisioterápicas ou os exercícios devem ter baixa intensidade.

- Técnicas de higiene brônquica e exercícios de expansão pulmonar: indicados quando o paciente apresenta alterações respiratórias e necessidade de depuração mucociliar. As atelectasias, geralmente frequentes, são responsáveis pelo *shunt* pulmonar. A utilização de manobras para a prevenir a formação de atelectasias e/ou reabrir áreas pulmonares colapsadas são indicadas e melhoram a ventilação e a oxigenação.
- Posicionamento: não há trabalhos sobre o melhor posicionamento para bebês ou crianças com IC. Deve-se adotar o decúbito elevado para prevenir aspiração pelas vias aéreas de secreção ou vômitos e favorecer a mecânica respiratória.
- Programa de reabilitação cardiovascular: estes programas alcançaram sucesso na melhora da função cardíaca, atividade física geral e qualidade de vida em adultos com insuficiência cardíaca congestiva[19]. Nas cardiopatias congênitas e cardiomiopatias, há relatos de melhora no volume sistólico, como resultado de um programa de reabilitação cardíaca[20]. Porém, os programas de treinamento que enfatizam o condicionamento aeróbico e o treinamento de resistência precisam ser baseados no diagnóstico, no impacto sobre a hemodinâmica subjacente e no risco de descompensação aguda e arritmia[21].

📖 REFERÊNCIAS BIBLIOGRÁFICAS

1. Carvalho AMF. Atualização em insuficiência cardíaca na criança. Rev Saúde Criança Adolesc. 2011;3(1):81-92.
2. Nichols DG, Ungerleider RM, Spevak PJ, Greeley WJ, Cameron DE, Lappe DG, et al. Critical Heart Disease in Infants and Children. 2nd ed. Mosby Elsevier. 2006.
3. Azeka E, Vasconcelos LM, Cippiciani TM, Oliveira AS, Barbosa DF, Leite RMG, et al. Insuficiência cardíaca congestiva em crianças: do tratamento farmacológico ao transplante cardíaco. Rev Med (São Paulo). 2008;87(2):99-104.
4. Azeka E, Jatene MB, Jatene IB, Horowitz ESK, Branco KC, Souza Neto JD, et al. I Diretriz Brasileira de Insuficiência Cardíaca e Transplante Cardíaco, no Feto, na Criança e em Adultos com Cardiopatia Congênita, da Sociedade Brasileira de Cardiologia. Arq Bras Cardiol. 2014;103(6 Suppl 2):1-126.
5. Bocchi EA, Braga FGM, Ferreira SMA, Rohde LEP, Oliveira WA, Almeida DR, et al. III Diretriz Brasileira de Insuficiência Cardíaca Crônica. Arq Bras Cardiol. 2009;93(1 Suppl 1):1-71.
6. Ross RD. The Ross classification for heart failure in children after 25 years: a review and an age-stratified revision. Pediatr Cardiol. 2012;33(5):1295-300.
7. Ross RD, Bollinger RO, Pinsky WW. Grading the severity of congestive heart failure in infants. Pediatr Cardiol. 1992;13(2):72-5.
8. Masarone D, Valente F, Rubino M, Vastarella R, Gravino R, Rea A, et al. Pediatric heart failure: a practical guide to diagnosis and management. Pediatr Neonatol. 2017;58(4):303-12.
9. Satou GM, Lacro RV, Chung T, Gauvreau K, Jenkins KJ. Heart size on chest x-ray as a predictor of cardiac enlargement by echocardiography in children. Pediatr Cardiol. 2001;22(3):218-22.

10. Zannad F, Alla F, Dousset B, Perez A, Pitt B. Limitation of excessive extracellular matrix turnover may contribute to survival benefit of spironolactone therapy in patients with congestive heart failure: insights from the Randomized Aldactone Evaluation Study (RALES). Circulation. 2000;102(22):2700-6.
11. Momma K. ACE inhibitors in pediatric patients with heart failure. Paediatr Drugs. 2006;8(1):55-69.
12. Hoffman TM, Wernovsky G, Atz AM, Kulik TJ, Nelson DP, Chang AC, et al. Efficacy and safety of milrinone in preventing low cardiac output syndrome in infants and children after corrective surgery for congenital heart disease. Circulation. 2003;107(7):996-1002.
13. Mateo EIP, Mateos JCP, Mateos JCP. Peculiaridades dos dispositivos implantáveis em crianças. indicações, técnica de implante e resultados. Relampa. 2012;25(1):32-41.
14. Clark JB, Pauliks LB, Myers JL, Undar A. Mechanical circulatory support for end-stage heart failure in repaired and palliated congenital heart disease. Curr Cardiol Rev. 2011;7(2):102-09.
15. Thrush PT, Hoffman TM. Pediatric heart transplantation-indications and outcomes in the current era. J Thorac Dis. 2014;6(8):1080-96.
16. Quintão M, Bastos AF, Silva LM, Bernardez S, Martins WA, Mesquita ET, Chermont SSM. Ventilação não invasiva na insuficiência cardíaca. Rev SOCERJ. 2009;22(6):387-97.
17. Elliot MW, Ambrosino N. Noninvasive ventilation in acute and chronic respiratory failure. Eur Respir J. 2002;20(5):1332-42.
18. Fedor LK. Noninvasive respiratory support in infants and children. Respir Care. 2017;62(6):699-717.
19. Alves AC, Kagohara KH, Sperandio PCA, Kawauchi TS. Fisioterapia na reabilitação de crianças com cardiopatia congênita. In: Umeda IIK. Manual de Fisioterapia na Reabilitação Cardiovascular. 2ª ed. Barueri: Manole; 2014.
20. Somarriba G, Extein J, Miller TL. Exercise Rehabilitation in Pediatric Cardiomyopathy. Prog Pediatr Cardiol. 2008;25(1):91-102.
21. Baumgartner H, Bonhoeffer P, De Groot N, de Haan F, Deanfield JE, Galie N. Guidelines for the management of grown-up congenital heart disease . Euro Heart J. 2010;31(23):2915-57.

8

O pós-operatório de cardiopatia congênita – o que o fisioterapeuta precisa saber?

Andyara Cristianne Alves
Iracema Ioco Kikuchi Umeda
Talita Tavares Valentim Barbosa

INTRODUÇÃO

O estado do paciente no pós-operatório imediato de cirurgias cardíacas depende principalmente de três fatores:

1. Cardiopatia diagnosticada.
2. Presença de malformações associadas ao quadro cardíaco.
3. Procedimento cirúrgico realizado, que envolve o tempo de duração da cirurgia, drogas e anestésicos aplicados, tempo de oclusão aórtica e de circulação extracorpórea (CEC), volume de diurese transoperatória e de hemoderivados sanguíneos recebidos, além de intercorrências transoperatórias.

Na maioria dos casos, crianças submetidas a cirurgias cardíacas são transportadas para a unidade de terapia intensiva (UTI) entubadas. A interrupção e/ou desmame do ventilador mecânico devem ser prioritariamente rápidos e a extubação, realizada assim que possível. Normalmente nas primeiras 6 horas passado o efeito anestésico e após avaliação clínica e laboratorial criteriosa, os pacientes são extubados. Essa prática reduz as chances de complicações e também de morbidade e mortalidade.

A função do sistema respiratório é indiscutivelmente afetada durante e após as cirurgias cardíacas. A alteração da mecânica ventilatória é proveniente de fatores como grau de comprometimento cardiopulmonar no período perioperatório, incisão cirúrgica, presença de drenos, tempo de CEC, tempo de isquemia, anestesia geral e do procedimento cirúrgico.

Por causa da dor e da alteração da biomecânica dos músculos respiratórios no pós-operatório, os pacientes adotam respiração apical e superficial (CRF). Isso ocasiona diminuição da capacidade vital (CV) e da capacidade residual funcional, acúmulo de secreções e atelectasias, sendo consensual que o comprometimento ventilatório é um dos prejuízos na função pulmonar de maior repercussão. Nessa situação, é reconhecida a importância da fisioterapia para restabelecer a função respiratória e prevenir complicações[1].

Para tal atuação, exige-se do fisioterapeuta conhecimento da anatomofisiologia da cardiopatia, do tipo de cirurgia (correção total ou paliativa) e da condição clínica do paciente. Com base no conhecimento e na análise dessas informações, o fisioterapeuta almeja abordagens eficientes.

A fisioterapia nos períodos pré e pós-operatório está indicada em cirurgia cardíaca pediátrica com o objetivo de prevenir, minimizar e reverter possíveis disfunções respiratórias decorrentes das intervenções, contribuindo para o sucesso do desmame ventilatório e extubação; além de atuar para evitar sequelas motoras associadas ao tempo de restrição ao leito e ao tempo de internação[2].

CUIDADOS IMEDIATOS NO PÓS-OPERATÓRIO DE CIRURGIA CARDÍACA

Admissão na unidade de terapia intensiva (UTI)

O transporte da criança do centro cirúrgico até a UTI envolve riscos ao paciente e deve ser realizado por uma equipe treinada, na presença do médico da equipe cirúrgica e de anestesia, além de monitorização da frequência e ritmo cardíaco, pressão arterial invasiva e saturação de oxigênio. Durante o transporte e na chegada à UTI, as equipes devem ficar atentas para que não ocorra perda de drenos, cateteres e sondas, hipoventilação ou extubação acidental, pois esses eventos resultam em instabilidade hemodinâmica, com prejuízo à oxigenação e à ventilação.

Ao se admitir o paciente na UTI, as informações colhidas com o cirurgião e com o anestesista são de fundamental importância para um adequado pós-operatório, pois possibilitam identificar alterações decorrentes do ato cirúrgico. As principais são estas:

- Diagnóstico da cardiopatia: fundamental para conhecermos as alterações hemodinâmicas apresentadas antes da cirurgia, se a cardiopatia é cianótica ou acianótica, simples ou complexa, de hiperfluxo, hipofluxo ou normofluxopulmonar.
- Procedimento realizado: cirurgia de correção total ou paliativa.
- Tempo de cirurgia: as cirurgias de grande porte e tempo prolongado levam a uma série de alterações metabólicas e hormonais, além de aumento no metabolismo de 50% a 100%.

- Tempo de circulação extracorpórea (CEC): a CEC tem como objetivo permitir que a equipe cirúrgica realize a cirurgia em um coração sem batimentos e sem sangue. O mecanismo envolve o direcionamento do sangue venoso proveniente das veias cavas para uma bomba oxigenadora, que oferece oxigênio e retira o gás carbônico, e retorna para a artéria aorta oxigenado para perfundir diversos sistemas orgânicos. Porém, quanto maior for o tempo de CEC, maiores serão os riscos de ocorrerem complicações como: resposta inflamatória sistêmica, hemorragias, baixo débito cardíaco, arritmias cardíacas, insuficiência respiratória, insuficiência renal, alterações neurológicas e hidreletrolíticas, pois o sangue está em contato com superfícies não biológicas.

- Complicações da CEC:
    - Coagulopatia: pela utilização da heparina e neutralização inadequada com a protamina, ocorre consumo de fatores da coagulação, destruição ou adesão plaquetária aos circuitos da CEC e fibrinólise.
    - Síndrome da resposta inflamatória sistêmica (SIRS): ocorre aumento da permeabilidade vascular, com perda transendotelial de líquidos, proteínas e aumento do líquido intersticial. Pela exposição do sangue nas superfícies não endotelizadas, há ativação de macrófagos, neutrófilos e plaquetas e liberação de citocinas como fator de necrose tumoral e interleucinas, provocando lesão endotelial.
    - Retenção hídrica: em 30% a 60% da volemia. Chama-se volemia o volume total de sangue contido no sistema circulatório. A retenção hídrica é decorrente do aumento da permeabilidade vascular, diminuição da pressão coloidosmótica do plasma e do aumento da renina e do hormônio antidiurético. Essa retenção ocorre no compartimento intersticial, levando a edema, principalmente em nível pulmonar.
- Hipotermia: pode ser utilizada durante a realização da cirurgia cardíaca com CEC e consiste na diminuição da temperatura corpórea abaixo dos 36 °C a fim de reduzir o consumo de O_2 e o metabolismo celular. Pode ser classificada como: leve (32 °C a 34 °C), moderada (28 °C a 32 °C) e profunda (abaixo de 28 °C) com parada cardiocirculatória total. A hipotermia acarreta acentuada perda calórica e alterações sistêmicas, como hipóxia tecidual, acidose láctica e aumento da resistência vascular periférica. Os tecidos podem se recuperar com um tempo de parada cardiocirculatória de até 45 minutos. Destaca-se que, atualmente, a normotermia é utilizada nas mais diversas intervenções cirúrgicas cardiovasculares, inclusive pediátricas, por causa dos efeitos deletérios causados pela hipotermia principalmente no sistema nervoso central[3].
- Hemodiluição: quando se utilizam cristaloides no perfusato para diminuir a viscosidade sanguínea. Diminui as resistências vasculares periférica e pulmonar e a pressão coloidosmótica.

- Balanço hídrico (Tabela 8.1): a diurese mínima, capaz de manter a adequada eliminação de excretas do metabolismo, equivale a 0,5 a 1 mL/kg/hora em crianças, e a diurese mínima aceitável nos neonatos é de 1 mL/kg/hora. O balanço hídrico também pode ser influenciado quando há necessidade de transfusão de hemoderivados (sangue, plasma, plaquetas, crioprecipitado).

TABELA 8.1 Volemia estimada de acordo com o peso dos indivíduos[4]

Peso (kg)	Volemia (mL/kg)
Recém-nascido (< 10 kg)	85
11-20	80
21-30	75
31-40	65
> 40	60

Outros fatores podem ser determinantes no curso do pós-operatório: tempo de oclusão aórtica (pode levar à isquemia em alguns órgãos), volume recebido de hemoderivados (sangue, plasma, plaquetas e crioprecipitado), intercorrências transoperatórias como baixo débito ao sair de perfusão, hipoxemia, arritmias, acidose, lesão do ducto torácico, embolias, lesões de estruturas cardíacas, anomalias cardíacas não verificadas anteriormente, necessidade de drogas vasoativas na cirurgia, dificuldade de entubação, infecções pré-operatórias, malformações associadas, síndromes genéticas, dentre outros[5].

O FISIOTERAPEUTA NA RECEPÇÃO DA CRIANÇA EM PÓS-OPERATÓRIO DE CIRURGIA CARDIOVASCULAR

Na UTI, o fisioterapeuta integra o quadro da equipe multidisciplinar especializada, e as atribuições antes da admissão do paciente na unidade de pós- operatório são (Figura 8.1):

- Verificar o funcionamento das válvulas de oxigênio, ar comprimido e a rede de vácuo.
- Testar o aparelho e o circuito de ventilação mecânica. Preferencialmente, devem-se utilizar aparelhos microprocessados com sistema de aquecimento e umidificação dos gases.
- Ajustar o modo, os parâmetros ventilatórios e os alarmes do ventilador mecânico conforme idade, peso da criança e tipo de cirurgia.
- Verificar o funcionamento da máscara e do ressuscitador manual com reservatório de oxigênio e válvula de segurança que limita a pressão.

Algumas atribuições mencionadas, assim como as que virão posteriormente, não são exclusivas da equipe de fisioterapia e devem ser compartilhadas de acordo com a rotina de cada serviço.

Após a transferência da criança para o leito da UTI, deve-se prontamente conectar o paciente ao ventilador mecânico. O fisioterapeuta se encarrega de algumas tarefas para confirmar a ventilação adequada do paciente. A identificação e a solução rápida de intercorrências que possam ocorrer nessa fase garantem maior estabilidade da criança no pós-operatório:

- Realizar a ausculta pulmonar e simultaneamente inspecionar a expansibilidade torácica, que deve ser simétrica. O tórax deve se elevar de 0,5 a 1,0 cm durante a fase inspiratória da ventilação mecânica.
- Verificar a profundidade de inserção do tubo ou cânula traqueal (COT) observando o número que o tubo foi fixado no lábio superior da criança e adequar se for necessário (Tabela 8.2).
- Monitorar a pressão do balonete (ou *cuff*) quando presente e mantê-la em torno de 20 cmH$_2$O.
- Realizar a aspiração de secreções pulmonares e das vias aéreas, se necessário.
- Substituir a fixação da COT (quando o material for pouco aderente) por material elástico adesivo ou fixador próprio para esse fim, fixando-a na região supralabial, com cuidado, para não haver o deslocamento do tubo.
- Avaliar criteriosamente o estado geral do paciente, observando-se os sinais vitais com atenção especial à saturação periférica de O$_2$, que deve ser a esperada para a correção cirúrgica realizada, a coloração da pele e mucosas, o enchimento capi-

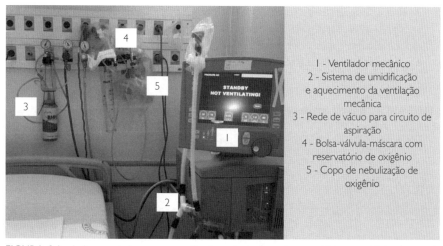

FIGURA 8.1 Leito montado para recepção de paciente em pós-operatório na unidade de terapia intensiva pediátrica.

TABELA 8.2 Sugestão da numeração e fixação do tubo endotraqueal[6]

Idade	Numeração [(idade em anos/4) + 4]	Fixação (cm) [(idade em anos/2) + 12]
Prematuro	2,5-3	8
Recém-nascido	3-3,5	9-10
3-12 meses	4	0,5-12
1 ano	4	12,5-13,5
2 anos	4,5	13,5
4 anos	5	14
6 anos	5,5	15
8 anos	6 com cuff	16
10 anos	6,5 com cuff	17
12 anos	6,5-7 com cuff	18
Adolescente	6,5-7 com cuff	21
Adulto	8,5-8 com cuff	21

lar, o grau de hidratação, os ruídos adventícios na ausculta pulmonar; observar a presença de drenos, o aspecto e a quantidade do material drenado, os acessos vasculares e a utilização de sondas.

- Avaliar resultados dos exames laboratoriais: interpretar o resultado da gasometria arterial e venosa e ajustar os parâmetros ventilatórios para manter o equilíbrio acidobásico e a oxigenação de acordo com a cardiopatia e a cirurgia realizada (Tabela 8.3).
- Avaliar a radiografia de tórax: a COT deve estar a ± 2 cm da carina e/ou entre o 2º espaço intercostal. Verificar possíveis alterações de parênquima pulmonar e/ou espaço pleural (p. ex., derrames, atelectasias, pneumotórax, condensações etc.), observar área cardíaca e mediastino, presença de drenos, acessos, etc.

TABELA 8.3 Valores de referência de PaO_2 e $SatO_2$ no pós-operatório de cirurgia cardíaca pediátrica. Adaptado[5]

Cirurgia	PaO_2	$SatO_2$
Cirurgia paliativa – bandagem da artéria pulmonar		75% a 80%
Cirurgia paliativa – Blalock-Taussig	45 mmHg	70% a 75%
Cirurgia paliativa – Glenn		75% a 85%
Cirurgia paliativa – Fontan		Acima de 90%
Cirurgia corretiva (p. ex., ASP, VSP, Jatene, Correção DSAV, correção T4F)	80 a 90 mmHg	Acima de 95%/normal

ASP: atriosseptoplastia; DSAV: defeito do septo atrioventricular; T4F: tetralogia de Fallot; VSP: ventriculosseptoplastia.

VENTILAÇÃO MECÂNICA NO PÓS-OPERATÓRIO

A ventilação mecânica (VM) é essencial no cuidado pós-operatório de cardiopatias congênitas. Porém, os sistemas cardiovascular e respiratório funcionam como uma unidade funcional. Assim, a modificação da pressão intratorácica, dos volumes pulmonares e das trocas gasosas pode gerar efeitos adversos como diminuição do volume de enchimento cardíaco, alteração da resistência vascular pulmonar e diminuição da oferta de oxigênio aos tecidos. Por essas razões, no pós-operatório de cirurgia cardíaca preconiza-se o uso de modos e parâmetros que reduzam os efeitos adversos na hemodinâmica do paciente e promova a extubação precoce.

O modo pressórico é amplamente utilizado em pediatria e neonatologia. Usualmente os ventiladores microprocessados são configurados para modo "neo" em crianças de até 15 kg, pediátrico para crianças entre 15 até 35 kg. Esses valores podem variar de acordo com o fabricante do equipamento.

As modalidades pressóricas

- *Time Cycle* (TCPL): ciclagem a tempo, limitada a pressão, fluxo contínuo.
- Pressão controlada (PCV): ciclagem a tempo, limitada a pressão, fluxo livre.
- Pressão regulada – volume controlado (PRVC): ciclagem a tempo, limitada a pressão, volume garantido e fluxo livre.

Parâmetros ventilatórios[7]

- Frequência respiratória (FR): depende da idade do paciente e da presença ou ausência de respiração espontânea. Normalmente, programa-se a frequência respiratória inicial do aparelho em dois terços da frequência respiratória para determinada faixa etária (Tabela 8.4).
- Pressão inspiratória (PIP) ou controlada (PCV): selecionar a PCV ou PIP que gere um volume corrente (VC) de 6 a 8 mL/kg e expansão pulmonar adequada.
- Volume-corrente: o VC geralmente é ajustado com base em observações clínicas subjetivas, como excursão torácica visível e entrada de ar audível em todo campo pulmonar, e varia entre 6 e 8 mL/kg (Tabela 8.5), dependendo da doença de base.
- Tempo inspiratório (TI): está relacionado com a constante de tempo (complacência x resistência) e é diretamente proporcional à idade/peso da criança (Tabela 8.4).
- Relação tempo inspiratório:expiratório (relação i:e): essa relação depende diretamente do ajuste da FR e do TI. Fisiologicamente, o tempo de expiração é maior que o inspiratório, portanto deve-se manter a relação i:e de 1:2 a 1:3.
- Pressão expiratória final positiva (PEEP): nos pacientes em pós-operatório de cardiopatia congênita a PEEP inicial utilizada varia entre 3 e 5 cmH$_2$O.
- Fração inspirada de oxigênio (FiO$_2$): a FiO$_2$ inicial selecionada na admissão do paciente é de 60% (FiO$_2$ 0,6) e altera-se esse parâmetro conforme a necessidade

para atingir $SatO_2$ ideal, que irá variar de acordo com a cardiopatia e a correção realizada, buscando sempre a menor oferta possível.
- Sensibilidade (*trigger*): deve ser ajustada de maneira que permita ao paciente disparar um novo ciclo do ventilador mecânico. Geralmente, no paciente infantil é utilizada sensibilidade a fluxo entre 0,5 e 1,0 L/min.

TABELA 8.4 Sugestões de parâmetros de frequência respiratória e tempo inspiratório na ventilação mecânica pediátrica[6]

Idade	Tempo inspiratório (s)	Frequência respiratória (ipm)
0 a 2 meses	0,45 a 0,6	até 60
2 a 11 meses	0,5 a 0,7	até 50
12 meses a 5 anos	0,6 a 0,8	até 40
5 a 8 anos	0,7 a 0,9	até 30
Acima de 8 anos	0,7 a 0,9	até 20

TABELA 8.5 Valores de peso aproximados segundo faixa etária[8]

Idade	Peso (kg)
30-40 semanas de gestação	1,3 - 3
40 semanas de gestação	3 - 4
3 meses	5
6 meses	7
9 meses	8
12 meses	10
2 anos	12
3 anos	15
4 anos	17
5 anos	18
6 anos	20
7 anos	23
8 anos	25
9 anos	28
10 anos	33
11 anos	35
12 anos	40
Adulto	70

As particularidades da ventilação mecânica nas cardiopatias congênitas serão detalhadas no Capítulo 9.

Sincronia paciente-ventilador

A assincronia paciente-ventilador[9] é a incoordenação entre os esforços e as necessidades ventilatórias do paciente em relação ao que é ofertado pelo ventilador. Além de aumentar o trabalho respiratório, exige maiores níveis de sedação e aumenta o tempo de VM, sendo de extrema importância monitorar e corrigir as possíveis causas de assincronia. As mais frequentes são: disparo ineficaz, duplo disparo, autodisparo, ciclagem precoce, ciclagem tardia, auto-PEEP, fluxo insuficiente.

Com o objetivo de garantir maior sincronismo, podem ser feitos ajustes nos parâmetros citados anteriormente ou, ainda, na configuração avançada de alguns parâmetros ventilatórios, por exemplo:

Rise-time (rampa ou *slope*): ajustado a fim de acelerar ou desacelerar a velocidade do fluxo inspiratório. Observar para que não haja *overshoot* (pico de fluxo excessivo) e utilizar *rise-time* reduzido em condições restritivas.

- Porcentagem da ciclagem durante a pressão suporte (PSV). É o ponto de corte do pico de fluxo e permite a redução do tempo inspiratório em pacientes obstrutivos, utilizando-se porcentagem de ciclagem > 25%, e o aumento do tempo inspiratório em pacientes restritivos, utilizando-se porcentagem de ciclagem < 25%.
- Sensibilidade: utilizar o valor que não provoque autodisparo ou aumento do trabalho respiratório.

Ajuste de alarmes sonoros/limites

O ajuste dos alarmes e limites garante um manejo mais seguro e preciso da VM e deve ser programado de forma individualizada. A pressão de pico não deve ultrapassar 30 cmH$_2$O e a pressão média de vias aéreas (PMVAs) 15 cmH$_2$O. Os demais ajustes são programados de acordo com a idade e o peso da criança. Um ajuste indispensável, quando se inicia o desmame ventilatório, é o tempo de apneia, o qual garante a entrada da ventilação de *backup*.

INTERRUPÇÃO E DESMAME DA VENTILAÇÃO MECÂNICA

Denomina-se interrupção da VM o processo de transição da VM para a ventilação espontânea em pacientes que toleraram o teste de respiração espontânea e podem ser elegíveis para extubação. O termo desmame da VM refere-se a esse processo cujos pacientes ficaram em VM por tempo superior a 24 horas[10].

A interrupção e o desmame da VM devem ser iniciados no momento em que o paciente apresentar melhora do nível de consciência, respiração espontânea, estabilidade hemodinâmica, balanço hídrico, adequadas troca gasosa e imagem radiológica sem alterações importante do parênquima pulmonar ou da área cardíaca e necessidade minima de drogas vasoativas.

O desmame ventilatório geralmente é realizado no modo SIMV+PSV com gradual diminuição dos parâmetros ventilatórios. Inicialmente, é reduzida a FiO_2 até 40% e depois se procede ao desmame da frequência respiratória e das pressões inspiratória e expiratória do aparelho de ventilação mecânica. Durante o período do desmame é essencial monitorizar os sinais vitais, observar o padrão respiratório e os aspectos neurológicos do paciente.

O modo ventilatório mais empregado no momento que precede a extubação é o espontâneo, Pressão Suporte (PSV), e os parâmetros para extubação precisam estar baixos: PSV 7 a 12 cmH_2O, PEEP 5 cmH_2O e FiO_2 até 40%. Nas condições ideais os sinais vitais e os valores da gasometria arterial ou venosa devem corresponder ao esperado: para a idade, técnica cirúrgica realizada (paliativa ou de correção total) presença ou ausência de comorbidades e fatores pré-operatórios.

A extubação é realizada após sucesso de desmame e o consentimento do médico responsável. Após a retirada da cânula orotraqueal (COT) e do suporte ventilatório deve-se ofertar O_2 ao paciente e mantê-lo bem posicionado no leito em decúbito elevado e evitar toda manipulação desnecessária, para manter a $SatO_2$ adequada e padrão respiratório satisfatório.

Podem ser administradas doses de corticosteroide previamente a extubação e inalação com adrenalina pós-extubação (prescrito pelo médico) na presença de estridor laríngeo, que indica obstrução de vias aéreas superiores.

A avaliação periódica do paciente pela equipe após a extubação deve ser mantida, pois o sucesso do desmame ventilatório não garante o sucesso da extubação; quando se trata de pacientes neonatais ou pediátricos com cardiopatia congênita, as complicações do sistema cardiovascular, respiratório ou neurológico podem se instalar de maneira abrupta e o paciente evoluir rapidamente com piora clínica, sendo necessária a instituição rápida de fármacos, ventilação não invasiva ou de cateter nasal de alto fluxo. O capítulo 9 abordará a ventilação mecânica nas cardiopatias congênitas com mais detalhes.

MONITORIZAÇÃO NO PÓS-OPERATÓRIO DE CIRURGIA CARDÍACA

A monitorização do paciente no pós-operatório é imprescindível, pois trata-se de um período crítico e marcado pela possibilidade de ocorrer instabilidade hemodinâmica. Essa monitorização, feita de maneira invasiva ou não invasiva, deve ser de conhecimento do fisioterapeuta, pois interfere na evolução do paciente e nas condutas.

- Ritmo cardíaco: eletrocardiograma ou osciloscópio com sistema de alarme de frequência para detectar arritmias cardíacas (Figura 8.2).

- Pressão arterial: com a canulação da artéria radial ou femoral é feita a medida direta das pressões arteriais média, diastólica e sistólica (Tabela 8.6).
- Pressão venosa central (PVC): por punção percutânea da veia jugular interna ou da subclávia, coloca-se um cateter na junção da cava superior com o átrio direito, que permite avaliar a função do ventrículo direito e a pré-carga.
- Saturação venosa de oxigênio (SVO_2): indica o equilíbrio entre a oferta (DO_2) e o consumo de oxigênio (VO_2). Há fatores que determinam o aumento ou a diminuição do VO_2 e estão simplificados na Tabela 8.7.
- Débito urinário: no centro cirúrgico é realizada a sondagem vesical e adaptado um sistema fechado para controle do volume urinário.
- Sonda nasogástrica: instalada no centro cirúrgico e mantida aberta até 6 horas do pós-operatório e pelo menos 6 horas após a extubação.
- Drenos de mediastino e/ou pleurais: são adaptados a coletores de drenagem em selo d'água e adaptados à aspiração contínua, se necessário.
- Temperatura retal: permite uma avaliação mais acurada da temperatura interna da criança[5].
- Pressão de átrio esquerdo: o cateter é inserido no átrio esquerdo, e exteriorizado pelo mediastino até a parede torácica; ele permite avaliação da função ventricular esquerda (Figura 8.2).

TABELA 8.6 Valores de referência dos sinais vitais nas diferentes faixas etárias[8]

Idade	Frequência cardíaca (bpm)	Frequência respiratória (ipm)	Pressão arterial (mmHg)
Recém-nascidos (1 a 30 dias)	130-160	40-60	50-90/20-60
Bebês (30 dias a 12 meses)	120-160	30-60	74-100/50-70
Crianças (1 a 4 anos)	90-140	24-40	80-112/50-78
Pré-escolares (4 a 5 anos)	80-110	22-34	82-110/50-78
Escolares (5 a 12 anos)	75-100	18-30	84-120/54-80
Adolescentes (13-17 anos)	60-90	16-25	94-130/62-88
Adultos (> 17 anos)	60-80	12-16	100-140/70-88

TABELA 8.7 Fatores de diminuição e aumento do VO_2[8]

Fatores de diminuição da SVO_2		
↓ Débito cardíaco	↑ Demanda de oxigênio	↓ Conteúdo arterial de O_2
Bradicardia	Febre	Anemia
Taquiarritmias	Tremores	Hipoventilação
↓ Volume de ejeção	Dor	Hipoxemia
Hipovolemia	Ansiedade, estresse	Obstrução das vias aéreas
Disfunção cardíaca	Frio intenso	Edema pulmonar

(continua)

108 Fisioterapia na Cardiologia Pediátrica

TABELA 8.7 Fatores de diminuição e aumento do VO_2[8] *(continuação)*

Fatores de diminuição da SVO_2		
↑ Pós-carga	↑ Trabalho respiratório	Atelectasia
Tamponamento cardíaco	Convulsões	Pneumotórax
		Aspiração da cânula endotraqueal
		Shunt intracardíaco
Fatores de aumento da SVO_2		
↑ Débito cardíaco	↓ Demanda de O_2	↑ Conteúdo arterial de O_2
↑ Frequência cardíaca	Analgesia, sedação	Transfusão sanguínea
↑ Volume de ejeção	↓ da temperatura corpórea (febre)	↑ PaO_2
Reverter arritmias	Anestesia	Otimização da ventilação
↑ Volume intravascular	Bloqueador neuromuscular	
Suporte inotrópico	Suporte ventilatório	
Vasodilatadores		

- Pressão de artéria pulmonar (PAP) utilizada nos casos em que há hipertensão pulmonar grave, ou seja, quando a pressão pulmonar for metade ou dois terços da pressão sistêmica. É medida por cateter no tronco da artéria pulmonar (Figura 8.2).
- Ecocardiografia bidimensional ou Doppler: é o método que avalia as câmaras cardíacas, as correções realizadas, os defeitos residuais, presença de derrames pericárdicos ou tamponamento cardíaco, análise global dos ventrículos, cálculo da fração de encurtamento ventricular esquerdo, estimativa da função ventricular e das pressões intracavitárias ou transvalvares.
- Marca-passo: geralmente, são colocados eletrodos para marca-passo, principalmente nos casos em que há risco cirúrgico de lesar o sistema de condução, que pode cursar com arritmias[5].

COMPLICAÇÕES NO PÓS-OPERATÓRIO

Complicações pulmonares

As complicações pulmonares pós-cirurgia cardíaca pediátrica mais observadas são: atelectasia, pneumonia, derrame pleural, pneumotórax, quilotórax, hipertensão pulmonar, hemorragia pulmonar e paralisia diafragmática, sendo que as duas primeiras alterações são as mais frequentes[2].

Atelectasia

É a complicação mais comum no pós-operatório de cirurgia cardíaca e é definida pelo colapso alveolar de determinada região do parênquima pulmonar. As causas são:

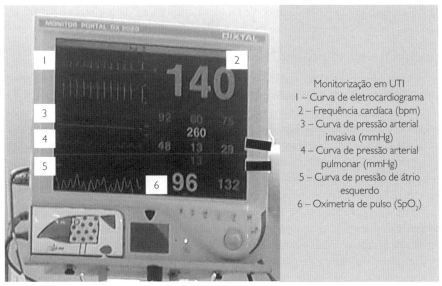

FIGURA 8.2   Monitorização em unidade de terapia intensiva (UTI).

hipoventilação, drogas anestésicas, compressão dos pulmões por estruturas do mediastino, intubação inadequada, inatividade dos pulmões durante a CEC reações inflamatórias, e manuseio cirúrgico da pleura. Também está associada a outros fatores, como: dor, hipersecreção brônquica anterior à cirurgia, diminuição da função ciliar, limitação ao esforço inspiratório, ineficácia do reflexo de tosse e outros eventos que favoreçam o acúmulo de secreção pulmonar[1]. Com seu desenvolvimento, ocorre piora da oxigenação, diminuição da complacência pulmonar, e aumento da resistência vascular pulmonar[2].

Pneumonia

É uma das causas mais frequentes de infecção nosocomial no pós-operatório de cirurgia cardíaca pediátrica, sendo considerada causa importante de morbidade e mortalidade nessa população.

As pneumonias são mais frequentes quanto maior o tempo de VM. Utilizam-se antibióticos de acordo com as culturas e o perfil microbiológico do local do hospital[5].

Pneumotórax

É a presença de ar entre as duas camadas da pleura. Deve ser drenado, se extenso ou hipertensivo.

Quilotórax

Ocorre pela lesão do ducto torácico na cirurgia, sendo suspeito pela presença de líquido de aspecto leitoso no dreno pleural, pelo acúmulo de linfa no espaço plural.

O tratamento geralmente é conservador, com eliminação de gorduras da dieta ou oferta apenas de triglicerídeos de cadeia média. Raramente, tem indicação cirúrgica.

Edema de glote pós-extubação

É uma complicação secundária à entubação endotraqueal e uma das causas principais de insucesso de extubação no pós-operatório de cardiopatia congênita. Caracteriza-se pelo estreitamento da via aérea na região subglótica causada pelo edema da região e se manifesta pelo estridor inspiratório que piora com choro ou agitação e sinais de desconforto respiratório. Os fatores predisponentes para o edema de glote pós-extubação são variados e incluem o tamanho da cânula endotraqueal, rigidez do tubo endotraqueal, entubação ou aspirações traumáticas, manipulação desnecessária do tubo e fatores intrínsecos ao próprio paciente.

O tratamento é medicamentoso com corticoesteroide e inalação com adrenalina, oxigenoterapia aquecida e umidificada, posicionamento no leito com leve hiperextensão da região cervical e pode ser necessário suporte ventilatório não invasivo. Se houver piora do edema de glote e da evolução do quadro clínico, apesar das medidas tomadas, a reentubação pode ser necessária e deve ser realizada com cânula de menor calibre, a extubação só deve ser feita quando houver escape de ar ao redor da COT indicando melhora do edema. A traqueostomia pode ser considerada em casos graves de obstrução de vias aéreas associados ao edema de glote.

Paralisia diafragmática

Ocorre em decorrência à hipotermia, inflamação ou lesão do nervo frênico. O diagnóstico pode ser dificultado se a criança estiver entubada e em VM. A plicatura do diafragma deve ser realizada quando há repercussão clínica e não ocorrer melhora com tratamento conservador.

Hipertensão arterial pulmonar

A hipertensão pulmonar é definida como uma pressão arterial pulmonar (PAP) ≥ 25 mmHg e é uma complicação relativamente comum em pós- operatório de crianças com cardiopatia de hiperfluxo pulmonar. Fatores como dor, agitação, acidemia, hipoxemia e hipercapnia desencadeiam a crise de HAP. Clinicamente, a crise de HAP manifesta-se pela queda brusca da $SatO_2$ e agitação, taquicardia, taquipneia e hipotensão arterial sistêmica.

O tratamento das crises de HAP engloba a manutenção da sedação e se necessário curarização, terapia, medicamentos, ajuste dos parâmetros da ventilação mecânica e instituição de óxido nítrico (NO). O desmame do NO e da VM só é iniciado após a estabilização do quadro; na prática o paciente com crise de HAP é mantido sedado em média por 24 a 48 horas do pós-operatório.

🔖 COMPLICAÇÕES CARDÍACAS

Alterações do débito cardíaco

O débito cardíaco (DC) depende de quatro fatores: contratilidade miocárdica, retorno venoso (pré-carga), resistência à saída do sangue do ventrículo esquerdo (pós-carga), e frequência cardíaca. Alterações em qualquer um desses fatores pode levar à síndrome do baixo débito cardíaco, que é caracterizada por sudorese e sinais de agitação psicomotora, extremidades frias, lábios cianóticos ou descorados, pulsos periféricos ausentes ou filiformes, hipotensão e oligúria. O fisioterapeuta deve estar atento a esses sinais. Ao avaliarmos uma criança com baixo débito cardíaco, devemos também afastar outras situações que podem deprimir o miocárdio, como acidose, hipoglicemia, hipocalcemia e hipopotassemia, e sepse[5].

Na Tabela 8.8 são apresentados os valores normais de DC e índice cardíaco.

TABELA 8.8 Valores de referência de débito cardíaco e índice cardíaco[8]

	Débito cardíaco normal (L/min)	Índice cardíaco normal (L/min/m²)
Neonatos/bebês	0,8-1,3	4,0-5,0
Crianças	1,3-3,0	3,0-4,5
Adolescentes/adultos	4-8	2,5-4

Contratilidade

As alterações da contratilidade miocárdica no pós-operatório podem ser decorrentes de defeito anatômico ou função cardíaca diminuída no pré-operatório, ventriculotomia, cardioplegia, isquemia em razão da CEC, tempo de CEC e anestésicos. As cardiopatias menos complexas e que não cursam com disfunção ventricular e/ou hipertensão pulmonar raramente apresentam baixo débito no pós-operatório, ao contrário das cardiopatias complexas. Na alteração de contratilidade está indicado o uso de drogas inotrópicas[5].

Pré-carga

É definida como o enchimento diastólico final. Na ausência de lesão valvar atrioventricular, a pressão diastólica final corresponde à pressão média dos átrios; dessa forma, pode-se controlar a volemia por meio da pressão de átrio direito (PVC) e átrio esquerdo (PAE). O valor ideal das pressões dos átrios é de até 15 mmHg[5].

Pós-carga

É a resistência à ejeção do volume sistólico dos ventrículos. A pressão arterial sistêmica (PAS) e a PAP são os fatores relacionados à pós-carga. A PAS é tolerada no máximo 20% acima e 10% abaixo dos valores normais para a idade. No pós-operatório imediato a pressão pulmonar não deve ultrapassar a metade da PAS[5].

Alterações da frequência e ritmo cardíaco

As arritmias são frequentes no pós-operatório de cirurgia cardíaca, e não são apenas decorrentes do ato cirúrgico. Podem ser causadas por distúrbios do potássio, hipoxemia, acidose, hipercapnia ou disfunção ventricular. Quando decorrentes do ato cirúrgico, são causadas por manipulação do sistema de condução, presença de cateteres intracardíacos e processos inflamatórios do pericárdio. As alterações mais frequentes são: taquicardia sinusal, ritmo juncional ou dissociação atrioventricular, bloqueio de ramo direito, bloqueio AV total, taquicardia atrial paroxística ou supraventricular, *flutter* atrial, fibrilação atrial, taquicardia ventricular (é mais rara no pós-operatório, mas, quando aparece, pode ser grave) e fibrilação ventricular.

As arritmias podem ser tratadas com drogas antiarrítmicas, cardioversão elétrica e marca-passo, de acordo com o tipo, causa e instabilidade do quadro[5].

Tamponamento cardíaco

Caracteriza-se por abafamento de bulhas, ingurgitamento venoso cervical e baixo débito. Confirma-se pelo ecocardiograma, e deve ser realizada drenagem pericárdica imediata.

Síndrome pós-pericardiotomia

Manifesta-se com a presença de febre, atrito pericárdico, e dor precordial. O ecocardiograma mostra a presença de derrame pericárdico e a necessidade de drenagem. O tratamento inclui o uso de corticosteroides.

OUTRAS COMPLICAÇÕES

Hipertensão arterial sistêmica (HAS)

Existem vários fatores que podem aumentar a (HAS) no pós-operatório imediato: dor, hipotermia, hipóxia, acidose, hipovolemia incipiente, descarga simpática relacionada ao despertar. A elevação da PAS pode causar ruptura das suturas ou provocar sangramentos.

As medidas iniciais são sedação e analgesia, corrigir volemia e utilizar drogas vasodilatadoras[5].

Insuficiência renal

A insuficiência renal no pós-operatório de cirurgia cardíaca pode ser causada pelo baixo débito cardíaco e estar relacionada a outros fatores, como idade, tempo de cirurgia, tempo de CEC e o uso de substâncias nefrotóxicas, como aminoglicosídeos. É mais comum nas cardiopatias cianóticas e pode fazer parte da disfunção de múltiplos órgãos e sistemas; no pós-operatório, pode ser indicada a diálise peritoneal[5].

Distúrbios hemorrágicos

O sangramento no pós-operatório é uma das complicações mais frequentes e necessita ser diferenciado quanto à sua etiologia: se é decorrente de distúrbio de coagulação ou por hemostasia cirúrgica inadequada. Pode ser necessária a transfusão de hemoderivados (p. ex., hemácias, plasma fresco, plaquetas, crioprecipitado) ou revisão cirúrgica[5].

Alterações neurológicas

Podem ser causadas por fatores como hipotermia e perfusão cerebral inadequada durante a CEC, tempo de parada cardíaca, isquemia e hipóxia por embolias gasosas, edema cerebral secundário à retenção hídrica, distúrbios metabólicos como hipoglicemia, hipocalcemia, hiponatremia, acidose e hipomagnesemia. Podem manifestar-se das mais variadas formas, como: agitação, convulsões, coreoatetose e coma[5].

Alterações do aparelho digestivo

O íleo paralítico é frequente no pós-operatório, tem caráter transitório e o paciente deve sair do centro cirúrgico com sonda nasogástrica. Ocorre pelo uso de anestésicos e pelo baixo fluxo durante a CEC. Também é frequente haver insuficiência hepática. Há elevação das transaminases e icterícia, que pode ocorrer também por hemólise nos circuitos da CEC[5].

Infecções

As infecções mais frequentes no pós-operatório de cirurgia cardíaca são:

- Pneumonias, geralmente associadas à VM prolongada.

- Infecções em cateteres centrais.
- Infecção de pele e tecidos moles (ferida operatória).
- Sepse[5].

● DROGAS UTILIZADAS NO PÓS-OPERATÓRIO DE CIRURGIA CARDÍACA PEDIÁTRICA

Diversas drogas endovenosas podem ser necessárias no pós-operatório de cirurgia cardíaca pediátrica e serão classificadas a seguir. O conhecimento sobre a função e atuação de cada é essencial já que podem interferir na clínica do paciente (Tabela 8.9).

TABELA 8.9 Ação das drogas comumente utilizadas em unidade de terapia intensiva cardiopediátrica[8,11]

Ação	Mecanismo influenciado
Inotropismo	Contratilidade miocárdica
Cronotropismo	Frequência cardíaca
Lusitropismo	Capacidade de relaxamento miocárdico
Dromotropismo	Impulsos elétricos ou na velocidade de condução
Batmotropismo	Excitabilidade ou irritabilidade do miocárdio

Ação hemodinâmica

- Dobutamina – inotrópico, melhora a contratilidade cardíaca e tem pouco efeito periférico; pode causar taquicardia.
- Milrinone – inotrópico lusitrópico vasodilatador sistêmico e pulmonar.
- Levosimendana – inotrópico, pode causar hipotensão arterial sistêmica, porém é pouco utilizado (custo elevado).
- Adrenalina – vasoconstritor periférico.
- Noradrenalina – vasoconstritor periférico.
- Dopamina – vasodilatador renal (doses baixas) e vasoconstritor periférico (doses maiores), efeito cronotrópico em doses elevadas.
- Nitroprussiato de sódio – vasodilatador sistêmico.
- Prostaglandina (*Prostin*) – mantém o canal arterial aberto.

Antiarrítmicos[12]

- Adenosina – reversão de taquicardia.
- Atropina – previne a bradicardia.
- Amiodarona – causa bradicardia sinusal.

- Lidocaína – utilizada em arritmias ventriculares.
- Isoproterenol – causa aumento da frequência cardíaca; utilizado em bradicardias graves, pois aumenta o consumo de oxigênio pelo miocárdio.

Sedação e analgesia

Drogas endovenosas que podem ser administradas continuamente ou em *bolus*, de acordo com a necessidade[14,15].
- Dipirona – analgésico não opioide.
- Morfina – opioide efeito analgésico, pode causar hipotensão arterial.
- Fentanil – opioide efeito analgésico (mais potente do que a morfina), pode causar rigidez da parede torácica e bradicardia.
- Metadona – opioide utilizado no tratamento e prevenção de abstinência e dependência de outras drogas.
- Midazolam – benzodiazepínico, tem efeito sedativo e reduz o tônus muscular, causa depressão respiratória e pode causar hipotensão arterial.
- Cetamina – causa analgesia, sedação rápida e amnésia; tem efeito broncodilatador.
- *Precedex* (dexmedetomidina) – sedativo, analgésico e ansiolítico, que causa pouca depressão respiratória.
- Propofol – anestésico de ação ultrarrápida (p. ex., hipnose e amnésia anterógrada), com rápido despertar.
- Hidrato de cloral – hipnótico e sedativo, sem efeito analgésico, tem efeito cumulativo (depressão respiratória).
- Pancurônio, rocurônio, vecurônio, succinilcolina ou suxametônio, atracúrio – bloqueadores neuromusculares, precisa se associar a sedação e analgesia, e pode causar atrofia muscular quando o uso for prolongado.
- Etomidato – sedativo e hipnótico, sem efeito analgésico de ação ultracurta, muito utilizado para entubação (sequência rápida).

Óxido nítrico inalatório

Trata-se de vasodilatador pulmonar seletivo, frequentemente utilizado em casos de hipertensão arterial pulmonar. Sua aplicação será discutida no Capítulo 10.

Outros

- Ácido épsilon – tratamento das hemorragias, principalmente aquelas induzidas por hiperfibrinólise e por agentes trombolíticos, no pós-cirúrgico[13].
- Protamina – neutraliza o efeito da heparina[5].
- Heparina – anticoagulante[5].
- Furosemida – diurético.

ASSISTÊNCIA CIRCULATÓRIA MECÂNICA

Dentre as alternativas terapêuticas no tratamento do choque cardiogênico e na manutenção do suporte circulatório de pacientes com insuficiência cardíaca, refratários ao tratamento convencional, tem-se a oxigenação por membrana extracorpórea (do inglês *extracorporeal membrane oxigenation* ou ECMO), que continua a ser a base para o início e a manutenção de suporte circulatório mecânico na insuficiência cardíaca em crianças[11].

A ECMO, nos pacientes com IC grave é uma ponte para um dispositivo de assistência circulatória prolongada ou transplante cardíaco. Devemos considerar essa possibilidade, principalmente nas PCR de pacientes com coração univentricular porque, durante as manobras de RCP, a pressão intratorácica aumentada limita o fluxo pulmonar e aumenta a pressão venosa central, levando à redução da perfusão cerebral e aumentando o risco de lesão neurológica pós-PCR[11].

A VM do paciente em ECMO tem o objetivo de proteger os pulmões e deixá-los descansando, minimizando os riscos de lesão pulmonar induzida pela ventilação mecânica. Em razão de sua importância e aplicação, esse assunto será abordado no Capítulo 10.

ASSISTÊNCIA FISIOTERÁPICA NO PÓS-OPERATÓRIO

Fisioterapia respiratória

Para prevenção de complicações no pós-operatório de cirurgia cardíaca, o fisioterapeuta atua com orientações à criança e aos responsáveis sobre o posicionamento adequado no leito, formas de evitar posturas antálgicas, além de exercícios com membros superiores associados à respiração e padrões respiratórios, com abordagem lúdica. Os exercícios respiratórios melhoram a eficiência respiratória, aumentam o diâmetro das vias aéreas e contribuem para desalojar secreções. Também impedem o colapso alveolar, facilitam a expansão pulmonar e o *clearance* das vias aéreas.

As técnicas utilizadas pela fisioterapia respiratória no pós-operatório incluem: vibração na parede torácica, percussão, compressão, hiperinsuflação manual, manobra de reexpansão, drenagem postural, estimulação da tosse, aspiração, exercícios respiratórios, mobilização e aceleração do fluxo expiratório (AFE). Pode ser necessária a associação da fisioterapia respiratória com a inalação de solução salina hipertônica conforme prescrita pelo médico. Além disso, as mudanças de decúbito de forma periódica e criteriosa otimizam a relação ventilação-perfusão (V/Q), melhoram a oxigenação e evitam complicações pulmonares, úlcera de pressão e as alterações posturais. O posicionamento com o uso de coxins garante maior efetividade da mecânica respiratória e organização neurológica nos neonatos e lactentes (Figuras 8.3 e 8.4)[16].

Existem outras complicações além das anteriormente citadas, que podem exigir do fisioterapeuta um planejamento mais estratégico de conduta e uma manipulação mais criteriosa. Por exemplo, se uma criança cursa com agitação e, consequentemente, com hipertensão arterial sistêmica, pode ser necessária a associação de analgesia prescrita pelo médico respossável imediatamente antes da fisioterapia, ressaltando a importância de compartilhar informações com os demais profissionais que assistem o paciente.

Uma outra situação frequente é otimização do suporte ventilatório diante de situações de baixo débito cardíaco, que será abordada no Capítulo 9.

Há indícios de que a atuação do fisioterapeuta em pacientes que passam por cirurgia cardíaca diminua o tempo de permanência destes na UTI e reduza o tempo de internação hospitalar.

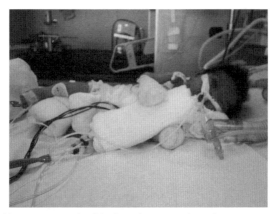

FIGURA 8.3   Posicionamento em decúbito lateral com uso de coxins.

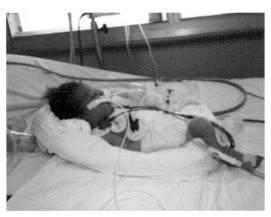

FIGURA 8.4   Criança em posição de ninho.

Fisioterapia nas alterações posturais[16]

No pós-operatório, a criança pode evoluir com piora das alterações posturais decorrentes do processo álgico, diminuição da mobilidade e medo da própria incisão. A esternotomia pode provocar hipercifose (Figura 8.5) e a toracotomia lateral, a inclinação lateral do tronco para o mesmo lado da incisão (Figura 8.6). Segundo Bal[17], a toracotomia lateral é responsável por 94% das alterações posturais e musculoesqueléticas, pois essas crianças tendem a adquirir postura antálgica; 77% apresentam escápula alada (Figura 8.6), 63% assimetria de mamilos (Figura 8.7), 61% elevação e protrusão dos ombros (Figura 8.8), 31% escoliose (Figura 8.6), 18% deformidade do tórax e 14% assimetria de tórax (em razão da atrofia muscular do lado da incisão).

Um programa de exercícios para reabilitação cardiovascular incrementado com atividades lúdicas pode auxiliar no processo de recuperação dessas crianças (Figura 8.9).

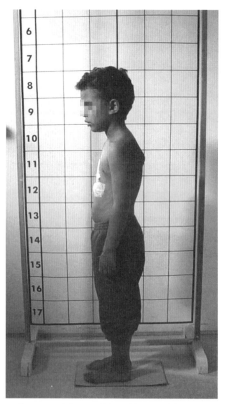

FIGURA 8.5 Criança no pós-operatório com hipercifose torácica, protrusão de ombros e anteriorização da cabeça.

Capítulo 8 – O pós-operatório de cardiopatia congênita **119**

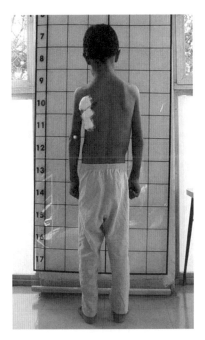

FIGURA 8.6 Toracotomia lateral com escoliose, elevação do ombro contralateral à cirurgia e inclinação lateral do tronco homolateral à incisão.

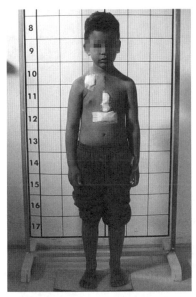

FIGURA 8.7 Criança no pós-operatório de cirurgia cardíaca. Assimetria de mamilos.

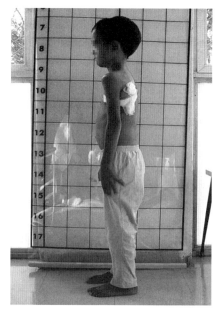

FIGURA 8.8 Criança com protusão de ombros e afundamento do tórax.

FIGURA 8.9 Terapia lúdica com bambolê, bola e bastão.

📖 REFERÊNCIAS BIBLIOGRÁFICAS

1. Silva MEM, Feuser MR, Silva MP, Uhlig S, Parazzi PLF, Rosa GJ, et al. Pediatric cardiac surgery: what to expect from physiotherapeutic intervention? Rev Bras Cir Cardiovasc. 2011;26(2):264-72.
2. Cavenaghi S, Moura SCG, Silva TH, Venturinelli TD, Marino LHC, Lamari NM. Importância da fisioterapia no pré e pós-operatório de cirurgia cardíaca pediátrica. Rev Bras Cir Cardiovasc. 2009;24(3):397-400.
3. Cardoso BC, Belém J. Hipotermia versus Normotermia durante a circulação extracorpórea em cirurgia cardíaca. Perfusão em Foco. Disponível em: https://perfusaoemfoco.wordpress.com/2014/08/02/hipotermia-versus-normotermia-durante-a-circulacao-extracorporea-em-cirurgia-cardiaca/. [Acesso set 2020.]
4. Souza MHL, Elias DO. Fisiologia do sangue in: Fundamentos da circulação extracorpórea. 2.ed. Rio de Janeiro: Centro Editorial Alpha Rio. p.103-38. Disponível em: https://blogcomcienciadotcom.files.wordpress.com/2013/04/livro-fundamentos-circulac3a7c3a3o-extracorpc3b3rea.pdf. [Acesso set 2020.]
5. João PRD, Faria Junior F. Cuidados imediatos no pós-operatório de cirurgia cardíaca. J Pediatr. 2003;79(2):S213-22.
6. SAV Ministério da Saúde. SAV Pediátrico. In: Protocolos de suporte avançado de vida. Protocolo SAMU 192. Disponível em: http://portalarquivos2.saude.gov.br/images/pdf/2016/outubro/26/livro-avancado-2016.pdf. [Acesso set 2020.]
7. Kneyber MCJ, de Luca D, Calderini E, Jarreau PH, Javouhey E, Lopez-Herce J, et al.; Section Respiratory Failure of the European Society for Paediatric and Neonatal Intensive Care. Recommendations for mechanical ventilation of critically ill children from the Paediatric Mechanical Ventilation Consensus Conference (PEMVECC). Intensive Care Med. 2017;43(12):1764-80.
8. Boville B, Young LC. Quick Guide to Pediatric Cardiopulmonary Care. Edwards Critical Care Education. Section 1. Anatomy & Phisiology. Edwards Lifesciences Corporation. 2015;1-74.
9. Barbas CSV, Ísola AM, Farias AMC, Cavalcanti AB, Gama AMC, Duarte ACM, et al. Recomendações brasileiras de ventilação mecânica 2013. Parte I – Rev Bras Ter Intensiva. 2014;26(2):89-121.
10. Goldwasser R, Farias A, Freitas EE, Saddy F, Amado V, Okamoto V. Desmame e interrupção da ventilação mecânica. J Bras Pneumol. 2007;33(Supl. 2):128-36.
11. Azeka E, Jatene MB, Jatene IB, Horowitz ESK, Branco KC, Souza Neto JD, et al. I Diretriz de insuficiência cardíaca (IC) e transplante cardíaco, no feto, na criança e em adultos com cardiopatia congênita, da Sociedade Brasileira de Cardiologia. Arq Bras Cardiol. 2014;103(6)supl.2.
12. Magalhães LP, Guimarães ICB, Melo SL, Mateo EIP, Andalaft RB, Xavier LFR, et al. Diretriz de arritmias cardíacas em crianças e cardiopatias congênitas SOBRAC E DCC – CP. Arq Bras Cardiol. 2016;107(1)supl.3.
13. Santos ATL, Splettstosser JC, Warpechowski P, Gaidzinski MMP. Antifibrinolíticos e cirurgia cardíaca com circulação extracorpórea. Bras Anestesiol. 2007;57(5):549-64.
14. Carvalho WB, Troster EJ. Sedação e analgesia no pronto socorro. J Pediatr. 1999;75(Supl.2):s294-s306.
15. Bresolin NL, Fernandes VR. Sedação, analgesia e bloqueio neuromuscular. AMIB. Disponível em: http://www.sbp.com.br/fileadmin/user_upload/pdfs/sedacao-e-analgesia-em-vent-mec.pdf. [Acesso out 2020.]
16. Alves AC, Kagohara KH, Sperandio PCA, Kawauchi TS. Fisioterapia na reabilitação de crianças com cardiopatia congênita. In: Umeda IIK. Manual de fisioterapia na reabilitação cardiovascular. 2.ed. Barueri: Manole; 2014. p.194-238.
17. Bal S, Elshershari H, Celiker R, Celiker A. Thoracic sequels after thoracotomies in children with congenital cardiac disease. Cardiol Young. 2003;13(3):64-7.

9

Ventilação mecânica nas cardiopatias congênitas

Andyara Cristianne Alves

INTRODUÇÃO

O suporte ventilatório mecânico tem como objetivo melhorar a oxigenação, eliminar o gás carbônico (CO_2), reduzir o trabalho respiratório e o consumo de oxigênio (VO_2).

O conhecimento das alterações fisiológicas que ocorrem nas diferentes cardiopatias congênitas é essencial para se determinar o modo e os parâmetros ventilatórios que otimizam os benefícios da ventilação mecânica (VM) e diminuem os efeitos deletérios ou suas complicações nos pacientes com cardiopatia congênita.

Nesses pacientes, a VM está indicada para tratar insuficiência respiratória; promover diminuição das demandas metabólicas no sistema cardiovascular; equilibrar a interação cardiopulmonar e sistêmica; além de ser frequentemente empregada na recuperação pós-operatória[1].

A VM com pressão positiva causa alteração dos volumes pulmonares e da pressão intratorácica, esta será transmitida para as estruturas cardiovasculares e pode afetar a função cardíaca e a entrega de oxigênio (O_2) aos tecidos.

Os efeitos prejudiciais da VM são mais notados nos pacientes com cardiopatia congênita e a intensidade desses efeitos dependerá de fatores como: maturidade e complacência do miocárdio, resistência vascular pulmonar (RVP), resistência vascular sistêmica (RVS) e função sistólica e diastólica dos ventrículos. Por isso, em muitas ocasiões, a utilização de parâmetros baixos e a extubação precoce são consideradas para otimizar o desempenho cardiovascular desses pacientes.

INTERAÇÃO CARDIOPULMONAR E A VENTILAÇÃO MECÂNICA

A pressão positiva da VM sobre as vias aéreas exerce impacto sobre o sistema cardiovascular, podendo prejudicar a oferta de O_2 aos tecidos. Assim, a pressão média de vias aéreas (PMVAS) não deve ultrapassar 15 cmH_2O.

A PMVAS é o principal fator responsável pela determinação da oxigenação e é representada pela equação[2]:

$$PMVAs = (PIP \times Tinsp) + (PEEP \times Texp)/Tinsp + Texp \text{ ou } PMVAS (PIP + 2 \times PEEP)/3$$

PMVAs: pressão média de vias aéreas, PIP: pressão inspiratória; Tinsp: tempo inspiratório; PEEP: pressão exportada final positiva; Texp: tempo expiratório

A PMVAs elevada produz aumento da resistência vascular pulmonar (RVP), diminuição do retorno venoso, diminuição do débito cardíaco (DC) e consequente diminuição da oferta de O_2 aos tecidos (DO_2).

A oferta de oxigênio aos tecidos depende do débito depende do débito cardíaco (DC); este, por sua vez, depende da frequência cardíaca (FC) e do volume sistólico (VS).

$$DC = FC \times VS$$

O VS é influenciado por fatores como pré-carga, pós-carga e contratilidade.

- Pré-carga: volume de sangue dentro do ventrículo antes de ocorrer sua ejeção. A força motriz da pré-carga é a diferença entre a pressão média sistêmica e a pressão do átrio direito (AD).
- Pós-carga: dificuldade que os ventrículos precisam vencer para ejetar o volume sanguíneo para a circulação pulmonar e sistêmica
- Contratilidade: força que o coração faz para ejetar o sangue para a circulação pulmonar e sistêmica.

Durante a VM, alguns mecanismos afetam a função do ventrículo direito (VD) e esquerdo (VE), a circulação pulmonar e sistêmica:

- ↑ da pressão intratorácica: transmitida às estruturas cardiovasculares (artérias, veias, coração).
- ↓ da pré-carga do VD (Figura 9.1).
- ↑ da pressão alveolar e da RVP.
- ↑ da pós-carga do VD (Figura 9.2).
- ↓ da pré-carga do VE ocasionada pela menor pressão venosa pulmonar.
- Alteração do septo interventricular e diminuição da complacência de VE.
- ↓ da pós-carga do VE pela redução da pressão transmural.

As consequências de elevada pressão intratorácica ocasionada por parâmetros ventilatórios elevados associada a situações de hipovolemia são:

- ↓ do VS do VE.
- ↓ do DC.
- ↓ DO_2.

Porém, o aumento na pressão intratorácica pode beneficiar a função do VE, principalmente em pacientes com disfunção ventricular esquerda, por causa da diminuição da pós-carga e da pressão transmural sistólica, fator que favorece a contratilidade miocárdica.

PARTICULARIDADES DA VENTILAÇÃO MECÂNICA NAS CARDIOPATIAS CONGÊNITAS

A maioria dos pacientes com cardiopatia congênita recebe suporte ventilatório convencional e raramente necessitam de modos ventilatórios pouco utilizados, como ventilação de alta frequência ou ventilação com pressão negativa (VPN).

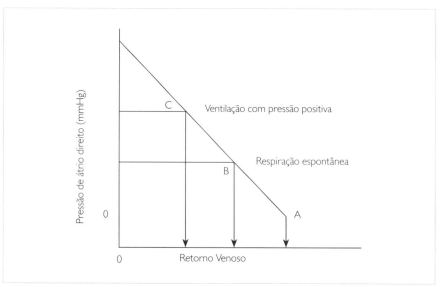

FIGURA 9.1 O retorno venoso ao coração ocorre passivamente e depende de um gradiente de pressão entre as veias sistêmicas e o átrio direito (AD). Em A, a pressão do AD é zero, não há impedância do fluxo sanguíneo; então, o retorno venoso é máximo. Em B, durante a respiração espontânea, a pressão do AD é baixa e o retorno venoso sistêmico está otimizado. Em C, durante a ventilação com pressão positiva, a pressão intratorácica e a pressão atrial direita aumentam, resultando em redução do retorno venoso. Adaptado[3].

Capítulo 9 – Ventilação mecânica nas cardiopatias congênitas   125

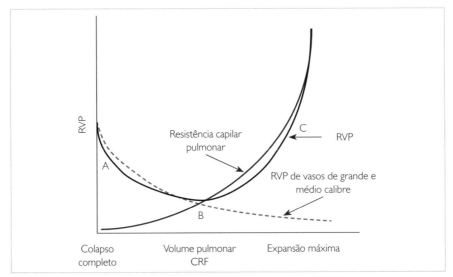

FIGURA 9.2 A resistência vascular pulmonar (RVP) depende dos volumes pulmonares. Em volumes pulmonares inferiores à capacidade residual funcional (CRF), a resistência (RVP) está aumentada por causa da vasoconstrição pulmonar hipóxica (A). À medida que o volume pulmonar aumenta e atinge a CRF, a resistência vascular pulmonar diminui (B). Altos volumes pulmonares estão associados ao aumento da resistência vascular pulmonar em decorrência da compressão dos capilares pulmonares (C). Adaptado[3].

Os pacientes com cardiopatia congênita se beneficiam de estratégias ventilatórias que promovam menor pressão nas vias aéreas; e efeitos colaterais cardiovasculares, enquanto maximizam a liberação de oxigênio. Otimizar as configurações do ventilador durante os ciclos ventilatórios assistidos ou controlados e permitir a ventilação espontânea o mais cedo possível são estratégias que minimizam os efeitos deletérios hemodinâmicos da ventilação mecânica[4].

Em algumas unidades de terapia intensiva (UTI), o modo de duplo controle, pressão regulada com volume controlado (PRVC), tem sido eleito com frequência por promover fluxo desacelerado, menor pico de pressão nas vias aéreas e maior controle do volume minuto. Porém, outros serviços utilizam preferencialmente o modo pressão controlada (PCV), ventilação mecânica intermitente sincronizada (SIMV) com pressão suporte (PSV) e durante o desmame apenas a PSV. Não há consenso na literatura sobre o melhor modo de ventilação mecânica para os pacientes com cardiopatia congênita. A experiência e a familiaridade da equipe em manusear e monitorar a ventilação mecânica também devem ser consideradas na eleição do modo ventilatório.

Com relação ao ajuste dos parâmetros da VM, convencionalmente o volume-corrente deve ser mantido em aproximadamente 6 a 8 mL/kg, a drive pressure (pressões de platô – PEEP) entre 15 e 25 cmH$_2$O, a PEEP inicialmente aplicada entre 4 e 6 cm H$_2$O, o tempo inspiratório deve ser apropriado para a idade e a FiO$_2$ mínima necessária para a saturação de O$_2$ esperada[5]. A assincronia entre o paciente e o respirador aumenta o trabalho respiratório e o consumo de O$_2$, por isso a melhor adaptação do paciente com a VM também depende do ajuste apropriado do rise time, bias flow, da ciclagem na PSV.

VM nas cardiopatias congênitas acianóticas e de hiperfluxo pulmonar

Nas cardiopatias congênitas acianóticas de hiperfluxo pulmonar, a diminuição da complacência pulmonar decorrente do aumento da água extravascular pulmonar ou áreas de atelectasia diminui a capacidade residual funcional (CRF) e prejudica as trocas gasosas. Os parâmetros ventilatórios devem ser ajustados visando restaurar a CRF e normalizar a ventilação. Assim, a utilização de baixos volumes correntes limitando as pressões inspiratórias e o uso adequado de PEEP são estratégias de proteção pulmonar para esses pacientes[4]. A PEEP aumenta a CRF e melhora a complacência pulmonar, a relação V/Q e redistribui a água extravascular pulmonar. De modo geral, após a cirurgia cardíaca, a PEEP maior que 6 cmH$_2$O está indicada em condições específicas, que incluem reduções graves na complacência pulmonar ou nas cardiopatias com fluxo sanguíneo pulmonar excessivo[3].

A hiperventilação pulmonar com consequente alcalose respiratória e a utilização de altas FiO$_2$ não são apropriadas, pois isso promove redução da RVP e contribui para o aumento do hiperfluxo pulmonar.

VM nas cardiopatias de hipofluxo pulmonar ou disfunção ventricular direita

Nas cardiopatias congênitas de hipofluxo pulmonar e/ou nas situações em que ocorre disfunção do ventrículo direito (VD), otimizar as configurações do ventilador durante os ciclos assistido/controlado (a/c) e permitir a ventilação espontânea o mais cedo possível são estratégias para minimizar os efeitos indesejáveis hemodinâmicos da VM[4].

Durante a VM, deve-se adotar baixas pressões nas vias aéreas, especialmente a PEEP, tempos inspiratórios curtos e tempos expiratórios longos, baixa frequência respiratória para a idade e FiO$_2$ necessária para obter uma PaO$_2$ de 45 mmHg e SatO$_2$ em torno de 85%. Esses cuidados otimizam a função do VD, promovendo o aumento da pré-carga e diminuição da pós-carga. Como a maioria do fluxo sanguíneo pulmonar ocorre durante a expiração, os tempos inspiratórios mais curtos e a baixa frequência respiratória facilitam a perfusão sanguínea pulmonar. O tempo inspiratório longo ou frequências respiratórias elevadas podem resultar em elevações significativas da pressão média das vias aéreas, diminuição do retorno venoso e diminuição do débito cárdico (DC)[3].

Na correção cirúrgica de Glenn bidirecional e Fontan, todo retorno venoso sistêmico deve superar a resistência da circulação pulmonar sem a assistência de uma câmara de bombeamento. Esse fato faz com que a circulação pulmonar seja particularmente sensível aos aumentos na RVP e diminua o débito cardíaco[4]. Há crescente tendência pela extubação precoce nos pacientes que são submetidos à cirurgia de Glenn e de Fontan, inclusive na sala de cirurgia ou logo após admissão na UTI. Nesses pacientes, a monitorização própria deve ser mantida quanto ao desenvolvimento de hipoxemia, hipercapnia e/ou aumento do trabalho respiratório nesta ocasião[3].

VM nas cardiopatias com disfunção ventricular esquerda

Em pacientes com disfunção do ventrículo esquerdo (VE), ocorre diminuição do VS e do DC mesmo com pré-carga adequada. A pressão intratorácica positiva da VM é transmitida às estruturas cardiovasculares, causando diminuição da pressão transmural do VE e do volume diastólico final do VE; dessa maneira, ocorre redução do consumo de oxigênio (VO_2) pelo miocárdio e aumento do DC. A VM exerce efeitos hemodinâmicos benéficos e conhecidos em pacientes com disfunção VE. Em vários estudos foi demonstrado que a pressão positiva da VM desempenha papel fundamental no tratamento de pacientes com disfunção VE, inclusive foi observado aumento da pressão de enchimento ventricular e áreas de isquemia miocárdica e edema pulmonar na retirada do suporte ventilatório desses pacientes[1]. A diminuição do trabalho respiratório e do consumo de oxigênio pelos músculos respiratórios é outro efeito benéfico que a VM exerce para pacientes com disfunção VE, pois ela garante maior equilíbrio de oferta de O_2 aos tecidos de outros órgãos vitais, inclusive do miocárdio. Pacientes com disfunção VE têm maior risco de apresentar insucesso durante o desmame da ventilação mecânica e extubação[6].

VM na hipertensão arterial pulmonar

A hipertensão arterial pulmonar (HAP) está associada principalmente às cardiopatias congênitas de hiperfluxo pulmonar, e crises de HAP podem ocorrer no pós-operatório destas cardiopatias. Essa complicação está associada ao aumento de mortalidade e de morbidade. O Capítulo 10 abordará com mais detalhes esse assunto. O pH sanguíneo, a pressão arterial de oxigênio (PaO_2) e os volumes pulmonares alteram a RVP. O sucesso do tratamento da crise de hipertensão pulmonar consiste na diminuição da pós-carga de VD com terapia direcionada à redução da hipertensão pulmonar. A VM contribui para o alcance desse objetivo, adotando-se parâmetros que promovam na gasometria arterial aumento do pH, diminuição da $PaCO_2$, aumento da PaO_2 e da pressão alveolar de oxigênio (PAO_2), porém com baixa PMVAS[3]. Portanto, a hiperventilação pulmonar e o uso de altas FiO_2, tempo inspiratório curto e PEEP baixa são preconizados. A instalação de óxido nítrico inalatório, que tem ação seletiva na circulação pulmonar, geralmente está indicada. Diversos estudos demonstram que essas estratégias reduzem significativamente a RVP e a HAP[7].

VM nos corações univentriculares

As cardiopatias congênitas variantes de corações univentriculares têm a completa mistura intracardíaca entre retorno venoso pulmonar e sistêmico. Nesse arranjo de circulações paralelas, o ventrículo dominante fornece todo o débito cardíaco; a relação dos fluxos sanguíneos pulmonares e sistêmicos (Qp/Qs) deve ser igual 1:1[1]. Esse equilíbrio garante o fornecimento de O_2 adequado aos diferentes órgãos e tecidos, enquanto o fluxo de sangue para os pulmões é suficiente para manter uma troca gasosa eficaz, sem sobrecarga excessiva de volume do ventrículo dominante. A $SatO_2$ de 75% a 85% é um indicativo desse equilíbrio circulatório pulmonar e sistêmico. A equação que estima a proporção do fluxo pulmonar e sistêmico é[5]:

$$Qp:Qs = (SatO_2 - SmvO_2)/(SpvO_2 - SatO_2)$$

Na qual:

- Qs: fluxo sanguíneo sistêmico
- Qp: fluxo sanguíneo pulmonar
- $SatO_2$: saturação de oxigênio do sangue arterial.
- $SmvO_2$: saturação de oxigênio do sangue venoso misto.
- $SpvO_2$: saturação de oxigênio do sangue venoso pulmonar.

Os neonatos com síndrome da hipoplasia do VE geralmente necessitam de VM e de gases medicinais como nitrogênio e dióxido de carbono, que são empregados como estratégias direcionadas para o aumento da RVP a fim de melhorar o equilíbrio Qp/Qs. O uso de PEEP (6 a 8 cmH_2O) que fornece volumes pulmonares acima da CRF eleva a RVP pela compressão dos capilares pulmonares. Além disso, a baixa FiO_2 (21% ou menor que 21%) produzirá vasoconstrição do leito vascular pulmonar. A adição de nitrogênio no gás inspirado é utilizada para criar uma FiO_2 que varia de 16% a 18%, isto aumenta transitoriamente a resistência vascular pulmonar e reduz a proporção de fluxo sanguíneo pulmonar[1].

Alternativamente, a hipercarbia (fornecimento de dióxido de carbono inspirado) demonstrou reduzir o fluxo sanguíneo do pulmão e aumentar o fluxo sanguíneo sistêmico, melhorando a oferta de oxigênio cerebral. Muitas vezes, a sedação é necessária para evitar o aumento do volume minuto em resposta a níveis arteriais elevados de dióxido de carbono[1]. O aumento do espaço morto entre a cânula orotraqueal e o circuito da VM é uma estratégia adotada na prática clínica quando não há como recursos o gás nitrogênio para diminuir a FiO_2 ou o dióxido de carbono para promover a hipercarbia. Porém, essa prática causa aumento de desconforto respiratório, aumento do trabalho respiratório e, consequentemente, do consumo de O_2 pelos músculos respiratórios; assim, o resultado esperado que é promover o aumento da RVP com o aumento da $PaCO_2$ e a diminuição da PaO_2 pode não ser alcançado.

Na síndrome de hipoplasia do ventrículo esquerdo (SHVE) com forame oval amplo (não restritivo), a hipercapnia permissiva (pH entre 7,25 e 7,30; $PaCO_2$ entre 45 e 60 mmHg) e o uso de FiO_2 em 21% ou, se possível a mistura hipóxica (adição de nitrogênio ao ar comprimido), evitam a vasodilatação pulmonar.[8] Por outro lado, se o neonato apresentar SHVE com forame oval restritivo raro, ocorre aumento da resistência ao retorno venoso pulmonar com consequente hipertensão pulmonar e grave hipofluxo pulmonar. Nessa condição a $SatO_2$ é muito reduzida (< 60%). Nestes casos, deve-se ajustar os parâmetros ventilatórios para promover a hiperventilação com FiO_2 elevada. Outras medidas se associam a essa estratégia ventilatória como sedação, curarização e hipotermia moderada (35 °C)[8].

VM no pós-operatório de Norwood

A VM é utilizada como estratégia para garantir o equilíbrio Qp:Qs no pós operatório de Norwood e os parâmetros ventilatórios precisam ser instituídos visando obter na gasometria arterial os seguintes valores: pH7,40 $PaCO_2$ 40 mmHg PaO_2 40 mmHg $SatO_2$ 75% a 80%, assim assegura-se o Qp:QS =1.

A ventilação e a oxigenação devem ser rigorosamente controladas nas primeiras 24 horas após a cirurgia, e qualquer alteração de parâmetros ventilatórios deve ser cuidadosamente monitorada com análise dos gases no sangue arterial e venoso. Os pacientes geralmente são mantidos sedados nas primeiras 24 horas, com ou sem bloqueio neuromuscular. Uma vez alcançada a estabilidade, o desmame da VM segue de maneira gradual até que seja feita a extubação.

VM no pós-operatório de Glenn e Fontan

A anastomose cavopulmonar superior bidirecional (técnica de Glenn bidirecional) e a inferior (técnica de Fontan) são respectivamente utilizadas como segundo e terceiro estágios de paliação para lactentes e crianças com coração funcionalmente univentricular. Após estas técnicas, o fluxo sanguíneo para os pulmões ocorre de forma passiva e depende do gradiente pressórico sistêmico-pulmonar.

A técnica de Glenn cria uma fisiologia muito singular, pois o fluxo sanguíneo pulmonar dependerá da resistência de dois leitos vasculares distintos: da circulação cerebral e pulmonar.

A VM pode influenciar o fluxo sanguíneo pulmonar após a técnica de Glenn, pois seus efeitos na resistência vascular pulmonar e no fluxo sanguíneo cerebral são opostos. A hiperventilação e a alcalose causam diminuição da RVP, no entanto, vasoconstrição cerebral. Assim, a diminuição do fluxo sanguíneo cerebral ocasiona diminuição do retorno venoso da veia cava superior (VCS) para o leito vascular pulmonar e consequente diminuição da $SatO_2$.

Por sua vez, um leve grau de hipoventilação e hipercapnia pode levar à vasodilatação cerebral e aumentar o fluxo sanguíneo cerebral, o que contribui para o aumento do retorno venoso e do fluxo sanguíneo pulmonar, melhorando a oxigenação sistêmica. Nos casos em que a RVP piora pela acidose hipercápnica ou por doença pulmonar primária, o NO inalado tem sido utilizado para relaxar seletivamente o leito vascular pulmonar[5].

O posicionamento elevado (45°) precisa ser adotado após cirurgia de Glenn, buscando favorecer o deságue sanguíneo na circulação pulmonar.

Na técnica de Fontan, o fluxo sanguíneo pulmonar é muito dependente da pressão venosa central (PVC), que deve ser mantida elevada (acima de 15 mmHg) por terapia de reposição volêmica que reflita um intravascular "cheio"[9]. Após esse procedimento cirúrgico, parâmetros ventilatórios que aumentam a RVP são pouco tolerados. Considerando que o fluxo sanguíneo pulmonar em pacientes com fisiologia de Fontan é amplamente dependente do retorno venoso, que é redirecionado para as artérias pulmonares, a respiração espontânea é a forma mais vantajosa de ventilação em pacientes após o procedimento de Fontan[5].

A aplicação de PEEP após o Glenn e o Fontan pode ter um efeito negativo significativo na hemodinâmica do paciente, assim alguns autores defendem o uso de PEEP zero. A PEEP apropriada para o paciente de Fontan com doença pulmonar permanece desconhecida. Williams et al. demonstraram que nesses pacientes a RVP aumenta com PEEP de 3 a 12 cmH_2O e o índice cardíaco diminui com uso de PEEP de 9 a 12 cmH_2O[10].

Alguns autores defendem o uso criterioso de PEEP para manter a capacidade residual funcional (CRF) dos pulmões[1]. A aplicação de PEEP minimiza a formação de atelectasias, evita a vasoconstrição hipóxica e o subsequente aumento da RVP. Na ausência de doença pulmonar ou derrame, a PEEP é geralmente fixada em 3 cmH_2O e volumes correntes efetivos de aproximadamente 8 ml/kg são empregados. Essas configurações devem ser otimizadas para atingir volumes pulmonares próximos à capacidade residual funcional[12].

A ventilação de alta frequência e a extubação precoce seguida de instalação de ventilação não invasiva também vêm sendo adotadas em alguns centros com o intuito de diminuir a PMVAs e garantir melhora da $SatO_2$ e do débito cardíaco nesses pacientes[10].

A ventilação com pressão negativa aumenta o débito cardíaco e o fluxo sanguíneo pulmonar em pacientes com fisiologia de Fontan e pode ser considerada em pacientes refratários ao tratamento por estratégias de ventilação convencional e avançada[10].

As pressões elevadas da artéria pulmonar (> 15 mmHg) têm sido associadas a congestão venosa no terceiro espaço, derrames pleurais, ascites, anasarca e disfunção de múltiplos órgãos e um prognóstico desfavorável nos pacientes em pós-operatório de Fontan. Derrames pleurais e ascites significativas devem ser drenados e a pressão intra-abdominal minimizada[5].

A Tabela 9.1 resume as recomendações básicas quanto às estratégias ventilatórias nas cardiopatias congênitas com hiper e hipofluxo pulmonar.

TABELA 9.1 Estratégias ventilatórias nas cardiopatias congênitas de hiper e hipofluxo pulmonar

Condição	Estratégias ventilatórias		Objetivos
Fluxo pulmonar	PMVA	FiO$_2$	RVP
↑	↑	↓	↑
↓	↓	↑	↓

FiO$_2$: fração inspirada de oxigênio; PMVA: pressão média de vias aéreas; RVP: resistência vascular cerebral.

DESMAME E EXTUBAÇÃO NAS CARDIOPATIAS CONGÊNITAS

O processo de transição gradual da VM para a respiração espontânea deve ser considerado quando houver função cardiovascular adequada, presença de reserva ventilatória satisfatória e mecânica pulmonar favorável. O desmame é uma das etapas críticas da assistência ventilatória, ocupando 40% do tempo total da ventilação mecânica[11]. Em crianças em VM por mais de 24 horas, a avaliação diária para verificar a prontidão para o desmame combinadas com teste de respiração espontânea tem potencial para reduzir a duração da VM, sem aumentar a taxa de falha na extubação ou a necessidade de VNI[12].

As vantagens do desmame da ventilação mecânica e extubação incluem: melhora do retorno venoso, do enchimento ventricular e do débito cardíaco; diminuição do risco de pneumonia associada à ventilação mecânica, uso de sedativo, tempo de permanência na unidade de terapia intensiva e dos custos hositalares[1]. O tempo prolongado de ventilação mecânica no pós-operatório de cirurgia cardíaca em crianças está associado ao aumento de morbidade e mortalidade[13].

Nos pacientes neonatais e pediátricos com cardiopatia congênita as causas de VM prolongada são heterogêneas (Tabela 9.2) e incluem: idade do paciente, complexidade da cardiopatia, necessidade de reintervenção cirúrgica, falha de extubação, crise de hipertensão pulmonar, necessidade de óxido nítrico, retenção de líquido no pós-operatório, diálise peritoneal, síndrome de baixo débito cardíaco, complicações neurológicas e pulmonares[14].

TABELA 9.2   Principais causas de falha de desmame e de extubação no pós-operatório de cardiopatias congênitas

Defeitos cardíacos residuais	Causas pulmonares restritivas	Causas relacionadas às vias aéreas	Causas metabólicas
Sobrecarga de volume	Edema pulmonar	Edema/estenose subglótica	Desnutrição
Sobrecarga de pressão	Edema intersticial	Hipersecreção pulmonar	Sepse
Disfunção miocárdica	Atelectasia	Compressão extrínseca dos brônquios	
Baixo débito cardíaco	Lesão de nervo frênico	Traqueomalácia	
	Ascite e hepatomegalia	Lesões da corda vocal	

A insuficiência cardíaca é uma das principais causas de falha de desmame da VM, por causa dos seguintes mecanismos: (a) a respiração espontânea cria uma pressão intratorácica negativa na inspiração, aumenta o retorno venoso sistêmico e a pré-carga de VD e VE; (b) após a extubação ocorre também aumento da pós-carga de VE; (c) o aumento do trabalho respiratório e do consumo de O_2 pelos músculos respiratórios diminui a oferta de O_2 para órgãos essenciais; (d) o estresse causa aumento do tônus simpático e da pressão arterial sistêmica, que também contribui para o aumento da pós-carga de VE[6].

Predizer o sucesso do desmame da VM e da extubação nos pacientes neonatais e pediátricos é desafiador, pois não há na literatura protocolos validados para essa população.

Atualmente, há um movimento crescente em direção à estratégia de extubação precoce, de 6 até 24 horas após a cirurgia de correção total ou paliativa e pode ser realizado na sala de cirurgia ou logo na chegada à UTI, principalmente nos pacientes com disfunção diastólica de VD (em pós-operatório de tetralogia de Fallot) ou no pós-operatório de Glenn e Fontan.

Os fatores pré-operatórios associados à extubação precoce bem-sucedida incluem: idade superior a 6 meses, ausência de hipertensão pulmonar, crianças nascidas a termo e ausência de insuficiência cardíaca congestiva[1].

Por outro lado, os preditores de extubação tardia incluem necessidade de VM no pré-operatório, peso < 5 kg, maior tempo de procedimento e necessidade de suporte inotrópico no pós-operatório[16].

Equilibrar os riscos da extubação precoce evita os prejuízos da reentubação, pois esta se associa ao aumento de tempo de VM, morbidade e mortalidade. Alguns autores sugerem que a hipertensão pulmonar pré-operatória deve ser considerada uma contraindicação para extubação precoce, assim como não recomendam extubação precoce em neonatos, por causa das particularidades do sistema respiratório, como horizontalização das costelas, músculos intercostais fracos, porção subglótica estreita e risco de apneia pós-anestésica[17].

Em relação ao método de desmame da VM, a abordagem mais comumente utilizada em neonatologia e pediatria é a ventilação mandatória intermitente sincronizada (SIMV) combinada a pressão de suporte (PSV) com a redução gradual dos parâmetros ventilatórios. Em pacientes com tempo prolongado de VM, o desmame é feito com períodos alternados de suporte ventilatório completo e respiração espontânea graduada com assistência. Esse é um treinamento realizado para que os músculos respiratórios possam ser treinados para sustentar a respiração espontânea[18].

VENTILAÇÃO NÃO INVASIVA

Estudos sobre aplicação de ventilação não invasiva (VNI) em crianças com cardiopatia congênita são escassos. Os efeitos da aplicação de VNI na função cardiovascular ainda não estão bem estabelecidos nesses pacientes. Apesar disso, foram demonstrados em alguns estudos que a utilização da VNI traz benefícios ao paciente pediátrico no pós-operatório de cirurgia cardíaca.

No estudo randomizado apresentado na 10ª Conferência Europeia de Ventilação Pediátrica e Neonatal, Montreux 2010, não mostrou vantagem do uso de CPAP profilático sobre o CPAP de resgate no pós-operatório desses pacientes. Os autores concluem que a VNI eletiva ainda não pode ser recomendada como abordagem de rotina.

Porém, em outro estudo, foi verificado que o sucesso do emprego da VNI após extubação em pacientes pediátricos no pós-operatório de correção de cardiopatia congênita foi de 77,8% quando aplicada de maneira profilática ou em quadros de insuficiência respiratória aguda. Os autores observaram que a VNI pode reduzir as taxas de mortalidade, o tempo de internação na UTI e no hospital e as taxas de reentubação nos pacientes que apresentaram rápida resposta e melhora clínica com o uso da VNI[19].

A garantia de maior sucesso na utilização desse recurso em pacientes pediátricos cardiopatas se associa à insuficiência respiratória tipo I, a pontuação de 1 a 3 no RACHS-1, escala de risco ajustado para cirurgia em cardiopatias congênitas[20] (Tabela 9.3). Além disso, o sucesso da terapia é atribuído também à utilização de interfaces apropriadas, aos dispositivos de administração e à tecnologia disponível[4,21].

TABELA 9.3 Descrição do Escore de RACHS-1 em categorias de risco por procedimentos cirúrgicos

Categoria de risco 1	Operação para comunicação interatrial (incluindo os tipos *ostium secundum*, seio venoso e forame oval)
	Aortopexia
	Operação para persistência do canal arterial (idade > 30 dias)
	Operação para drenagem anômala parcial de veias pulmonares

(continuação)

TABELA 9.3 Descrição do Escore de RACHS-1 em categorias de risco por procedimentos cirúrgicos *(continuação)*

Categoria de risco 2	Valvopatia ou valvotomia aórtica (idade > 30 dias)
	Ressecção de estenose subaórtica
	Valvoplastia ou valvotomia pulmonar
	Infundibulecomia de ventrículo direito
	Ampliação do trato de saída pulmonar
	Correção de fístula coronária
	Operação de comunicação interatrial tipo *ostium primun*
	Operação de comunicação interventricular
	Operação de comunicação interventricular e valvotomia ou ressecção infundibular pulmonar
	Operação de comunicação interventricular e remoção de bandagem de artéria pulmonar
	Correção de defeito septal inespecífico
	Correção total de tetralogia de Fallot
	Operação de drenagem anômala total de veias pulmonares (idade > 30 dias)
	Operação de Glenn
	Operação de anel vascular
	Operação de janela aortopulmonar
	Fechamento de átrio comum
	Correção de *shunt* entre ventrículo esquerdo e átrio direito
Categoria de risco 3	Troca de valva aórtica
	Procedimento de Ross
	Ampliação de via de saída do ventrículo esquerdo com *patch*
	Ventriculomiotomia
	Aortoplastia
	Valvotomia ou valvoplastia mitral
	Reposicionamento de valva tricúspide na anomalia de Ebstein (idade > 30 dias)
	Correção de artéria coronária anômala com túnel intrapulmonar
	Fechamento de valva semilunar aórtica ou pulmonar
	Conduto do ventrículo direito para artéria pulmonar
	Conduto do ventrículo esquerdo para artéria pulmonar
	Correção de dupla via de saída de ventrículo direito
	Procedimento de Fontan
	Correção de defeito do septo atrioventricular total ou transicional com ou sem troca de valva atrioventricular
	Bandagem de artéria pulmonar
	Correção de tetralogia de Fallot com atresia pulmonar
	Correção de *cor triatriatum*
	Anastomose sistêmico-pulmonar
	Operação de Jatene
	Operação de inversão atrial

(continuação)

TABELA 9.3 Descrição do Escore de RACHS-1 em categorias de risco por procedimentos cirúrgicos *(continuação)*

Categoria de risco 3	Reimplante de artéria pulmonar anômala
	Anuloplastia
	Operação de coarctação de aorta associada ao fechamento de comunicação interventricular
	Excisão de tumor cardíaco
Categoria de risco 4	Valvotomia ou valvoplastia aórtica (idade < 30 dias)
	Procedimento de Konno
	Operação de aumento de defeito do septo ventricular em ventrículo único complexo
	Operação de drenagem anômala total de veias pulmonares (idade < 30 dias)
	Septectomia atrial
	Operação de Rastelli
	Operação de inversão atrial com fechamento de defeito septal ventricular
	Operação de inversão atrial com correção de estenose subpulmonar
	Operação de Jatene com remoção de bandagem arterial pulmonar
	Operação de Jatene com fechamento de defeito do septo interventricular
	Operação de Jatene com correção de estenose subpulmonar
	Correção de *truncus arteriosus*
	Correção de interrupção ou hipoplasia de arco aórtico sem correção de defeito de septo interventricular
	Correção de interrupção ou hipoplasia de arco aórtico com correção de defeito de septo interventricular
	Correção de arco transverso
	Unifocalização para tetralogia de Fallot e atresia pulmonar
	Operação de inversão atrial associada à operação de Jatene (*double switch*)
Categoria de risco 5	Reposicionamento de valva tricúspide para anomalia de Ebstein em recém-nascido (< 30 dias)
	Operação de *truncus arteriosus* e interrupção de arco aórtico
Categoria de risco 6	Estágio 1 da cirurgia de Norwood
	Estágio 1 de cirurgias para correção de condições não hipoplásicas de síndrome de coração esquerdo
	Operação de Damus-Kaye-Stansel

CÂNULA NASAL DE ALTO FLUXO

A oxigenoterapia por cânulas nasais de alto fluxo (CAF) constitui alternativa para dar suporte ventilatório no pós-operatório de cardiopatia congênita após extubação, principalmente para neonatos e lactentes. Na prática clínica, tem sido observado que esse dispositivo tem excelente tolerabilidade e diminui o desconforto respiratório. A CAF promove efeitos como: diminuição do espaço morto anatômico, aumento da complacência pulmonar, algum grau de pressão de distensão das vias aéreas (até 5 cmH$_2$O) e diminuição do trabalho respiratório. Em estudos observacionais incluindo neonatos e crianças no pós-operatório de correção de cardiopatia congênita, o uso de CAF foi seguro e melhorou a PaO$_2$ com menor necessidade de uso CPAP e VNI[22].

REFERÊNCIAS BIBLIOGRÁFICAS

1. Cooper DS, Costello JM, Bronicki RA, Stock AC, Jacobs JP, Ravishankar C, et al. Current challenges in cardiac intensive care: optimal strategies for mechanical ventilation and timing of extubation. Cardiol Young. 2008;18(Suppl. 3):72-83.
2. Carvalho WB, Kopelman BI, Gurgueira GL, Bonassa J. Liberação de pressão de vias aéreas em pacientes pediátricos submetidos à cirurgia cardíaca. Rev Ass Med Brasil. 2000;46(2):166-73.
3. Nichols DG, Cameron D, Ungerleider R, Nichols D, Spevak P, Greely W, et al. Critical heart disease in infants and chindren. 2.ed. Mosby; 2016.
4. Rimensberger PC, Heulitt MJ, Meliones J, Pons M, Bronicki RA. Mechanical ventilation in the pediatric cardiac intensive care unit: the essentials. World J Pediatr Congenit Heart Surg. 2011;2(4):609-61.
5. Tellechea AR, Carvalho WB. Current respiratory medicine reviews. Bentham Science Publishers. 2012;8(1):44-52.
6. Dres M, Teboul JL, Monnet X. Weaning the cardiac patient from mechanical ventilation. Curr Opin Crit Care. 2014;20(5):493-8.
7. Morris K, Beghetti M, Petros A, Adatia I, Bohn D. Comparison of hyperventilation and inhaled nitric oxide for pulmonary hypertension after repair of congenital heart disease. Crit care medicine. 2000;28(8):2.974-8.
8. Pedra CAC, et al. Estabilização e manejo clínico das cardiopatias congênitas cianogênicas no neonato Revista Socesp. 2002;5:734-50.
9. Ferreiro CR, Romano ER, Bosisio IBJ. Pós-operatório nas cardiopatias congênitas. Rev Soc Cardiol Estado de São Paulo. São Paulo.
10. Fiorito B, Checchia P. A review of mechanical ventilation strategies in children following the Fontan procedure. Images Paediatr Cardiol. 2002;4(2):4-11.
11. Medeiros JKB. Desmame da ventilação mecânica em pediatria. ASSOBRAFIR. Ciência. 2011;57-64.
12. Foronda FK, Troster EJ, Farias JA, Barbas CS, Ferraro AA, et al. Impact of daily evaluation and spontaneous breathing test on the duration of pediatric mechanical ventilation: a randomized controlled trial. Crit Care Med. 2011;39(11):526-33.
13. Shi S, Zhao Z, Liu X, Shu Q, Tan L, Lin R, et al. Perioperative risk factors for prolonged mechanical ventilation following cardiac surgery in neonates and young infants. Chest. 2008;768-74.
14. Székely A, Sápi E, Király L, Szatmári A, Dinya E. Intraoperative and postoperative risk factors for prolonged mechanical ventilation after pediatric cardiac surgery. Pediatric Anesthesia. 2006;166-75.
15. Polito A, Patorno E, Costello JM, Salvin JW, Emani SM, et al. Perioperative factors associated with prolonged mechanical ventilation after complex congenital heart surgery. Pediatric Critical Care Medicine. 2011;e122-6.
16. Harris KC, Sandy Pitfield S, Sanatani S, Norbert Froese N, Potts JE, et al. Should early extubation be the goal for children after congenital cardiac surgery? The Journal of Thoracic and Cardiovascular Surgery. s/d;148(6):2.642-8.

17. Kim KM, Kwak JG, Shin BCH, Kim ER, Lee JH, et al. Early experiences with ultra-fast-track extubation after surgery for congenital heart disease at a single center. Korean J Thorac Cardiovasc Surg. 2018;51(4):247-25.
18. Newth CJ, Venkataraman S, Willson DF, et al. Weaning and extubation readiness in pediatric patients. Pediatr Crit Care Med. 2009;10(1):1-11.
19. Fedor KL. Noninvasive respiratory support in infants and children. Respiratory Care. 2017;62(6):699-717.
20. Jenkins KJ, Gauvreau K, Newburger JW, Spray TL, Moller JH, Iezzoni LI. Consensus-based method for risk adjustment for surgery for congenital heart disease. J Thorac Cardiovasc Surg. 2002;123(1)110-8.
21. Gupta P, Kuperstock JE, Hashmi S, Arnolde V, Gossett JM, et al. Efficacy and predictors of success of noninvasive ventilation for prevention of extubation failure in critically Ill children with heart disease. Pediatr Cardiol. 2013;34:964-77.
22. Testa G, Iodice F, Ricci Z, Vitale V, De Razza F, et al. Comparative evaluation of high-flow nasal cannula and conventional oxygen therapy in paediatric cardiac surgical patients: a randomized controlled trial, Interactive Cardiovascular and Thoracic Surgery. 2014;19(3):456-61.

10

Hipertensão pulmonar e oxigenação por membrana extracorpórea (ECMO)

Vanessa Marques Ferreira

HIPERTENSÃO PULMONAR

Nas últimas décadas, foi possível observar o avanço no diagnóstico e na monitoração nas unidades de terapia intensiva e, dessa forma, o aperfeiçoamento no manejo e no reconhecimento precoce de complicações das cardiopatias congênitas, principalmente as complexas. Nessas doenças, não é incomum a criança desenvolver disfunção ventricular e/ou circulatória, muitas vezes consequente à hipertensão pulmonar (HP) e necessitar de tratamento específico e avançado, como a aplicação de óxido nítrico (NO). Para adequado manejo pelo fisioterapeuta nessa situação clínica, o conhecimento anatomofisiopatológico é de extrema importância, principalmente em razão da interação cardiopulmonar da ventilação mecânica e aos estímulos autonômicos que a sessão terapêutica pode propiciar.

Anatomia funcional da circulação pulmonar

A circulação pulmonar, do início ao fim, tem paredes muito mais finas que as partes correspondentes da circulação sistêmica. A artéria pulmonar subdivide-se rapidamente em ramos correspondentes da árvore arterial sistêmica. Possui pouco músculo liso vascular nas paredes dos vasos da árvore arterial pulmonar e não existem vasos altamente musculares que correspondem às arteríolas sistêmicas. As paredes finas e a pequena quantidade de musculatura lisa impõem importantes consequências fisiológicas: os vasos pulmonares oferecem muito menos resistência ao fluxo sanguíneo que os vasos arteriais sistêmicos, e são também muito mais distensíveis e compressíveis. Esses fatores geram pressões intravasculares muito mais baixas e por isso estão mais sujeitos a alterações consequentes das variações das pressões intratorácicas, como as pressões alveolares e intrapleurais. Dessa forma, apesar do débito sanguíneo do ventrículo esquerdo ser o mesmo do ventrículo direito (VD), as pressões fisiológicas da artéria aorta é de 120 mmHg na sístole e 80 mmHg na diástole, porém na artéria pulmonar na sístole é de 25 mmHg e na diástole apenas 8 mmHg[1].

Como citado, em razão da interação coração-pulmão pode-se encontrar variações nas pressões da pequena circulação não relacionadas à volemia ou à vasomotricidade, mas às pressões pulmonares. Por esta razão, as variáveis que levam em consideração o fluxo e não somente a pressão são preferíveis, como a mensuração da resistência vascular pulmonar (RVP)[2].

A RVP não pode ser medida diretamente e é definida como a relação entre a diferença média da pressão ao longo do leito vascular pulmonar dividida pelo fluxo sanguíneo pulmonar[2]. Dessa forma, a fórmula a seguir pode ser utilizada para inferir o valor aproximado da RVP:

$$RVP = PAPm - PAEm/FSP$$

Em que: RVP expressa em mmHg/L/minuto (ou unidades Wood em que 1 Wood são 80 dinas/segundo/m[5]), PAPm é a pressão média da artéria pulmonar, PAEm a pressão média do átrio esquerdo e FSP o fluxo sanguíneo pulmonar (L/minuto que é igual ao débito cardíaco).

Na Tabela 10.1, podem ser observados, de forma objetiva, os fatores que influenciam na resistência vascular pulmonar.

TABELA 10.1 Fatores que influenciam a resistência vascular pulmonar

Causa	Efeitos sobre a RVP	Mecanismo
Volume pulmonar aumentado (acima da CRF, p. ex., PEEP elevada)	Aumenta	Alongamento e compressão dos vasos alveolares
Volume pulmonar reduzido (abaixo da CRF, p. ex., atelectasia, ausência de PEEP)	Aumenta	Compressão dos vasos extra-alveolares e menor tração sobre eles
Pressão arterial pulmonar aumentada, pressão atrial esquerda aumentada, volume sanguíneo pulmonar aumentado (p. ex., disfunção de ventrículo esquerdo, estenose/atresia mitral/ cardiopatias de hiperfluxo)	Diminui (inicialmente) e posterior aumento	Recrutamento e distensão dos vasos pulmonares até o limite, quando então há redução do fluxo sanguíneo
Gravidade (posição do corpo)	Diminui nas regiões do pulmão que dependem da gravidade	Os efeitos hidrostáticos resultam em recrutamento e distensão dos vasos
Pressão intersticial aumentada	Aumenta	Compressão dos vasos

(continua)

TABELA 10.1 Fatores que influenciam a resistência vascular pulmonar *(continuação)*

Causa	Efeitos sobre a RVP	Mecanismo
Viscosidade sanguínea aumentada (policetemia)	Aumenta	A viscosidade aumenta diretamente a resistência
Estimulação da inervação simpática, fatores tumorais (epinefrina, norepinefrina, endotelina, angiotensina, histamina)	Aumenta	Vasoconstrição, redução da distensibilidade dos vasos
Hipóxia alveolar Hipercapnia alveolar pH baixo do sangue venoso misto	Aumenta	Vasoconstrição

CRF: capacidade residual funcional; PEEP: pressão positiva no final da expiração; pH: potencial hidrogeniônico; RVP: resistência vascular pulmonar.

Hipertensão pulmonar

Considerada uma doença relativamente rara, o diagnóstico de HP em crianças aumentou dramaticamente nos últimos 10 anos, especialmente em hospitais pediátricos terciários, e esse aumento deve-se, em parte, ao aumento da conscientização sobre esta doença e ao aprimoramento das ferramentas diagnósticas. Nas cardiopatias congênitas, é importante o fator complicador, causando maior morbimortalidade durante ou imediatamente após o reparo cirúrgico; ou até mesmo impedindo o reparo completo para aqueles com doença vascular pulmonar avançada[1-3].

A HP é definida quando a pressão arterial pulmonar média está acima de 25 mmHg em repouso ou > 30 mmHg durante o exercício, com pressão atrial esquerda < 15 mmHg (Tabela 10.2). No entanto, no contexto de cardiopatia congênita, é de suma importância avaliar a causa hemodinâmica da HP com a medida da RVP. A RVP normal é geralmente considerada em até 3 unidades Wood; e quando o valor for maior que 6 unidades Wood considera-se HP e, acima de 10 unidades Wood é classificada como alto risco cirúrgico. Pode-se repetir o exame para avaliar se o paciente responde a drogas vasodilatadoras (nitroprussiato de sódio, óxido nítrico) e se mantiver valores elevados o tratamento cirúrgico pode estar contraindicado[3].

TABELA 10.2 Classificação hemodinâmica da hipertensão pulmonar

	Pressão sistólica pulmonar	Pressão média pulmonar
Normal	20-30 mmHg	12-16 mmHg
HP discreta	30-50 mmHg	25-40 mmHg
HP moderada	50-70 mmHg	41-55 mmHg
HP grave	> 70 mmHg	> 55 mmHg

HP: hipertensão pulmonar.

Capítulo 10 – Hipertensão pulmonar e oxigenação por membrana extracorpórea (ECMO)

A elevação crônica e moderada da pressão da artéria pulmonar causa, primeiramente, a hipertrofia ventricular direita seguida de dilatação e, finalmente, pela interdependência ventricular, redução da cavidade ventricular esquerda, e consequentemente diminuição do enchimento ventricular e do débito cardíaco (Tabela 10.3). Além disso, há alterações na matriz extracelular e adventícia com síntese e deposição de colágeno e elastina. Disfunção endotelial ocorre antes do início da HP ou evidência histológica de disfunção da musculatura lisa. Interações complexas entre substâncias vasoativas produzidas pelo endotélio vascular podem explicar em parte as alterações no tônus vascular pulmonar.

TABELA 10.3 Causas da hipertensão pulmonar em cardiopatias congênitas

Obstrução mecânica da circulação pulmonar: • Defeitos anatômicos, p. ex., estenose da artéria pulmonar • Embolia pulmonar
Lesão de desvio da esquerda para a direita (defeito do septo ventricular ou persistência do ducto arterioso etc.)
Hipertrofia do músculo liso arteriolar pulmonar (hipertensão pulmonar primária ou doença obstrutiva vascular pulmonar)
Hipertensão venosa pulmonar
Hiperviscosidade (da policitemia)
Resposta inflamatória à circulação extracorpórea cardiopulmonar
Acidemia (respiratória ou metabólica)
Hipoplasia pulmonar
Hiperinsuflação pulmonar e aumento da pressão intratorácica: • Excessiva pressão nas vias aéreas (pacientes ventilados mecanicamente) • Pneumotórax hipertensivo
Diminuição do volume pulmonar: • Atelectasia • Derrame pleural • Defeito na parede torácica restritiva (escoliose)

O estresse de cisalhamento altera a produção de substâncias vasoativas e a tensão de cisalhamento endotelial é diretamente proporcional à velocidade do fluxo sanguíneo e é inversamente proporcional ao raio do vaso. Um alto fluxo sanguíneo altera a tensão de cisalhamento média e pode danificar diretamente a célula endotelial; isto, por sua vez, pode prejudicar o equilíbrio do sistema vasoconstritor/vasodilatador, bem como as funções endoteliais e levar à hipertrofia e à proliferação das células musculares lisas[2,3].

O processo de remodelação vascular pulmonar é reversível nos estágios iniciais da doença, mas pode progredir, com estresse contínuo, para a proliferação de células musculares lisas em pequenas artérias. Como descrito anteriormente, provoca alterações na matriz extracelular e adventícia com síntese e deposição de colágeno e elastina; e essa progressão, torna os vasos relativamente não responsivos a vasodilatadores e pode impedir a cirurgia corretiva[2,3].

A idade em que as lesões cardíacas congênitas causam doença vascular pulmonar irreversível varia. As consequências do aumento do fluxo sanguíneo pulmonar são mais graves na fase mais precoce que na fase mais tardia, já que a morfologia das células endoteliais é modificada em até 2 meses após o nascimento com consequente aumento do fluxo sanguíneo pulmonar[2,3].

O desenvolvimento de lesões irreversíveis também está associado ao tipo de cardiopatia, e parece que uma combinação de alta pressão e alto fluxo provoca um remodelamento mais rapidamente e mais grave. Assim, a correção cirúrgica deve ser realizada precocemente em crianças com aumento expressivo do fluxo sanguíneo pulmonar; antes dos 2 anos de idade para defeitos do septo atrial ventricular e até antes (< 6 meses) para defeitos septais atrioventriculares, transposição das grandes artérias com defeito do septo ventricular ou truncus arterioso[2,3].

Síndrome de Eisenmenger

Quando a RVP é tão elevada de modo a exceder a resistência vascular sistêmica, dá-se o nome de síndrome de Eisenmenger (SE), com consequente hipoxemia crônica e mortalidade elevada. Em 1897, Vicktor Eisenmenger descreveu um paciente que havia sofrido cianose e dispneia desde a infância e que posteriormente morreu de hemoptise maciça aos 32 anos de idade. O exame *post-mortem* revelou um grande defeito do septo ventricular e doença vascular pulmonar grave. Quase 60 anos depois, Paul Wood cunhou o termo para descrever a HP com derivação reversa (pulmonar-sistêmica) em razão de uma gama de defeitos cardíacos, incluindo defeitos do septo atrial, defeitos do septo ventricular, persistência do canal arterial ou janela aortopulmonar. A SE representa a forma mais avançada de HP associada às doenças cardíacas congênitas. Os sinais e sintomas da SE geralmente resultam de baixa saturação de oxigênio no sangue, sendo eles: cianose, dispneia, fadiga, tontura, síncope e arritmia.

Os sintomas podem não surgir até a infância ou início da idade adulta. Em geral, os pacientes com SE têm uma expectativa de vida reduzida, embora muitos sobrevivam entre a terceira e a quinta década, com alguns até sobrevivendo até a sétima década com tratamento adequado. De todos os pacientes com cardiopatias congênitas, aqueles com SE são os mais gravemente comprometidos em termos de intolerância ao exercício e essa síndrome é considerada como preditora de hospitalização ou morte, independentemente de idade, sexo, classe funcional da Organização Mundial da Saúde (OMS) ou defeito cardíaco subjacente. Evidências sugerem que pacientes com SE adaptam seu estilo de vida às capacidades de realizar exercício e que eles tendem a subnotificar suas limitações. Apesar disso, a SE afeta de maneira clara a capacidade de exercício do paciente e, portanto, diminui a qualidade de vida[4].

Deve-se ter muito cuidado na tentativa de reduzir a RVP porque, se houver concomitantemente redução do débito cardíaco, a RVP não será afetada. Por isso, manobras clínicas capazes de aumentar o débito cardíaco, reduzir a RVP sem alterar a resistência vascular sistêmica (RVS) são muito restritas. Consequentemente, é compreensível que um diagnóstico etiológico preciso deva ser feito antes de se iniciar um tratamento, porque os pacientes com fluxo sanguíneo pulmonar aumentado e baixa RVP se beneficiam da cirurgia corretiva (fechamento do *shunt*). Pacientes com fluxo sanguíneo pulmonar diminuído, aumento da RVP e *shunt* direito-esquerdo (SE) apresentam lesões vasculares pulmonares geralmente avançadas e a cirurgia corretiva é negada, pois o risco de morte é extremamente alto[4].

Tratamento

A maioria das diretrizes de tratamento para crianças depende do consenso de especialistas e ajuda a explicar por que ainda existe quantidade razoável de variabilidade, nos diferentes centros, no tratamento de crianças com HP. Durante a estada em terapia intensiva, algumas condutas são realizadas não por interferirem diretamente na etiologia da HP, mas por favorecerem o manejo terapêutico.

Alcalinização

A alcalinização é eficaz para o tratamento imediato da crise de HP já que a acidose eleva a RVP e prejudica o efeito de drogas inotrópicas e vasopressoras. Portanto, a acidose, medida pelo excesso de base negativa, deve ser abolida. É importante ressaltar que o neurodesenvolvimento pode ser afetado negativamente após uma alcalose hipocápnica prolongada em recém-nascidos[5].

Oxigênio

O oxigênio é um vasodilatador pulmonar potente e vasoconstritor sistêmico fraco, e por isso pode estar indicado em alguns casos de crianças com incompatibilidade ventilação-perfusão que apresentem saturações de oxigênio arterial inferiores a 95%. Na cardiopatia cianótica com fluxo *shunt* pulmonar-sistêmico (direito-esquerdo), o oxigênio suplementar aumenta o fluxo pulmonar com o risco de piorar as funções cardíaca e pulmonar. Além disso, valores maiores dos níveis de hemoglobina e do fluxo de *shunt* garantem a entrega adequada de oxigênio sistêmico. Nesses pacientes, o oxigênio somente é indicado na doença pulmonar parenquimatosa concomitante ou na cianose profunda; e assim as saturações de oxigênio arterial de 75 a 85% são suficientes[5,6].

Sedação

Ansiedade e agitação devem ser evitados, pois, aumentam a RVP e o consumo de oxigênio; porém, a sedação de uma criança gravemente doente deve ser feita com cautela: em pacientes com respiração espontânea, a hipoventilação e a apneia devem ser evitadas. Em pacientes ventilados mecanicamente, a queda da pré-carga do ventrículo esquerdo (VE) juntamente com a diminuição substancial da RVS causadas pela vasodilatação sistêmica que as drogas sedativas proporcionam, podem levar à parada circulatória por diminuição importante da pressão de perfusão coronariana[5-7].

Ventilação mecânica invasiva

A ventilação mecânica é indicada para pacientes com HP grave, com cianose profunda, acidose respiratória ou metabólica que não respondem à terapia inicial e que apresentam insuficiência respiratória ou parada cardiorrespiratória. Em pacientes que respondem à terapia medicamentosa, a ventilação mecânica deve ser evitada.

A atenção do fisioterapeuta a pacientes em ventilação mecânica deve ser redobrada e exige a conscientização das interações cardiorrespiratórias. Manobras desencadeadoras de crises hipertensivas pulmonares, como sedação insuficiente, elevação da pressão arterial de gás carbônico (pCO_2) ou aspiração das vias aéreas, devem ser evitadas sempre que possível.

A ventilação com pressão positiva prejudica o enchimento e a ejeção ventricular, especialmente no VD. Normoventilação (níveis de pCO_2 entre 35 e 40 mmHg) e tempos expiratórios longos são recomendados e, da mesma forma, o oposto deve ser evitado, como: tempo inspiratório longo, pressão média das vias aéreas elevada, e uso da pressão expiratória final acima do fisiológico. Porém deve-se saber que a hiperventilação reduz o débito cardíaco, aumenta a RVS e induz à lesão pulmonar. Em pacientes com VD insuficiente ou em circulação univentricular, a pressão de perfusão pulmonar (fluxo) em relação à pressão média das vias aéreas deve ser monitorada para garantir fluxo pulmonar suficiente[6,7] por meio do ecocardiograma ou pela monitoração dos sinais de baixo débito cardíaco.

Terapia medicamentosa específica

A partir da aprovação inicial do epoprostenol para tratar a HP, em 1995, tem havido uma crescente variedade de medicamentos específicos para a HP disponíveis. Em geral, esses medicamentos se enquadram em três categorias com base no mecanismo de ação dentro da vasculatura pulmonar: (i) utilização da via da prostaciclina e aumento dos níveis intracelulares de adenosina monofosfato cíclico (AMPc); (ii) inibição da endotelina-1, um potente vasoconstritor; e (iii) utilização da via do NO com regulação positiva do cíclico intracelular, níveis de monofosfato de guanosina cíclico (GMPc)[5,6].

O uso desses medicamentos, sem dúvida, melhorou a sobrevida global em crianças, da sobrevida média de menos de 1 ano para uma sobrevida em 5 anos de 50 a 70%, dependendo da etiologia[6].

Medicações que atuam na via da prostaciclina

A prostaciclina é um metabólito do ácido aracdônico, produzido pelas células endoteliais, atuando por meio da estimulação da AMPc, sendo um potente vasodilatador. Além disso, possui propriedades antiproliferativas, antitrombóticas, anti-inflamatórias e antimitogênicas[6].

Iloprost: análogo estável da prostaciclina com meia-vida de 1 a 2 horas, pode ser administrado por via intravenosa ou inalatória. A desvantagem é a necessidade de inalações repetidas em dispositivos apropriados. Os principais efeitos adversos são rubor facial e dor mandibular. Foi observada melhora na distância percorrida no teste da caminhada de 6 minutos, na classe funcional e na hemodinâmica[6].

Medicações que atuam na via da endotelina

- Endotelina-1 (ET1): potente vasoconstritor ativado ao se ligar aos seus receptores (ET-A e ET-B). Os receptores ET-A estão localizados nas células musculares lisas vasculares e agem como mediadores da endotelina, com efeito vasoconstritor, mitogênico, fibrogênico e pró-inflamatório. Existem duas populações de ET-B, uma localizada nas células endoteliais, com papel mediador da vasodilatação e da depuração da ET-1, e outra nas células musculares lisas vasculares que faz a mesma mediação da ET-A[6].
- Bosentana: antagonista não seletivo dos receptores da ET-1. Os estudos mostraram melhora hemodinâmica, clínica e da capacidade de exercício, além de menor tempo de piora clínica.[7] Curiosamente, a bosentana é a única medicação específica que apresenta eficácia na HP relacionada à cardiopatia congênita. Geralmente é bem tolerada em lactentes e crianças. No entanto, em razão do efeito colateral relativamente raro de hepatotoxicidade e anemia faz-se necessário um controle sanguíneo mensal, o que o torna menos provável de ser usado como monoterapia em comparação com o sildenafil em crianças[6].
- Ambrisentana: antagonista seletivo do receptor ET-A, tendo sido demonstrada melhora clínica e da tolerância ao exercício e redução dos níveis plasmáticos de peptídeo natriurético cerebral (BNP). Ao contrário da bosentana, observa-se baixo risco de aumento das enzimas hepáticas e pouca interação medicamentosa. Eventos adversos incluem a congestão nasal, cefaleia e edema periférico[6].

Medicações que atuam na via do óxido nítrico

Alterações na produção de NO pelas células endoteliais têm sido indicadas como um importante determinante na fisiopatologia da HP. O NO derivado do endotélio tem papel importante na vasculatura pulmonar, o qual relaxa o músculo liso vascular. É sintetizado pela isoforma de NO sintase (NOS), também referido como NOS3, enzima que catalisa a conversão da L-arginina para L-citrulina. O NO difunde-se a partir da célula endotelial em células de músculo liso adjacentes, em que ativa a guanililciclase solúvel, aumentando assim a concentração intracelular de GMPc (um segundo mensageiro) e atua na vasodilatação e na antiproliferação de células musculares lisas, sendo metabolizado pela fosfodiesterase-5, que faz com que o músculo liso relaxe por inibir a liberação de cálcio do retículo sarcoplasmático. O NO endotelial derivado de células também inibe a proliferação de células do músculo liso e a hipertrofia, atuando com a prostaciclina, inibindo a agregação e a aderência plaquetária[8].

A utilização de medicações que atuam na via de produção do NO mostrou-se eficaz em diversos estudos. Tem como vantagem a utilização por via oral.

- Sildenafila (Viagra®): inibidor seletivo da fosfodiesterase-5 e, portanto aumenta o GMPc e prolonga o efeito vasodilatador do NO. Existe ainda uma indefinição quanto à melhor dose de manutenção. Efeitos adversos incluem: cefaleia, mialgia, epistaxe, insônia, alterações visuais e gastrite[5,6].
- Tadalafila: outro inibidor seletivo da fosfodiesterase-5 e possui efeitos colaterais semelhantes aos da sildenafila[5,6].

ÓXIDO NÍTRICO INALATÓRIO

O NO inalatório (NOi) é a primeira escolha para pacientes em ventilação mecânica e, por isso, o fisioterapeuta geralmente está muito envolvido na sua administração. Trata-se de um gás incolor extremamente difusível e com capacidade de se ligar à Hb 300 vezes maior que o gás carbônico e possui meia-vida curta de 6 a 10 segundos.[5,6]

A terapia com NOi tem menor impacto na RVS e deve ser considerada precocemente, em especial se a pressão arterial sistêmica estiver baixa. Além disso, a aplicação inalada não piora o desequilíbrio ventilação-perfusão da mesma forma que a via intravenosa pode fazer.[8] No pós-operatório com o uso da circulação extracorpórea, o NOi reduz a RVP e pode diminuir o risco de crises de HP, por isso muitas vezes é iniciado no intra-operatório de forma profilática[6,8].

O NOi tem sido utilizado com sucesso em pacientes com HP de origem variada, como: HP primária e persistente do recém-nascido, insuficiência cardíaca congestiva, doença pulmonar intrínseca, incluindo a fibrose pulmonar, a esclerodermia e a doença pulmonar obstrutiva crônica, síndrome da insuficiência respiratória aguda, e uma variedade de lesões cardíacas congênitas corrigidas e não corrigidas[8].

O NOi comporta-se como um vasodilatador pulmonar seletivo difundindo-se rapidamente através da membrana alveolocapilar. No interior da célula muscular, o NOi interage com o ferro do grupo heme da enzima guanilato ciclase, acarretando alteração da conformação desta enzima, tornando-a ativa (GCa). A GCa catalisa a saída de dois grupamentos fosfato da molécula de guanosina trifosfato (GTP), resultando na formação de GMPc. O aumento da concentração de GMPc na célula muscular resulta no relaxamento desta célula. O mecanismo de relaxamento envolve a diminuição da entrada de Ca^{++} para a célula, a inibição da liberação de Ca^{++} do retículo endoplasmático e o aumento do sequestro de Ca^{++} para o retículo endoplasmático provocando relaxamento da musculatura lisa do vaso pulmonar[2,3,6].

Precauções e efeitos adversos do uso do NOi

Além dos efeitos hemodinâmicos, o NOi pode exercer ações anti-inflamatórias e antitrombóticas generalizadas sobre os leucócitos e as plaquetas, porém essas ações são dose-dependentes, de forma que, tanto o excesso quanto a deficiência do gás têm sido implicados na gênese ou na evolução de muitas doenças importantes. Recentemente, também foi demonstrado que o NOi reduz a adesão leucocitária e o recrutamento da vasculatura mesentérica, evidenciando que as ações do gás sobre os neutrófilos circulantes podem ter implicações além da vasculatura pulmonar. Os principais problemas relativos à administração do NOi são a formação do dióxido de nitrogênio (NO_2), meta-hemoglobinemia e o efeito rebote[5,6].

Formação do NO_2

O NO_2 é produzido a partir do NO e do oxigênio. O NO_2 produz dano pulmonar oxidativo, resultando na geração de radicais livres que podem oxidar aminoácidos e iniciar peroxidação lipídica na membrana celular. Assim o NO_2 também pode comprometer as defesas pulmonares. Em altas concentrações (> 80 a 100 partes por milhão), o NOi tem efeitos pró-inflamatórios e pró-oxidantes, aumentando a produção macrofágica de fator de necrose tumoral alfa, interleucina 1 e espécies reativas de oxigênio. Em até 80 partes por milhão (ppm), o gás parece diminuir o número e a atividade dos neutrófilos pulmonares. A dose de 50 ppm parece, também, reduzir a migração de neutrófilos do compartimento vascular para a via aérea e inibir a quimiotaxia[5,6,8].

O NOi pode inibir diretamente a adesão neutrofílica às células endoteliais. A lesão pulmonar decorrente é caracterizada por aumento da água extravascular pulmonar, extravasamento de eritrócitos, hiperplasia de pneumócitos do tipo II e acúmulo alveolar de fibrina, células polimorfonucleares e macrófagos[6].

A taxa de produção do NO_2 depende da dose do NOi, FiO_2 utilizada e duração do tratamento com o gás. Assim, é fundamental monitorar os níveis de NOi e de NO_2.

Efeito rebote

O NO exógeno pode inibir de forma reversível a NO sintetase presente nas vias aéreas e na circulação pulmonar e por isso diminuir a produção pulmonar endógena do gás, havendo aumento rebote da pressão arterial pulmonar quando a administração da droga é interrompida abruptamente. Portanto, é fundamental elaborar protocolo para a retirada lenta do gás e evitar interrupção acidental ou falhas na administração, programando sistemas de reserva e inalação de NO durante períodos de desconexão do ventilador. Deve-se realizar um desmame também da dose, diminuindo progressivamente ao longo das horas e observando sinais clínicos de disfunção do VD; como sugestão habitualmente se reduz 5 ppm a cada 6 horas[5,6,8].

Formação de MetHb

A reação do NO com a hemoglobina (Hb) produz a meta-hemoglobinemia (MetHb). A MetHb corresponde a uma disemoglobina, ou seja, uma espécie de Hb que não se liga ao oxigênio. A MetHb é a forma oxidada da Hb, cujo Fe^{2+} da porção heme está oxidado ao estado férrico (Fe^{3+}) e, por isso, não consegue se ligar ao oxigênio. O Fe^{3+} provoca ainda mudança alostérica (conformacional) na porção heme da Hb parcialmente oxidada, aumentando a afinidade pelo oxigênio. Assim, além de a MetHb não se ligar ao oxigênio, desvia a curva de dissociação da Hb parcialmente oxidada para a esquerda, prejudicando também a liberação de oxigênio para os tecidos. A hipóxia tecidual provocada pela MetHb é consequência não somente da diminuição da Hb livre para transportar oxigênio (anemia relativa), mas também pela dificuldade de liberação de oxigênio para os tecidos[9].

Os níveis de MetHb devem ser avaliados antes de começar a administração do gás, depois de 1 hora e a qualquer aumento da dose. Após estabilização, a monitoração pode ser diária. Considera-se normal um nível de metemoglobina menor ou igual a 2%. Níveis de até 5% não exigem tratamento específico[9,10].

Contraindicações do NOi

São descritas contraindicações absolutas e relativas. Entre as absolutas, vale destacar o déficit de redutase de metemoglobina e a utilização em neonatos sabidamente dependentes de *shunt* sanguíneo da direita para a esquerda. Entre as relativas, são descritos os quadros de diátese hemorrágica, hemorragia intracraniana e falência cardíaca esquerda grave (classe III ou IV da NYHA)[5,6,8].

Aplicação do NOi

Uma fração de NOi deve ser continuamente liberada para os pacientes, via fluxômetro, diretamente dentro do ramo inspiratório do circuito do aparelho de ventilação mecânica, distalmente ao umidificador, a 30 cm do tubo endotraqueal (Figura 10.1), porém a titulação da dose do NOi é feita em ppm. Por essa razão, é necessário que seja utilizado equipamento próprio que realiza a mensuração contínua das concentrações de NOi e de NO_2, por meio de sensor eletroquímico ou quimioluminescência a partir de amostras de gás, obtidas o mais perto possível do tubo endotraqueal. O alarme audiovisual deve ser mantido em um ppm acima da dose de NOi administrada e no nível máximo de NO_2 de 3 ppm. O sensor eletroquímico deve ser calibrado imediatamente antes da administração do NOi para cada paciente, e deve-se proceder à lavagem de todo o sistema com o gás antes da utilização[5,6,11].

No início do tratamento, quando na maioria dos casos o paciente se encontra numa situação mais grave, os modos ventilatórios de fluxo constante são preferíveis para evitar variações na concentração oferecida, como o modo volume controlado[5,12].

Capítulo 10 – Hipertensão pulmonar e oxigenação por membrana extracorpórea (ECMO)

Em razão da toxicidade do gás, os vazamentos no circuito devem ser amplamente investigados e corrigidos e as desconexões do ventilador devem ser evitadas (em razão de vazamento e do efeito rebote). Nos casos em que a desconexão for imprescindível, mesmo que seja por alguns minutos, o NOi deve ser interrompido[5,11,12].

Há relatos da aplicação do NOi em pacientes em respiração espontânea e sob ventilação mecânica não invasiva, porém esses são escassos. A principal limitação dessa técnica é a monitoração fidedigna, tanto da inalação do gás quanto à produção de NO_2[5].

Hipertensão pulmonar e a fisioterapia

A HP é uma complicação séria em crianças de risco, incluindo aquelas após a cirurgia para tratamento dos defeitos cardíacos congênitos. O tratamento na unidade de terapia intensiva (UTI) deve ser baseado na fisiopatologia subjacente, mas, em última análise, precisa concentrar-se nos objetivos básicos de reduzir a pós-carga do VD e aumentar a pré-carga e a contratilidade do VD. Além disso, a manutenção de

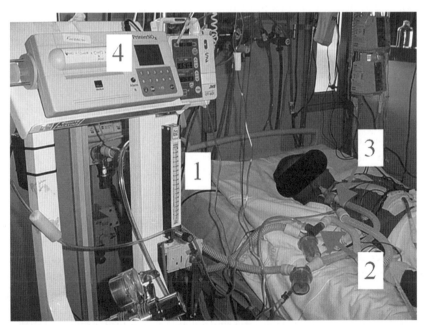

FIGURA 10.1 Paciente sob terapia com NOi; (1) fluxômetro; (2) instilação do gás no ramo inspiratório, à distância de 30 cm da cânula endotraqueal; (3) saída do sensor de NO e NO_2; (4) visor do equipamento para valores de NO e NO_2. O fisioterapeuta deve se atentar minuciosamente às conexões e garantir que a infusão se encontra no ramo inspiratório e que a leitura esteja próxima ao paciente; que não haja vazamentos nem obstrução ou água na linha que retorna ao equipamento garantindo a correta monitoração do NO e NO_2.

pressão e fluxo de perfusão coronariana adequados ajudará a preservar o suprimento de oxigênio e energia do miocárdio e, portanto, a função sistólica do VD e do VE e na liberação de oxigênio. O reconhecimento precoce de pacientes com risco particular e o estabelecimento oportuno de ações terapêuticas eficientes podem prevenir o desenvolvimento de disfunção cardíaca grave, baixo débito cardíaco e morte.

Para o fisioterapeuta é importante lembrar que a manipulação pode exacerbar o quadro de HP, e por isso a conduta deve ser restrita, evitando sobretudo aspiração de vias aéreas de modo indiscriminado. Nessa fase é comum o uso de NOi e a monitoração atenta é de suma importância para o sucesso do tratamento. Com a progressão de modo favorável, a abordagem vai se tornando cada vez mais irrestrita, sempre de acordo com o quadro clínico, até que o plano terapêutico seguirá como os demais pacientes com cardiopatia congênita.

OXIGENAÇÃO POR MEMBRANA EXTRACORPÓREA

A insuficiência cardíaca de pacientes pediátricos com doença cardíaca congênita cria novos desafios para os médicos. Pacientes nascidos com defeitos cardíacos congênitos complexos são submetidos a cirurgias paliativas e desenvolvem prematuramente sintomas de insuficiência cardíaca congestiva e, o manejo requer desafios dessa grave complicação clínica, como o uso de estratégias de tratamento alternativo como ponte para o transplante, para a recuperação e suporte circulatório mecânico de longo prazo.

A oxigenação por membrana extracorpórea (*Extracorporeal membrane oxygenator* [ECMO]) (Figura 10.2) consiste em uma técnica de suporte de vida, única terapia capaz de substituir completamente as funções vitais. É baseada no desvio do sangue venoso do paciente para um trocador de gás artificial, que fornece oxigenação e descarboxilação do sangue. Subsequentemente, o sangue arterializado é devolvido ao paciente. A corrente sanguínea pode ser redirecionada para a circulação arterial ou venosa, por meio de uma canulação central ou periférica.

O primeiro sobrevivente adulto da terapia com ECMO foi tratado em 1971 por J. Donald Hill, que usou um oxigenador de Bramson com um paciente politraumatizado. No entanto, no final dos anos 1970, a terapia com adultos foi abandonada em razão de maus resultados. Anos mais tarde, a ECMO ressurgiu em pacientes neonatais e pediátricos graças ao cirurgião Robert Bartlett. Em 1975, no Centro Médico do Condado de Orange, Bartlett usou com sucesso a ECMO em um recém-nascido latino abandonado, que sofria de uma síndrome do desconforto respiratório[12,13].

O uso de ECMO em recém-nascidos aumentou no final da década de 1980, com sobrevida próxima de 80% entre os pacientes com 60 a 80% de predição de mortalidade. Em razão do aumento do uso de ECMO em pacientes neonatais, a Organização de Apoio à Vida Extracorpórea (Extracorporeal Life Support Organization [ELSO]) foi formada entre os centros de ECMO em 1989. As indicações que levam ao uso de

Capítulo 10 – Hipertensão pulmonar e oxigenação por membrana extracorpórea (ECMO)

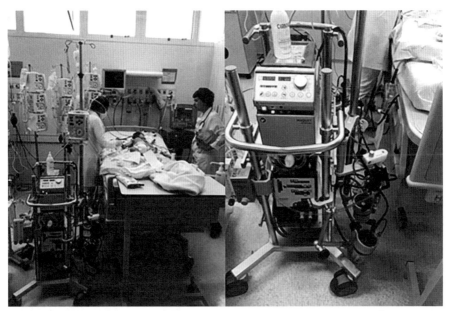

FIGURA 10.2 Criança com ECMO. À esquerda, tem-se a visualização geral do leito. À direita, visualização do equipamento.

ECMO em pacientes pediátricos são mais diversas e difíceis de definir do que aquelas para pacientes neonatais e, nos últimos anos, o número de casos respiratórios reportados ao ELSO subiu para cerca de 500 crianças por ano, com taxa de sobrevivência global de 58% para a alta ou transferência hospitalar. Na década de 1970, a ECMO foi usada para controlar a insuficiência respiratória e a HP, e um pouco mais tarde para a assistência cardíaca ventricular[12].

Em 1972, o Dr. Bartlett forneceu com sucesso o suporte de ECMO a um menino de 2 anos após um procedimento de Mustard para correção da transposição dos grandes vasos com insuficiência cardíaca subsequente.

Metade dos pacientes que necessita de ECMO venoarterial (VA) (suporte cardíaco) tem cardiopatia congênita cianótica complexa: os maiores grupos que requerem ECMO são os pacientes com canal atrioventricular completo (20%) e pacientes com fisiologia de ventrículo único (17%) ou tetralogia de Fallot (14%). Entre as principais causas que levam à aplicação de ECMO cardíaca perioperatória estão: hipóxia (36%), parada cardíaca (24%) e falha no desmame da circulação extracorpórea (14%). A ECMO é superior aos dispositivos de assistência ventricular nos casos em que os mecanismos fisiopatológicos predominantes são hipóxia, HP ou insuficiência biventricular[12,13].

O início oportuno da ECMO após cirurgia cardíaca é difícil e não existem critérios estritos que ajudem a decidir quanto um paciente específico poderia se beneficiar do escalonamento da terapia para ECMO: no pós-operatório, um estudo de banco de dados elaborado por Gupta et al., de forma retrospectiva, com pacientes pediátricos recebendo ECMO após cirurgia cardíaca, o aumento do tempo desde a cirurgia até o início do ECMO foi associado a maior duração da ventilação, maior tempo de ECMO e maior permanência hospitalar, mas não com aumento da mortalidade[14].

Tipos de ECMO

Há dois tipos de ECMO: o venoarterial (VA) e o venovenoso (VV).

No cenário VA, o pulmão de membrana está em paralelo com o pulmão nativo e a bomba de sangue extracorpórea fornece o suporte circulatório. No cenário VV, o pulmão de membrana está em série para o pulmão e a bomba de sangue não suporta a circulação sistêmica.

A ECMO VA substitui a função cardíaca e pulmonar e pode ser aplicada para insuficiência cardíaca e pulmonar, enquanto a ECMO VV substitui apenas a função pulmonar nativa e é usada para insuficiência respiratória. Assim, será abordada mais amplamente a ECMO VA por ser mais frequente nos casos de cardiopatias congênitas[11].

ECMO VV

Na ECMO VV, o sangue é drenado do átrio direito através dos orifícios posteriores e inferiores de uma cânula de duplo lúmen inserida na jugular direita e retornada ao mesmo átrio direito através dos orifícios anteriores da mesma cânula, que é direcionada para o átrio direito e assim direcionado para a válvula tricúspide (Figura 10.3). Um dos limites desse método é a recirculação do sangue já oxigenado através da cânula de duplo lúmen, que foi corrigida com novos desenhos de cânulas VV. Dessa forma, pode-se notar que o circuito permanece no sistema venoso, contribuindo apenas para a oxigenação do sangue, sem melhora do fluxo tecidual para os tecidos[12].

A ECMO VV também é realizada em crianças mais velhas com o uso de duas cânulas, removendo o sangue da veia jugular e devolvendo-o através da veia femoral. Uma limitação para esse tipo é que a função cardíaca deve estar preservada. Essa modalidade de ECMO evita a canulação da artéria carótida ou femoral, diminuindo as complicações decorrentes da canulação ou da ligadura dessas artérias e da entrada de ar no circuito da ECMO. O uso desse modo aumentou nos últimos anos; agora é utilizado em cerca de 40 a 50% dos casos respiratórios neonatais e pediátricos, respectivamente[12].

ECMO VA

Nesta modalidade, o sangue retorna para o sistema arterial, melhorando a perfusão orgânica e por isso o uso nos casos de falência cardíaca associada ou não a problemas respiratórios.

Capítulo 10 – Hipertensão pulmonar e oxigenação por membrana extracorpórea (ECMO)

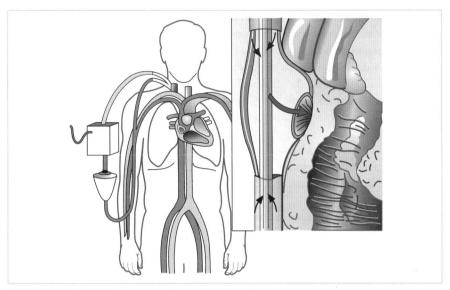

FIGURA 10.3 ECMO venovenoso. Um único cateter é inserido na veia jugular, de modo que a drenagem do sangue é feita pela veia cava inferior e a infusão no átrio direito[15].

Estratégias

A ECMO ou ECLS (*extracorporeal life support*) é indicada em insuficiência circulatória refratária grave, com reversibilidade e/ou opções terapêuticas razoáveis.

- Existem quatro estratégias principais para o uso do ECLS, dependendo do objetivo terapêutico do paciente:
  1. Ponte para recuperação (doença reversível).
  2. Ponte para ponte: meta de transição para v*entricular assist device* (VAD) ou oxigenador.
  3. Ponte para transplante de órgão[16].
  4. Ponte para decisão (proporcionando tempo para recuperação, diagnóstico ou determinação de candidatura a apoio/transplante alternativo)[16].
- O uso de suporte extracorpóreo de vida para insuficiência cardíaca deve ser considerado para pacientes com evidência de perfusão inadequada de órgãos e oferta de oxigênio resultante de débito cardíaco sistêmico inadequado.
  - Hipotensão apesar das doses máximas de dois medicamentos inotrópicos ou vasopressores.
  - Baixo débito cardíaco com evidência de má perfusão de órgão terminal, apesar do suporte médico, conforme descrito: persistência da oligúria e diminuição dos pulsos periféricos.

- Baixo débito cardíaco com saturação venosa mista de oxigênio venoso central superior (para pacientes com ventrículo único) < 50%, apesar do suporte médico máximo.
- Baixo débito cardíaco com lactato > 4,0 persistente e tendência ascendente persistente, apesar da otimização do status volumétrico e do gerenciamento médico máximo.

Indicações

As indicações geralmente se enquadram em duas grandes categorias, aquelas relacionadas e as não relacionadas à cirurgia cardíaca e ao cateterismo.

- Cirurgia cardíaca e cateterismo:
  - Estabilização pré-operatória – nos casos em que a estabilidade fisiológica seja provável de ser alcançada ao longo do tempo ou o reparo operatório precoce provavelmente tenha um bom resultado.
  - Dificuldade de retirada da circulação extracorpórea.
  - Forma eletiva durante procedimentos de cateterismo de alto risco.
  - Baixo débito cardíaco no pós-operatório.
- Insuficiência cardiocirculatória por várias etiologias:
  - Cardiogênico: insuficiência miocárdica por miocardite e cardiomiopatia, arritmia intratável.
  - Distribuição: sepse, anafilaxia.
  - Obstrutiva: HP, embolia pulmonar.
- Parada cardíaca intra-hospitalar não responsiva à ressuscitação cardiopulmonar (RCP) convencional, com disponibilidade rápida de equipe especialista em ECMO[16].

Contraindicações

A lista de contraindicações para o ECLS encolheu nas duas últimas décadas, uma vez que várias condições anteriormente consideradas inadequadas para o apoio da ECMO mostraram-se compatíveis com uma sobrevivência satisfatória de longo prazo. Não é recomendado sob certas circunstâncias, particularmente se houver fortes evidências de falta de capacidade de recuperação ou tratamento.

- O suporte de vida extracorpóreo cardiopulmonar é inadequado se:
  - A condição for irreversível e/ou
  - Não existir uma opção terapêutica oportuna e razoável e/ou
  - Alta probabilidade de mau resultado neurológico.
- Contraindicações absolutas: o suporte de vida extracorpóreo não for recomendado nas seguintes circunstâncias:

- Extremos de prematuridade ou baixo peso ao nascer (< 30 semanas de idade gestacional ou < 1 kg).
- Anormalidades cromossômicas letais (p. ex., trissomia 13 ou 18).
- Hemorragia incontrolável.
- Dano cerebral irreversível.
• Contraindicações relativas:
- Hemorragia intracraniana.
- Prematuridade menos extrema ou baixo peso ao nascer em neonatos (< 34 semanas de idade gestacional ou < 2 kg).
- Insuficiência de órgão irreversível em paciente inelegível para transplante.
- Intubação prolongada e ventilação mecânica (> 2 semanas) antes da ECMO.

Canulação

A canulação para a ECMO VA também pode ser descrita como periférica ou central (Figura 10.4).

A canulação periférica pode ser realizada por via percutânea ou por corte, e tipicamente utiliza a veia femoral ou jugular interna para a cânula venosa (influxo) e a artéria femoral, axilar ou carótida para a cânula arterial (fluxo de saída). A canulação periférica, especialmente com a veia e a artéria femorais, pode ser feita rapidamente e de forma emergencial à beira do leito. No entanto, muitas vezes envolve cânulas de menor diâmetro do que as usadas na canulação central.

A canulação central, em contraste, requer esternotomia ou toracotomia. É frequentemente visto no contexto da incapacidade de desmamar a circulação extracorpórea após cirurgia cardíaca, uma vez que as cânulas usadas como ponte (*bypass*)

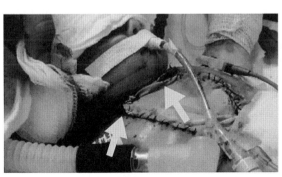
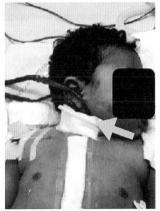

FIGURA 10.4 Na imagem à esquerda, visualiza-se uma criança com tórax aberto (seta esquerda) com canulação central (seta direita) e, na imagem à direita, a canulação central.

podem ser diretamente conectadas ao circuito ECMO VA. A canulação normalmente envolve uma cânula venosa no átrio direito e uma cânula arterial na aorta ascendente. As cânulas de maior diâmetro permitem maior fluxo em razão da diminuição da resistência. Os componentes fundamentais de um circuito de ECMO VA incluem uma cânula de influxo venoso, uma bomba, um oxigenador de membrana/pulmão e uma cânula de fluxo arterial.

É importante ressaltar que, a depender da má formação anatômica (p. ex., crianças com ventrículo único, pós-operatório de Fontan, Norwood, Blalock Taussig) são necessários ajustes no sítio de punção ou anastomose[12,13].

A cânula venosa retira sangue ao nível do átrio direito/veia cava. O sangue é bombeado através do oxigenador de membrana, permitindo a captação de oxigênio e a remoção de dióxido de carbono, e este sangue arterializado é devolvido à circulação sistêmica através de uma artéria.

Outros componentes do circuito podem incluir um sensor de saturação na cânula venosa para avaliar a saturação venosa mista (SvO_2), um catéter de fluxo que se fixa à cânula arterial para avaliar diretamente o fluxo em litros/minuto; um monitor de pressão pré e pós-oxigenador; um monitor em que a velocidade da bomba possa ser ajustada, várias portas de acesso pelas quais as medicações podem ser infundidas e retiradas amostras de sangue, um permutador de calor pelo qual a temperatura pode ser controlada e uma ponte entre as linhas venosas e arteriais. Essa ponte permite que o sangue continue a circular pelo circuito após o pinçamento proximal, o que pode ser realizado para testar os efeitos da suspensão temporária do suporte de ECMO.

A pressão negativa gerada pela bomba no estado hipovolêmico pode causar hemólise, resultando em aumento da hemoglobina livre do plasma (significativa se > 50 mg/dL) e eventualmente a presença na urina, bem como aumento da desidrogenase láctica. Além disso, a hipovolemia também pode resultar em trepidação – um movimento de agitação das cânulas em razão da interação física entre a cânula de entrada e o vaso com volemia reduzida. A pré-carga inadequada também pode ser causada por processos obstrutivos mecânicos, como tamponamento, pneumotórax hipertensivo e síndrome do compartimento abdominal. Esses processos diminuem a pré-carga restringindo o retorno venoso e são tipicamente associados à pressão venosa central crescente (PVC). Pós-carga excessiva em razão de trombos no oxigenador de membrana, uma torção na cânula arterial ou uma alta RVS e pressão arterial média também podem restringir o fluxo através do circuito ECMO VA[12].

Mecânica funcional: fluxo e troca gasosa

Quando o sangue venoso é completamente drenado pela bomba da ECMO, seja uma bomba de rolete mais antiga ou uma bomba centrífuga mais moderna, 100% da circulação pulmonar será contornada e cessará a pulsatilidade arterial em razão de atividade cardíaca residual. O fluxo sanguíneo gerado pela ECMO será, portanto, contínuo. No entanto, uma certa quantidade de sangue, do seio venoso e da circulação brônquica e de Tebésio, ainda fluirá para o ventrículo esquerdo, que, quando adequado, pode ter um batimento pulsátil. Isso aparecerá como pulsatilidade irregular no traço arterial sistêmico.

A ECMO VA é considerada capaz de fornecer cerca de 80% do débito cardíaco em repouso, enquanto os 20% restantes fluirão pela circulação pulmonar para o VE.

O fluxo de sangue através de um circuito ECMO VA pode ser considerado como sendo governado pelas variáveis modificáveis de pré-carga, pós-carga e rotações por minuto do impulsor, bem como pelas variáveis estáticas do comprimento e do diâmetro da cânula. O fluxo sanguíneo arterial, contínuo ou pulsátil, deve ser superior a 150 mL/kg/minuto quando usado para combater o choque cardíaco, acidose metabólica, alto nível de catecolaminas endógenas e o desenvolvimento de oligúria. O limiar crítico é considerado de 80 a 70 mL/kg, abaixo disso, a entrega inadequada de oxigênio, o choque cardiocirculatório, o metabolismo anaeróbico e a acidose ocorrerão independentemente do tipo de fluxo[12].

Em níveis intermediários, o fluxo pulsátil pode compensar parcialmente o efeito de hipoperfusão e acidose. Isso ocorre porque os barorreceptores da aorta e da carótida são fortemente estimulados por fluxo não pulsátil com consequente liberação de catecolaminas endógenas e efeitos deletérios sobre a microcirculação. Clinicamente, a temperatura normal da pele, o tempo de enchimento capilar normal, a normalização do pH do sangue arterial, a redução de lactato e o aumento do débito urinário são todos sinais de melhora da perfusão. A meta de PAM > 45 mmHg pode ser usada como ponto de partida, mas pode ser ajustada para níveis mais baixos ou mais altos, dadas as circunstâncias individuais[12].

Vale a pena notar que o fluxo não pulsátil pode ter um efeito antidiurético por estimulação direta do aparelho justaglomerular. Isso geralmente é facilmente controlado por baixas doses de diuréticos.

O aumento nos valores de CO_2 ao final da expiração ($ETCO_2$), bem como a redução na diferença alveolar e arterial de CO_2, são índices indiretos do aumento do fluxo sanguíneo pulmonar. Isso pode ser levado em conta ao se lidar com o desmame da ECMO. Alternativamente, uma avaliação mais precisa da saturação venosa pode ser obtida analisando-se o sangue antes de entrar no oxigenador ou diretamente no átrio direito[12].

Em relação à troca gasosa, esta ocorre no oxigenador de membrana. O sangue venoso extracorpóreo é exposto ao gás fresco (ou gás de varredura [*sweep gas*]) e este é controlado por um medidor de vazão. Na membrana, ocorre a oxigenação e a remoção do dióxido de carbono. Tanto a captação de oxigênio quanto a remoção de dióxido de carbono dependem da presença de um gradiente de difusão, bem como da área de superfície disponível da membrana semipermeável. A oxigenação é afetada pela fração de oxigênio liberado (FiO_2) e pela taxa de fluxo sanguíneo. Um misturador de gás ligado ao oxigenador mistura ar e oxigênio e permite uma faixa de FiO_2.

Aumentos na FiO_2 aumentam a pressão parcial de oxigênio no sangue (PaO_2). Além disso, aumentos no fluxo sanguíneo também aumentam a oxigenação, à medida que maior volume de sangue é exposto à superfície da membrana. O aumento da oxigenação ocorre apenas até um certo ponto, após o qual o tempo para a transferência de oxigênio torna-se muito curto. A oxigenação é independente da taxa de fluxo do gás de varredura. Em contraste com a oxigenação, a eliminação de dióxido de carbono depende da taxa de fluxo do gás de varredura.

O aumento na taxa de fluxo do gás de varredura resulta em concentração menor de dióxido de carbono no gás fresco. Isso aumenta o gradiente de difusão, promove maior eliminação de dióxido de carbono e provoca diminuição na pressão parcial de dióxido de carbono no sangue ($PaCO_2$). O dióxido de carbono se difunde mais rapidamente que o oxigênio porque é mais solúvel. Como resultado, é transportado aproximadamente 10 vezes mais eficientemente do que o oxigênio, necessitando às vezes do uso de gás fresco enriquecido em dióxido de carbono para evitar a hipocarbia. Uma comparação entre amostras de sangue pré e pós-oxigenador deve revelar aumento na PaO_2 e diminuição na $PaCO_2$. Se tal alteração não for observada, deve-se suspeitar de mau funcionamento da membrana[13].

A localização da cânula arterial de ECMO determina o ponto de convergência e a adequação de determinado local arterial para coleta de sangue ou monitoramento da SpO_2. A canulação da artéria carótida comum direita libera o sangue bem oxigenado e ventilado pela extremidade superior direita. Assim, os gases sanguíneos retirados da artéria radial direita não refletem a troca gasosa. Os gases sanguíneos obtidos distalmente à localização da mistura (p. ex., a artéria radial esquerda) são mais precisos. Os gases coletados na artéria radial direita não são precisos na canulação da artéria axilar direita, em razão da localização em relação ao local de canulação da ECMO. Da mesma forma, os gases arteriais da artéria radial esquerda devem ser evitados em pacientes com canulação da artéria axilar esquerda. A canulação direta da raiz aórtica permite uma análise precisa dos gases sanguíneos de qualquer artéria, independentemente da função cardíaca ou pulmonar[13].

Gerenciando a ECMO

Os parâmetros iniciais são ajustados para alcançar o fluxo de 50% ou mais do débito cardíaco (estimado em 200 mL/kg/minuto) e são ajustados para manter a pressão adequada e um estado acidobásico. São necessárias verificações frequentes dos gases sanguíneos, do circuito da ECMO, da coagulação e da função renal, bem como da avaliação da ultrassonografia cerebral em busca de hemorragia intracraniana e infarto cerebral.

Os pacientes estão sedados, mas geralmente não paralisados, o que facilita a avaliação neurológica. Na medida em que o paciente melhora, o suporte de ECMO é gradualmente reduzido. Os pacientes são decanulados quando não conseguem tolerar o suporte mínimo de ECMO (10% de desvios em ECMO VA) com parâmetros de ventilação mecânica de baixa a moderada. O tratamento com ECMO geralmente dura de 5 a 10 dias para pacientes neonatais com doenças respiratórias e mais longo nos casos de insuficiência cardíaca (10 a 12 dias em média)[12].

Complicações

A ECMO tem vários riscos de complicações decorrentes do uso de anticoagulantes e alterações nos fluxos sanguíneos, como consequência da gravidade da condição do paciente ao entrar na ECMO. Entre as complicações mais comuns estão: hemorragia (sítio cirúrgico 6%, pulmonar 4%, gastrointestinal 2%), infarto ou hemorragia cerebral (9 e 5% respectivamente), convulsões (11%), disfunção cardíaca (atordoamento miocárdico 6%, arritmia 4%), insuficiência renal (4%), sepse (6%), hiperbilirrubinemia (9%), hipertensão arterial (12%) e hemólise (13%). Porém, a complicação mais comum com a ECMO VA é a necessidade de drogas vasoativas durante o suporte extracorpóreo, seguidas pelo sangramento do sítio cirúrgico. A hemorragia intracraniana é a principal causa de morte, e o aparecimento de convulsões é sinal de um mau prognóstico. Além disso, existem complicações decorrentes de falhas no circuito do oxigenador ou de outro equipamento da ECMO[12,13].

Prognóstico

Os pacientes tratados com ECMO para causas cardíacas têm taxa de sobrevida baixa, perto de 45%. No entanto, para pacientes bem selecionados, a ECMO é uma ferramenta útil que deve estar disponível em centros de cardiologia altamente complexos. Os pacientes pediátricos têm taxa de sobrevida pouco maior do que neonatais (55% de sobrevida até a alta hospitalar), destacando as taxas de sobrevida de 72% e 61% para miocardite e cardiomiopatia, respectivamente[12,13].

Fisioterapia

Ao iniciar e manter um paciente em ECMO são demandados esforços coordenados de uma equipe multidisciplinar composta por médicos intensivistas e cirurgiões, enfermeiros, especialistas em ECMO, nutricionistas, fisioterapeutas e outros profissionais de saúde. A composição dessa equipe varia entre as instituições; mas o fisioterapeuta deve estar integrado em todas as fases, compreendendo as indicações, o manejo à beira do leito, incluindo monitoramento fisiológico, sedação e analgesia e cuidados pós-canulação. Pacientes em uso de ECMO necessitam de cuidadosa monitoração neurológica e hemodinâmica para garantir débito cardíaco adequado e perfusão de órgãos-alvo. Atividades que comprometam ou alterem a hemodinâmica devem ser muito bem avaliadas, assim como os procedimentos que possam propiciar sangramento por anticoagulação, como a aspiração de vias aéreas.

Orientações ventilatórias

Os parâmetros do ventilador devem ser colocados "em repouso", de modo a permitir ao pulmão se recuperar das lesões provocadas pela doença. Os valores recomendados são: pressão inspiratória entre 15 a 22 cmH_2O; PEEP 5 a 12 cmH_2O; frequência respiratória 12 a 20 ciclos/minuto, tempo inspiratório 0,5 a 0,8/segundo; FiO_2 de 40%[12,14].

A eliminação do gás carbônico através do oxigenador do circuito de ECMO é regulada pelo aumento ou diminuição do *sweep* gás. A pressão parcial de gás carbônico deve ser mantida em valores habituais (35 a 55 mmHg).

Nos casos em que a equipe decida primeiramente retirar a ECMO, com a progressão do desmame, os parâmetros ventilatórios devem ser ajustados, sempre levando em consideração o defeito cardíaco e se houve correção cirúrgica. Muitas vezes é necessário aumentar o suporte ventilatório no momento de retirada do suporte circulatório até que o organismo se ajuste com a demanda imposta. Caso contrário, se realiza o desmame e a retirada da prótese ventilatória de modo usual.

Reabilitação

As iniciações de reabilitação em pacientes com ECMO são principalmente por imobilidade prolongada, complicações relacionadas à doença primária, complicações do circuito e sequelas do tratamento usual intensivo pediátrico prolongado, como o uso de sedativos, bloqueadores neuromusculares, entre outros. Porém não há dados que apoiem o uso e os benefícios da fisioterapia e da intervenção precoce em crianças. Assim, as indicações para avaliação, intervenção e o momento do início continuam sendo específicas, variadas e carentes de padronização para uma avaliação significativa dos benefícios. No entanto, todas as intervenções fisioterapêuticas conhecidas por preservar o *status* funcional após a recuperação de uma doença grave devem ser aplicadas a pacientes que recebem suporte de ECMO, de modo que a aplicação precoce de fisioterapia pode ser crucial para a recuperação funcional e pode facilitar a melhora nos resultados[17].

Durante o suporte da ECMO, a imobilização prolongada e a falta de movimento articular podem resultar em atrofia musculoesquelética, perda de fibras musculares e aumento do tecido intramuscular não contrátil. Isso leva à perda de força muscular e pode resultar em diminuição da amplitude de movimento e contraturas.

Os músculos esqueléticos antigravitacionais são particularmente vulneráveis a essas mudanças. O posicionamento anormal do membro em pacientes com ECMO imóvel pode causar lesão compressiva aos nervos periféricos, resultando em perda sensitiva e/ou motora. Além disso, a fraqueza muscular resultante da imobilidade pode ser agravada pela adição de polineuropatia e miopatia do doente crítico e pode piorar ainda mais a perda e a fraqueza muscular. Essas alterações musculoesqueléticas podem prolongar a recuperação e a hospitalização após a recuperação de uma doença grave. Além disso, a inatividade prolongada também pode resultar em sistemas cardiovascular e pulmonar descondicionados, causando dificuldade em tossir e limpar as secreções respiratórias e reduzir a tolerância ao exercício. Finalmente, a imobilidade prolongada pode levar à diminuição da densidade mineral óssea e às lesões de pele, resultando em úlceras de pressão[17].

A base da reabilitação precoce durante o suporte de ECMO é a prevenção de contraturas, lesões por compressão de nervos periféricos e descamação da pele usando técnicas adequadas de posicionamento dos membros. A assistência com talas de posicionamento para manter as articulações em posição antideformidade e fornecer alongamento muscular estático para evitar contraturas musculares também pode ser útil[12,17].

A reabilitação pulmonar, incluindo a assistência com a limpeza das secreções das vias aéreas, pode facilitar a recuperação da função pulmonar durante e após o suporte de ECMO. Uma vez que a fase aguda da doença passa e os pacientes tornam-se fisiologicamente estáveis, e sejam capazes de tolerar movimentos, a mobilização precoce, incluindo o alongamento dos tecidos moles, deve ser usada para ajudar a preservar a amplitude de movimento, evitar contraturas nas articulações e controlar o tônus muscular. A mobilidade no leito, sentar, transferir-se para fora da cama, em pé, exercícios ativos, exercícios de fortalecimento e condicionamento aeróbico podem ajudar a facilitar a alta da UTI e hospitalar. Para isso, os membros que não possuem canulações podem ser mobilizados, desde que a situação clínica permita[14]. Assim, pacientes com canulação cervical não possuem restrição à movimentação. Já nos casos em que a canulação é femoral, as atividades estão restritas ao leito devido à impossibilidade de realizar flexão da articulação coxo-femural maior que 30 graus. Na Tabela 10.4, é apresentada uma sugestão de abordagem quanto à mobilização precoce em pacientes em ECMO.

Para viabilizar a retirada do leito de forma precoce e segura, quando permitida, alguns serviços confeccionam um capacete para sustentação segura das extensões da máquina, tanto em adultos como em crianças, permitindo deambulação por vários metros, sempre acompanhado da equipe multidisciplinar atenta a quaisquer alterações clínicas[12,17].

Dessa forma, a segurança, o tempo e o tipo de fisioterapia exigem discussões multidisciplinares entre os profissionais de saúde e fisioterapeutas e devem ser específicos para cada paciente. No entanto, é importante iniciar essas discussões no início do suporte circulatório para evitar atrasos na implementação de um programa de fisioterapia. O processo de reabilitação deve continuar após a alta e a transferência da UTI para a unidade de internação, bem como após a alta hospitalar. A fisioterapia em longo prazo deve ser adaptada para atender a outras necessidades funcionais, cognitivas e psicossociais de pacientes de forma individualizada[17].

TABELA 10.4 Sugestão de abordagem para crianças em terapia de assistência circulatória

Durante o suporte de ECMO
• Posicionamento do membro para evitar lesões por compressão do nervo periférico
• Talas para manter as articulações em posição neutra
• Splints de plástico para proporcionar alongamento muscular estático
• Higiene pulmonar
• Mudanças frequentes de posição para prevenção de ruptura da pele e úlceras de decúbito
Após o desmame da ECMO
• Alongamento muscular para manutenção do comprimento muscular e tecidos moles
• Exercícios com amplitude articular de movimento para preservar a função articular
• Higiene pulmonar
• Exercícios resistidos para fortalecimento muscular
Depois de resolução de doença crítica
• Treinamento de mobilidade funcional incluindo mobilidade de leito, sentado, em pé, transferências e treinamento de marcha
• Exercício ativo e isométrico para fortalecimento muscular
• Condicionamento aeróbico
• Terapia ocupacional
• Terapia de fala e linguagem

ECMO: oxigenação por membrana extracorpórea.

REFERÊNCIAS BIBLIOGRÁFICAS

1. Martin LD, Nyhan D, Wetzel RC. Regulation of pulmonary vascular resistance and blood flow. in: Nichols D, Cameron D, Ungerleider R, Nichols D, Spevak P, Greeley W, et al., editors. Critical heart disease in infants and children. 2nd ed. Philadelphia: Elsevier Mosby; 2006.
2. Beghetti M, Tissot C. Pulmonary arterial hypertension in congenital heart diseases. Sem Respir Crit Care Med. 2009;30(4).
3. Smerling AJ, Schleien CL, Barst RJ. Pulmonary hypertension. In: Nichols D, Cameron D, Ungerleider R, Nichols D, Spevak P, Greeley W, et al., editors. Critical heart disease in infants and children. 2nd ed. Philadelphia: Elsevier Mosby; 2006.
4. Bart RD, Bremner RM, Starnes VA. Ebstein Malformation. in: Nichols D, Cameron D, Ungerleider R, Nichols D, Spevak P, Greeley W, et al., editors. Critical heart disease in infants and children. 2nd ed. Philadelphia: Elsevier Mosby; 2006.
5. Fioretto JR. Uso do óxido nítrico em pediatria. J Pediatr (Rio J). 2003;79(Suppl 2):S177-86.
6. Aggarwal M, Grady RM. Treatment of pediatric pulmonary hypertension. Curr Treat Options Cardio Med. 2018;20(1):8.
7. Rubin LJ, Badesch DB, Barst RJ, Galie N, Black CM, Keogh A, et al. Bosentan therapy for pulmonary arterial hypertension. N Engl J Med. 2002;346(12):896-903.
8. Latus H, Delhaas T, Schranz D, Apitz C. Treatment of pulmonary arterial hypertension in children. Nat Rev Cardiol. 2015;2(4):244-54.
9. Nascimento TS, Pereira ROL, Mello HLD, Costa J. Metemoblobinemia: do diagnóstico ao tratamento. Rev Bras Anestesiol. 2008;58(6):651-64.
10. Ramos RP, Ferreira EVM, Arakaki JSO Estratégias do tratamento da hipertensão arterial pulmonar. Pulmão RJ. 2015;24(2):71-7.

11. Raja SG, Basu D Pulmonary hypertension in congenital heart disease. Nursing Standard. 2005;19(50):41-9.
12. Extracorporeal Life Support Organization. ELSO Guidelines. Pediatric Cardiac Failure, Extracorporeal Life Support Organization, Ann Arbor, MI. Available in: http://www.elso.org/resources/guidelines.aspx [Access in: 3 dez. 2018].
13. Kattana J, González A, Castillo A, Caneo LF. Neonatal and pediatric extracorporeal membrane oxygenation in developing Latin American countries. J Pediatr (Rio J). 2017;93(2):120-9.
14. Gupta P, Robertson MJ, Rettiganti M, Seib PM, Wernovsky G, Markovitz BP, et al. Impact of timing of ECMO initiation on outcomes after pediatric heart Surgery: a multi-institutional analysis. Pediatric Cardiol. 2016;37(5):971-8.
15. Díaz GR. ECMO Y ECMO Mobile. Soporte cardiorespiratorio avanzado. Rev Med Clin Condes. 2011;22(3) 377-87.
16. Kaestner M, Schranz D, Warnecke G, Apitz C, Hansmann G, Miera O. Pulmonary hypertension in the intensive care unit. Expert consensus statement on the diagnosis and treatment of paediatric pulmonary hypertension. The European Paediatric Pulmonary Vascular Disease Network, endorsed by ISHLT and DGPK. Heart 2016;102(Suppl 2):ii57–ii66.
17. Thiagarajan RR, Teele SA, Teele KP, Beke DM. Physical therapy and rehabilitation issues for patients supported with extracorporeal membrane oxygenation. J Pediatric Rehab Med. 2012;5:47-52.

11

Cardiopatias congênitas e alterações neurológicas: estimulação do desenvolvimento neuropsicomotor e reabilitação intra-hospitalar

Andyara Cristianne Alves
Iracema Ioco Kikuchi Umeda

INTRODUÇÃO

A sobrevida das crianças com cardiopatia congênita tem aumentado nas últimas décadas em decorrência dos avanços nas áreas diagnóstica, clínica, cirúrgica e de cuidados intensivos.

A maioria das crianças com cardiopatia congênita evolui livre de complicações do sistema nervoso central (SNC), tanto no período pré, intra ou pós-operatório. Porém, uma parcela crescente desses pacientes apresenta alterações no desenvolvimento neuropsicomotor (DNPM) ou sequelas neurológicas associadas às cardiopatias congênitas (Figura 11.1), como crises convulsivas, atraso motor, alterações cognitivas, atraso no desenvolvimento da fala, alterações visuoespaciais, transtornos de déficit de atenção ou hiperatividade e dificuldades de aprendizagem[1,2]. As alterações neurológicas apresentadas se relacionam com a gravidade e o tipo da cardiopatia, além do momento em que ocorrerá a cirurgia. Essas alterações geralmente são detectadas pelo exame clínico, pelo eletroencefalograma e por exames de imagem como ultrassonografia, ressonância magnética e tomografia computadorizada. Os biomarcadores séricos, como o lactato, também refletem o comprometimento neurológico e sistêmico nesses pacientes[3].

Segundo Miller e McQuillen, os eventos intrauterinos, a fisiologia da cardiopatia congênita, os cuidados intraoperatórios e o débito cardíaco pós-operatório interagem e influenciam nos resultados neurológicos desses pacientes[4].

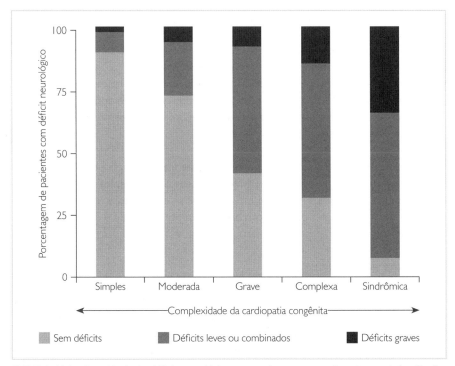

FIGURA 11.1 Prevalência de déficit neurológico na população com cardiopatia congênita. Cardiopatia simples: incidência leve nas cardiopatias como: comunicação interatrial, comunicação interventricular e persistência do canal arterial. Moderada: coarctação da aorta, defeito do septo atrioventricular, tetralogia de Fallot e drenagem anômala das veias pulmonares. Grave e complexa: incidência maior em transposição das grandes artérias, *truncus*, interrupção do arco aórtico, Síndrome da hipoplasia do coração esquerdo, atresia pulmonar e atresia tricúspide. Sindrômica: como na síndrome de Down, DiGeorge, Charge, Noonan e Williams. Adaptado[5].

ETAPAS DO DESENVOLVIMENTO DO SISTEMA NERVOSO CENTRAL

O SNC se desenvolve logo no início da vida embrionária. Esse sistema passa por uma sequência de eventos que só termina na fase adulta.

As etapas que compreendem o desenvolvimento do SNC são citadas a seguir[6,7]:

1. Neurulação primária e secundária: tem início entre a 3º e a 4º semana gestacional com a formação das porções proximal e distal do tubo neural.
2. Desenvolvimento prosencefálico: ocorre entre o 2º e o 3º mês gestacional com a formação dos hemisférios cerebrais, tálamo, hipotálamo, corpo caloso, estruturas

ópticas e olfatórias, além da proliferação do complemento total de neurônios do cérebro.
3. Proliferação e migração: ocorre entre o 3º e o 5º mês gestacional com a migração dos neurônios para locais específicos em todo o SNC.
4. Organização, diferenciação e mielinização dos neurônios: esses processos ocorrem a partir do 5º mês gestacional e continuam ocorrendo após o nascimento. Eles resultam nos circuitos intrincados do cérebro e, finalmente, na aquisição de mielina ao redor dos axônios.

O terceiro trimestre gestacional é especialmente marcado pela expansão do cérebro fetal em volume e pelo desenvolvimento de estruturas complexas e conexões de rede essenciais para toda a vida. Porém, é nessa fase que algumas cardiopatias irão reduzir o aporte de oxigênio para o cérebro do feto prejudicando o desenvolvimento normal dessa estrutura.

NEUROPLASTICIDADE

Durante a infância, o cérebro está em constante crescimento e desenvolvimento. No nascimento, os neurônios têm inúmeras conexões entre si. À medida que a criança cresce e a cada nova experiência, parte dessas conexões são lentamente removidas, enquanto outras são formadas, o que leva a uma mudança na estrutura e na função cerebral.

O período da adolescência é marcado pelo refinamento das conexões sinápticas e pelo aumento da mielinização.

A neuroplasticidade é um processo dinâmico que permite aquisições neurocognitivas e motoras, além de adaptações do SNC a diferentes experiências, resultado das interações com o meio ambiente[8]. Assim, o ambiente em que a criança está inserida e suas experiências são cruciais para ocorrer ativação neural e facilitar aquisições sensório-motora.

FATORES DE RISCO PARA AS ALTERAÇÕES DO SISTEMA NERVOSO CENTRAL

Fatores variados, combinados, cumulativos, inatos ou adquiridos contribuem para lesão neurológica e/ou atraso do DNPM nos pacientes com cardiopatia congênita. Dentre os inatos, os distúrbios genéticos estão presentes em cerca de 1/3 dos indivíduos com cardiopatia congênita. Estes incluem as desordens cromossômicas como a trissomia do 21 (síndrome de Down), com incidência em torno de 40% nas crianças com cardiopatia congênita; as microdeleções 22q11 (síndrome de DiGeorge) e as mutações cromossômicas (síndrome de Noonan).

A Tabela 11.1 mostra a associação entre algumas síndromes e cardiopatias congênitas.

TABELA 11.1 Associação entre cardiopatias congênitas e síndromes genéticas[2,9]

Síndrome	Definição/característica	Associação com cardiopatia congênita
de Down	Trissomia do 21, com atraso no desenvolvimento mental e motor, com feições características	Defeitos dos coxins endocárdicos
de Turner	Ausência total/parcial ou alteração de um cromossoma X; apresenta estatura baixa, disgenesia gonadal e outras anomalias	Coarctação da aorta
de Noonan	De origem autossômica dominante, apresenta baixa estatura, dimorfismos faciais típicos	Estenose pulmonar
de DiGeorge	Deleção do cromossomo 22, com defeitos no timo, glândulas paratireoides, dentre outros. Problemas respiratórios são comuns	Anomalias conotruncais, atresia tricúspide, tetralogia de Fallot, Interrupção do arco aórtico
de Williams	Desordem do cromossomo 7, com diversas malformações, atraso mental e de comportamento	Estenose aórtica supravalvar
de Marfan	Anomalia do tecido conjuntivo com alterações nos ossos (longos), entre outras regiões	Insuficiência valvar, prolapso da valva mitral
de Holt-Oram	Anomalia autossômica dominante com anormalidades esqueléticas das mãos e dos braços	Defeitos do septo atrial

As lesões cerebrais adquiridas estão associadas a fatores como: convulsões, prematuridade, procedimentos invasivos, pós-operatório, tipo de correção (total ou paliativa) e a idade da criança no momento da correção da cardiopatia[5].

Os principais fatores que comprometem o SNC nas cardiopatias congênitas são (Figura 11.2):

- Complexidade da cardiopatia congênita: fator diretamente relacionado ao risco de comprometimento neurológico, principalmente nas cardiopatias complexas.
- Alterações do fluxo sanguíneo cerebral: fator que altera a oferta de oxigênio para o SNC e o crescimento cerebral já na fase fetal.
- Hipoxemia crônica e distúrbios na função metabólica cerebral: fator associado às disfunções motoras finas e grossas.
- Desenvolvimento anormal do cérebro associado às condições genéticas: as síndromes genéticas são mais comuns em crianças com cardiopatia congênita do que na população em geral. Porém, ocorre também alta incidência de malformação cerebral em bebês com cardiopatia congênita mesmo na ausência de síndromes genéticas[3,4,9].
- Técnicas intraoperatórias: a circulação extracorpórea (CEC) pode ser responsável por lesão cerebral em razão de embolismo, inflamação e isquemia. Atualmente,

com os avanços das técnicas intraoperatórias, esse fator tem exercido pouco papel no desenvolvimento de danos neurológicos. Porém, o tempo de exposição da criança à CEC, a hipotermia profunda e a parada circulatória total associados à predisposição pré-operatória de lesão neurológica potencializam a ocorrência de lesão cerebral, especialmente nos recém-nascidos. Os recém-nascidos possuem diminuição pronunciada da oxigenação mitocondrial durante a indução de hipotermia e atraso na recuperação da oxigenação mitocondrial após parada circulatória[4,9,10].

- Outros fatores de risco: insuficiência cardíaca congestiva, desnutrição, policitemia, intervenções cirúrgicas no período neonatal, histórico de suporte mecânico como a ECMO ou dispositivo de assistência ventricular, prematuridade, necessidade de ressuscitação cardiopulmonar e hospitalização prolongada (> 2 semanas no pós-operatório)[2].

ALTERAÇÕES NEUROLÓGICAS E CARDIOPATIAS CONGÊNITAS

As cardiopatias congênitas podem estar associadas às síndromes genéticas ou malformações do SNC. Em alguns centros hospitalares, foram realizados exames de imagem como a ultrassonografia e a ressonância magnética antes da correção cirúrgica da cardiopatia congênita e os achados mais comuns foram: atrofia cerebral, calcificações nos gânglios da base, espaços ventriculares ou subaracnóideos alargados, microcefalia e macrocefalia[11].

As lesões neurológicas encontradas no pós-operatório geralmente variam de leves e transitórias a lesões mais graves e permanentes, e são causadas por redução de débito cardíaco, acidose e/ou hipóxia tecidual. Cada vez mais, as técnicas intraoperatórias adotadas e os cuidados no pós-operatório visam a minimizar a ocorrência dessas sequelas[12].

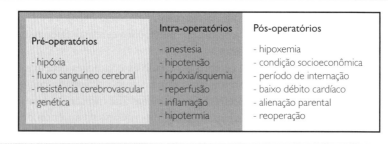

FIGURA 11.2 Fatores de risco associados ao comprometimento do desenvolvimento neuropsicomotor durante a vida de crianças com cardiopatia congênita[10].

Alteração da maturação cerebral

A substância branca é a estrutura que ajuda na conexão e na comunicação entre as várias regiões do cérebro.

O padrão característico dessa estrutura, nos recém-nascidos (RN) com cardiopatia congênita complexa, assemelha-se aos encontrados nos RN pré-termo com leucomalácia periventricular: alteração na diferenciação de oligodendrócitos e necrose da substância branca ao redor dos ventrículos laterais, imaturidade de microestrutura e do metabolismo cerebral, além de menor volume cerebral.

Estudos com ressonância magnética revelam que presença de lesão da substância branca situa-se entre 25% e 55% nos RN e atinge principalmente aqueles com cardiopatias tipo ventrículo único, transposição das grandes artérias e tetralogia de Fallot[13].

Ainda há muitas questões sobre os mecanismos que causam essas lesões e como elas afetam as células cerebrais nos fetos com cardiopatia congênita. Acredita-se que a redução do fluxo sanguíneo e de oxigênio para o cérebro fetal seja o fator responsável pela redução da maturação cerebral, principalmente durante o terceiro trimestre gestacional, fase em que começa a formação das sinapses e o refinamento das redes corticais[10].

Na transposição das grandes artérias durante a vida fetal, a circulação cerebral é totalmente banhada por sangue venoso. Já os fetos com Síndrome da hipoplasia do coração esquerdo apresentam maior resistência ao fluxo sanguíneo cerebral, pois o sangue flui retrogradamente pelo istmo aórtico hipoplásico[3].

Acidente vascular cerebral

As cardiopatias congênitas são a principal causa de acidente vascular cerebral (AVC) em crianças. O risco de AVC é três vezes maior nesses pacientes comparado a crianças saudáveis. Embora o AVC esteja associado a vários tipos de cardiopatias, certamente crianças com cardiopatia congênita cianótica e complexa apresentam maior risco.

Os fatores de risco para AVC nesses pacientes são idade, imaturidade cerebral, presença de *shunt* residual, arritmias, hipertensão arterial sistêmica, fenômenos tromboembólicos, embolia paradoxal, aumento da viscosidade sanguínea e endocardite bacteriana[14].

Crianças com dispositivos de suporte circulatório mecânico, incluindo oxigenação por membrana extracorpórea e dispositivos de assistência ventricular, também apresentam risco particularmente alto de AVC[15].

O AVC pré-operatório pode ser associado à necessidade da atriosseptostomia com balão, procedimento de cateterismo terapêutico necessário para muitos recém-nascidos com D-TGA[3].

Os sintomas de AVC no pós-operatório podem ser difíceis de ser detectados, por causa de sedação prolongada, curarização ou efeito anestésico. Geralmente, os sintomas envolvem alteração de consciência, hipotonia de início súbito, hemiplegia ou hemiparesia, convulsões e afasia. A espasticidade em geral é um achado mais tardio.

Muitos casos de AVC nesses pacientes podem ocorrer logo após a alta hospitalar e, às vezes, em um período de longos anos após cirurgia cardíaca[16].

As micro-hemorragias cerebrais também são associadas a um maior tempo de suporte circulatório total, maior número de cateterizações cardíacas e com pior prognóstico do desenvolvimento neuropsicomotor.

Dentre as cardiopatias com maior risco para AVC estão comunicação interatrial, forame oval patente, coartação de aorta, ventrículo único e cardiomiopatias. Crianças submetidas à cirurgia de Fontan têm risco aumentado de infarto cerebral e a coarctação da aorta está associada a aneurismas intracranianos.

Convulsões

As convulsões são marcadores de lesão cerebral e prejudicam o desenvolvimento neurológico; assim, é imprescindível detectá-las precocemente e iniciar o tratamento o quanto antes.

As crises hipoxêmicas que se caracterizam por hiperpneia, aumento da cianose, perda de consciência e convulsões requerem tratamento de emergência. Esses episódios ocorrem principalmente na tetralogia de Fallot, em pacientes com idade de 6 meses a 3 anos, e são desencadeados por esforço, alimentação ou na força para evacuar.

No pós-operatório de correção de cardiopatia congênita há um maior risco de crises convulsivas em neonatos e lactentes com alterações genéticas, cardiopatias com obstrução de arco aórtico, alterações metabólicas, maior tempo de parada circulatória e de hipotermia profunda. O tratamento é realizado com medicação anticonvulsivante e correção metabólica[11,17].

Lesão dos nervos periféricos

A lesão de plexo braquial pode ocorrer no intraoperatório por tração ou compressão da raiz nervosa do plexo braquial ou durante a canulação da veia jugular, com recuperação da lesão entre 6 e 8 semanas em média.

A lesão do nervo frênico pode ocorrer de forma unilateral ou bilateral por uso de solução cardioplégica para proteção miocárdica, ou pelo calor durante a dissecção de uma área próxima ao seu curso, ou ser cortado durante a dissecção da veia vertical. O reconhecimento dessa condição é difícil enquanto o paciente está sob ventilação mecânica (VM). A paralisia diafragmática é uma das causas de desmame difícil da VM e falha de extubação; pode ser evidente na radiografia de tórax com notável elevação da cúpula diafragmática afetada.

O tratamento dessa condição reduz a duração da VM e o tempo de internação na unidade de terapia intensiva (UTI) no pós-operatório de cardiopatia congênita. A incidência da paralisia diafragmática é maior após a operação de Glenn ou Fontan bidirecional, Blalock-Taussig, ventriculosseptoplastia, correção de tetralogia de Fallot e técnica cirúrgica de Jatene. A plicatura diafragmática é o tratamento amplamente aceito em especial em crianças menores de 1 ano de idade e/ou em pós-operatório de coração univentricular[18].

Lesão medular

Complicação rara, a lesão medular e a consequente paraplegia ou paresia podem ocorrer por causa de isquemia da medula espinhal no intraoperatório ocasionada por hipoperfusão, microêmbolos ou hipotensão grave. Essa condição geralmente está associada à correção da coarctação da aorta.

NEONATO E LACTENTE COM CARDIOPATIA CONGÊNITA NA UNIDADE DE TERAPIA INTENSIVA

Neonatos e lactentes que serão submetidos à correção de cardiopatia congênita têm risco de desenvolver atraso do desenvolvimento sensório-motor e alterações musculoesqueléticas que persistirão pela infância, em decorrência das comorbidades que acompanham algumas cardiopatias ou por causa de complicações adquiridas durante internação ou após alta hospitalar.

As alterações motoras geralmente encontradas nesse grupo de pacientes incluem: déficit de controle motor, ausência de extensão e rotação ativa do tronco, desequilíbrio entre a musculatura flexora e extensora, além de assimetrias posturais[19].

Embora a American Heart Association recomende a identificação e o diagnóstico de atraso no desenvolvimento sensório-motor o mais precoce possível nos pacientes com cardiopatia congênita, o momento ideal para iniciar a intervenção fisioterápica para os problemas identificados ou que potencialmente se desenvolverão não é estabelecido[2]. Por isso, na prática ocorre a disparidade entre a identificação do atraso sensório-motor e das alterações musculoesqueléticas e o início da fisioterapia motora com efetiva mobilização do neonato/lactente.

Além disso, a alta prioridade em se manter a estabilidade hemodinâmica desses pacientes, que constantemente enfrentam situações de risco de morte, somada à falta de evidências científicas dos benefícios que a mobilização ou estimulação traria a esses pacientes tornam muitas vezes inviável a manipulação para prevenir ou tratar as morbidades motoras e musculoesqueléticas já estabelecidas.

Apesar de a UTI fornecer ampla assistência para a sobrevivência do neonato/lactente com cardiopatia congênita, condições inadequadas de iluminação, barulho excessivo, imobilização, privação ou sobrecarga sensorial, manipulação excessiva e dor influenciam negativamente na maturação do SNC. Assim, o envolvimento da equipe multiprofissional em se comprometer com uma assistência humanizada tem papel fundamental para criar interações que proporcionem a esses pacientes oportunidades de terem experiências significativas e positivas para o seu desenvolvimento.

Nas ultimas décadas, houve proliferação de programas de estimulação do desenvolvimento nas UTIs neonatais. Porém, quando o fisioterapeuta depara com neonatos/lactentes de alto risco na UTI cardiológica, ele deve estar ciente dos desafios e das barreiras para iniciar um programa de estimulação sensório-motora. Deve também ter percepção da necessidade e do momento ideal para realizar a terapia, refletindo sobre as seguintes questões:

- Quem deve ser submetido à estimulação sensório-motora?
- Quando se deve iniciar essa intervenção?
- Qual e que tipo de desvantagem ocorrerá em não ser realizada a estimulação sensório-motora ou a mobilização do neonato/lactente?
- Que tipo de terapia ou material deve ser utilizado?
- A mesma terapia serve para todos os neonatos/lactentes com diferentes tipos ou correções de cardiopatia congênita?
- Quantas vezes a abordagem deve ser realizada?
- Quando a terapia deve ser interrompida?
- Quais são os riscos potenciais da manipulação ou as contraindicações na realização da estimulação sensório-motora?

Intervenção fisioterapêutica na cardiopatia congênita de neonato/lactente

A intervenção do fisioterapeuta especialista deve ser pautada em evidências, além de conhecimento prático. O manuseio do neonato/lactente com cardiopatia congênita poderá ser feito para melhorar o desenvolvimento sensório-motor e evitar a aquisição de alguma condição indesejada no sistema musculoesquelético; porém, não deve acarretar danos, principalmente ao sistema hemodinâmico[20].

Em diversas ocasiões, por causa da gravidade da cardiopatia congênita apenas será possível integrar o neonato/lactente com o meio externo e facilitar a movimentação ativa pelo posicionamento adequado, diminuição da dor e respeito ao ciclo vigília-sono. Essas medidas são essenciais para influenciar um estado neurocomportamental positivo e a organização motora e regular o sistema nervoso autônomo e outros sistemas com menor gasto energético[20,21].

Antes de iniciar o manuseio do paciente é preciso observar sinais vitais, movimentação global, integridade do sistema musculoesquelético e cutâneo, presença de sondas, cateteres, fixação do tubo endotraqueal (se estiver entubado), parâmetros da VM e a (in)tolerância ao manuseio de outras equipes (p. ex., no banho, na troca de fraldas, nos curativos). Isso auxilia o fisioterapeuta a conhecer o paciente e a programar a terapia no que diz respeito à duração e aos recursos que serão utilizados.

A observação da resposta do neonato/lactente frente às várias intervenções serve como guia para o fisioterapeuta, que deve saber modular a terapia não somente para proteção da estrutura cerebral, mas também do sistema cardiovascular. Durante ou após o manuseio podem ocorrer: alteração da frequência cardíaca, frequência respiratória, saturação de oxigênio, coloração da pele, soluços e alteração de tônus, postural e do estado de atenção. O esperado é que essas respostas estejam em uma faixa de pequena variação comparadas ao momento que precede a terapia.

A UTI de cuidados neonatal e cardiológico tem também a característica de concentrar cuidados à família, por isso cabe ao fisioterapeuta instruir os pais sobre como lidar com seus bebês com segurança, proporcionando maior habilidade e confiança.

Organização motora do neonato e do lactente

A manutenção da estabilidade fisiológica, a regulação do comportamento, a organização motora e a adequada interação do neonato/lactente com o meio externo dependem de alguns elementos. Assim como o neonato prematuro, sabe-se que o neonato/lactente com cardiopatia congênita pode ter alterações do SNC de causas variadas. Por isso, cuidados semelhantes devem ser adotados para esses pacientes a fim de reduzir efeitos nocivos na maturação do SNC e musculoesquelética causada pela internação em UTI[22]. Para isso, a seguir relacionamos medidas e cuidados que favoreçam a integração dos sistemas e o desenvolvimento motor do neonato e do lactente com cardiopatia congênita:

- Facilitar a regulação da temperatura é um fator que contribui para manter a estabilidade fisiológica e a conservação de energia.
- Controlar o som de alarmes dos aparelhos da UTI e eliminar barulhos excessivos e desnecessários auxilia na redução do estresse fisiológico que prejudica o desenvolvimento e o crescimento.
- Modular a iluminação do ambiente ajuda na regulação do ciclo circadiano e promove ganho de peso para os pacientes com baixo peso. Durante os procedimentos, há necessidade de maior luminosidade, porém ao término deles deve haver a redução dessa luminosidade. No entanto, não deixar o ambiente escuro demais, pois isso dificulta a visualização e a percepção da clínica do paciente.
- Estimular a sucção não nutritiva, pois ela melhora a qualidade do sono, acalma quando eles estão em estado de alerta e reflete a maturidade oromotora.

- Adotar atitudes de contenção, principalmente após procedimentos dolorosos, como a aspiração da cânula endotraqueal, de modo que os movimentos dos membros superiores e inferiores sejam contidos e o paciente fique em uma leve flexão. Essa medida pode ser feita com as mãos do próprio fisioterapeuta, ou com cobertores finos.
- Posicionamento: ao contrário do que é observado com frequência nos neonatos prematuros, a adoção da posição prona raramente é adotada nos neonatos/lactentes com cardiopatia congênita. Isto ocorre por causa de fatores clínicos, intolerância a essa posição por conta do aumento da demanda cardiopulmonar para se movimentar, instabilidade hemodinâmica, aspectos cirúrgicos, possibilidade de perda de acessos, drenos ou monitorização.

O posicionamento mais adotado a esses pacientes na em UTI é o supino seguido de semilateral ou lateral, ambos com apoios de coxins.

Em um estudo de Franco et al., bebês nascidos a termo em decúbito dorsal dormiram mais e passaram mais tempo no sono não REM. O despertar espontâneo foi reduzido durante o sono[22]. O uso de "ninho" na posição supina favorece a contenção do paciente e a organização dos movimentos das extremidades superiores e inferiores (Figura 8.4).

O posicionamento em lateral promove a organização motora, pois facilita movimentos medianos espontâneos mais coordenados, além de facilitar o controle da cabeça e os movimentos dos membros superiores para a interação mão-boca, mão--corpo; e atividades que são comportamentos autorregulatórios (Figura 8.3).

Mobilização: o neonato/lactente com cardiopatia congênita pode permanecer por um longo período na UTI e a imobilidade imposta a esse paciente se dá por vários motivos: sedação, curarização, instabilidade, gravidade da cardiopatia ou do pós-operatório; em alguns casos, o neonato/lactente é admitido na UTI com o tórax aberto após procedimento cirúrgico – condição de extrema gravidade em decorrência da alta pressão intratorácica (procedimento utilizado nos casos de instabilidade hemodinâmica, edema pulmonar, depressão da função miocárdica, edema miocárdico, hemostasia inadequada, necessidade de oxigenação com membrana extracorpórea e de dispositivos de assistência ventricular, dentre outros).

A necessidade de imobilidade ou a restrição de manipulação tem por finalidade garantir a sobrevivência desse paciente que apresenta, circunstancialmente, condição clínica muito vulnerável. Os prejuízos disso, porém, serão observados pelo desenvolvimento de encurtamentos musculares, contraturas e até deformidades articulares.

As alterações musculoesqueléticas que surgem nessas condições são: hiperextensão cervical, elevação e retração dos ombros, rotação externa da articulação coxofemoral e eversão dos pés. Todas essas alterações podem ser amenizadas pela adoção de posicionamento adequado com uso de coxins, variação periódica do posicionamento (supino-lateral-supino) e mobilização suave de seus membros e articulações, desde que o quadro clínico seja estável e favorável.

A progressão da estimulação motora por meio da mobilização permitirá ganhos no controle postural, na coordenação de movimentos e no fortalecimento da musculatura antigravitacional. Porém, essa progressão deve ser traçada individualmente e, em geral, é realizada quando o quadro clínico é bem estável as vezes só após a alta da UTI. A orientação aos pais, a participação efetiva deles na proposta fisioterapêutica e o acompanhamento pelo fisioterapeuta são essenciais para garantir o pleno desenvolvimento motor do neonato/lactente com cardiopatia congênita.

FISIOTERAPIA MOTORA E REABILITAÇÃO INTRA-HOSPITALAR NA CRIANÇA COM CARDIOPATIA CONGÊNITA

A equipe multiprofissional tem se preocupado com os aspectos que influenciarão o desenvolvimento motor e a qualidade de vida das crianças com cardiopatia congênita. Porém, a implementação de um programa de mobilização precoce nesses pacientes ainda constitui um grande desafio na maioria dos centros cardiopediátricos em todo o mundo.

A escassez de estudos sobre o impacto que o tratamento cirúrgico causa no estado funcional dessas crianças e os resultados que um programa de mobilização precoce traria são fatores que contribuem para subestimar a necessidade de reabilitação desses pacientes no ambiente hospitalar.

Em um estudo publicado pela American Heart Association, em 2018, os autores mostraram que 50% das crianças submetidas à cirurgia de correção de cardiopatia congênita necessitaram de algum tipo de reabilitação física com fisioterapeuta, fonoaudiólogo ou terapeuta ocupacional. As intervenções desses profissionais foram necessárias por causa de fatores pré-operatórios, descondicionamento físico, uso de ventilação mecânica prolongada ou por complicações neurológicas[23].

Apesar disso, geralmente o início da mobilização nesses pacientes ocorre de forma tardia, em razão da necessidade de sedação prolongada, instabilidade hemodinâmica, risco de perda de acessos, drenos ou outros artefatos, diferentes percepções entre os profissionais sobre os limiares clínicos que permitem mobilizar esse paciente de forma segura, falta de prescrição médica e de padronização de um programa de mobilização precoce na UTI pediátrica[23].

O imobilismo causa diminuição da massa e da força muscular, diminuição da flexibilidade e mobilidade articular, descondicionamento cardiopulmonar e redução da tolerância ao exercício, complicações pulmonares, alterações tegumentares e neurocognitivas[23]. A capacidade reduzida de exercício foi considerada preditora independente de mortalidade ou hospitalização em pacientes com tetralogia de Fallot, Transposição das grandes artérias ou em pós-operatório de cirurgia de Fontan[23].

Na UTI ou na unidade de internação, as atividades de baixa intensidade devem ser introduzidas a fim de evitar as complicações já mencionadas. A sedestação e a deambulação devem ser estimuladas o mais breve possível, mesmo que a criança esteja com drenos torácicos ou em uso de oxigenoterapia (Figura 11.3). Ressalta-se a grande importância de estar atento à possibilidade da ocorrência de eventos adversos na UTI, como: queda, extubação acidental, sangramento, instabilidade hemodinâmica, perda de acesso, drenos e sondas, dentre outros.

Em crianças que necessitam de oxigenação por membrana extracorpórea e/ou estão com tórax aberto pode ser realizada mobilização passiva, desde que isso não comprometa o estado clínico ou a segurança do paciente. O uso temporário de talas de posicionamento nos pés (Figura 11.4) pode ser necessário para prevenir o pé equino, que é uma tendência observada durante períodos prolongados de imobilismo. As pequenas variações de decúbito com uso apropriado de coxins podem evitar lesões tegumentares decorrentes do imobilismo prolongado.

A reabilitação cardiovascular é dividida em quatro fases: fase I ou intra-hospitalar; fase II ou fase de convalescença após alta hospitalar; fase III, que é a fase de condicionamento cardiovascular propriamente dito; e fase 4, fase de manutenção, tardia, muitas vezes com supervisão indireta ou a distância. Na fase I ou fase intra-hospitalar, a atuação multiprofissional e interdisciplinar tem como objetivo minimizar ou evitar complicações próprias da internação e do tratamento, quer seja clínico ou cirúrgico.

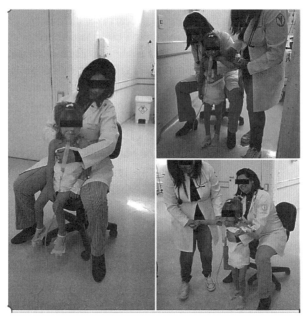

FIGURA 11.3 Criança em pós-operatório de tetralogia de Fallot, com máscara de Venturi, sendo estimulada a sedestação, bipedestação e deambulação.

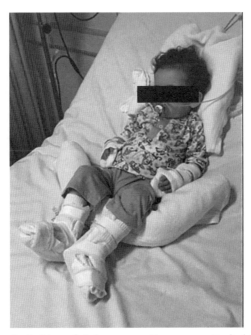

FIGURA 11.4 Utilização de órteses (talas) para correção ou prevenção de deformidades.

A avaliação clínica minuciosa deve ser realizada antes de iniciar a fase I. Além disso, o conhecimento da cardiopatia, da terapêutica farmacológica e da evolução clínica diária é essencial para incluir a criança em atividades de baixa intensidade. Essas atividades podem ser individuais (Figura 11.5) ou em grupos pequenos (Figura 11.6) e devem ser apropriadas para a idade e a compreensão das crianças.

Nas cardiopatias complexas, muitas vezes será necessária monitoração da oxigenação periférica por meio de oximetria durante as atividades, além da vigilância aos sinais/sintomas como taquidispneia e aumento da cianose. Devem-se interromper as atividades na suspeita ou na confirmação de resposta anormal às atividades propostas.

Faz parte do programa de reabilitação intra-hospitalar o encorajamento das atividades de vida diária integrando as atividades habituais da infância para promover uma vida mais saudável possível.

O encaminhamento de crianças a programas de reabilitação cardiovascular após alta hospitalar também é raro no Brasil na prática diária. Essa realidade se deve ao número pequeno ou ausência de centros especializados e com infraestrutura adequada, restrições médicas, falta de informação sobre os benefícios de um programa de reabilitação, superproteção dos familiares a esses pacientes e o medo de eventos adversos relacionados com o esforço. Essa realidade constitui um grande desafio para profissionais de saúde que buscam promover melhor qualidade de vida às crianças com cardiopatia congênita.

178 Fisioterapia na Cardiologia Pediátrica

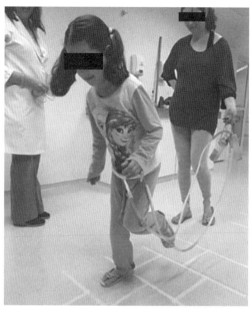

FIGURA 11.5 Atividade lúdica com criança no pós-operatório, na unidade de internação.

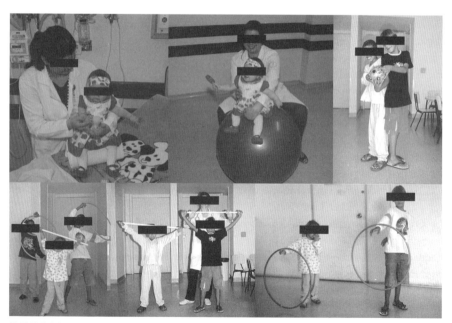

FIGURA 11.6 Atividades em grupo na unidade de internação.

📖 REFERÊNCIAS BIBLIOGRÁFICAS

1. Chen J, Zimmerman RA, Jarvik GP, Nord AS, Clancy RR, et al. Perioperative stroke in infants undergoing open heart operations for congenital heart disease. The Annals of thoracic surgery. 2009;88(3):823-9.
2. Marino BS, Lipkin PH, Newburger JW, Peacock G, Gerdes M, et al. Neurodevelopmental outcomes in children with congenital heart disease: Evaluation and management. A scientific statement from the American Heart Association. Circulation. 2012;126:1.143-72.
3. Donofrio MT, Massaro AN. Impact of congenital heart disease on brain development and neurodevelopmental outcome. Int J Pediatr. 2010;2010:359-90.
4. Miller, Steven P, McQuillen PS. Neurology of congenital heart disease: insight from brain imaging. Archives of disease in childhood. Fetal and Neonatal Edition. 2007;92,6:F435-7.
5. Morton PD, Jonas RA. Neurodevelopmental abnormalities and congenital heart disease insights into altered brain maturation. Circulation Research. 2017;120:960-77.
6. Takeuchi CA. Anatomia e fisiologia neurológica funcional. In: Johnston C, Zanetti NM. Fisioterapia pediátrica hospitalar. São Paulo: Atheneu; 2011.
7. Volpe JJ, Inder TE, Darras BT, de Vries LS, du Plessis AJ, Neil J, Perlman JM. Prosenceplalic development. Volpe's neurology of the newborn. 6.ed. Elsevier; 2017.
8. Agonilha DC. Plasticidade cerebral. Disponível em: http://neurociencia-educacao.pbworks.com/w/page/9051882/plasticidade%20cerebral. [Acesso set 2020.]
9. Marelli A, Miller SP, Marino BS, Jefferson AL, Newburger JW. Brain in congenital heart disease across the lifespan: The cumulative burden of injury. Circulation. 2016;133(20):1951-62.
10. Morton, PD, Ishibashi N, Jonas RA, Gallo V. Congenital cardiac anomalies and white matter injury. Trends in Neurosciences. 2015;38(6):353-63.
11. Tasker RC. Cerebral function and heart disease. In: Nichols DG. Critical heart disease in infants and children. Mosby Elsevier. 2006;(6)143:71.
12. Bjarnason-Wehrens B, Dordel S, Sreeram N, Brockmeier K. Cardiac rehabilitation in congenital heart disease. In: Perk J, et al. (eds.). Cardiovascular prevention and rehabilitation. London: Springer; 2007. p.361-75.
13. Marelli A, Miller SP, Marino BS, Jefferson AL, Newburger JW. Brain in congenital heart disease across the lifespan: The cumulative burden of injury. Circulation. 2016;133(20):1.951-62.
14. Mandalenakis Z, Rosengren A, Lappas G, Eriksson P, Hansson PO, et al. Ischemic stroke in children and young adults with congenital heart disease. J Am Heart Assoc. 2016;5(2).
15. Sinclair A J, Fox CK, Ichord RN, Almond CS, Bernard TJ, et al. Stroke in children with cardiac disease: report from the International Pediatric Stroke Study Group Symposium. Pediatric neurology. 2014;52(1):5-15.
16. Ducharme-Crevier L, Wainwright MS. Childhood Stroke and Congenital Heart Disease. Pediatric Neurology Briefs. 2015;29(3):18.
17. Clancy RR, McGaurn SA, Wernovsky G, Gaynor JW, Spray TL, et al. Risk of seizures in survivors of newborn heart surgery using deep hypothermic circulatory arrest. Pediatrics. 2003;111(3).
18. Talwar S, Agarwala S, Mittal CM, Choudhary SK, Airan B. Diaphragmatic palsy after cardiac surgical procedures in patients with congenital heart. Ann Pediatr Cardiol. 2010;3(1):50-7.
19. Long SH, Eldridge BJ, Harris SR, Cheung MMH. Challenges in trying to implement an early intervention program for infants with congenital heart disease. Pediatr Phys Ther. 2015;27(1):38-43.
20. Byrne E, Garber J. Physical therapy intervention in the neonatal intensive care unit. Phys Occup Ther Pediatr. 2013;33(1):75-110.
21. Sweeney JK, Heriza CB, Blanchard Y, Dusing SC. Neonatal physical therapy. Part II: Practice frameworks and evidence-based practice guidelines. Pediatric Physical Therapy. 2010;22(1):2-16.
22. Franco P, Seret N, Van Hees JN, Scaillet S, Groswasser J, et al. Influence of swaddling on sleep and arousal characteristics of healthy infants. Pediatrics. 2005;115:1.307-11.
23. Tikkanen AU, Nathan M, Sleeper LA, Flavin M, Lewis A, Nimec D, Mayer JE, et al. Predictors of postoperative rehabilitation therapy following congenital heart surgery. J Am Heart Assoc. 2018;7(10):e008094.

12

Reabilitação cardiovascular na criança com cardiopatia congênita

Iracema Ioco Kikuchi Umeda
Luiz Antonio Rodrigues Medina

INTRODUÇÃO

Os pacientes com doença cardíaca congênita muitas vezes são submetidos a procedimentos cirúrgicos e hospitalizações frequentes, permanecendo por longos períodos em inatividade[1]. As consequências do repouso prolongado são os distúrbios metabólicos, a perda de massa muscular, a redução do volume de ejeção e a piora da função cardíaca, levando à limitação da capacidade funcional[2].

Com os avanços terapêuticos, tem aumentado a sobrevida desses pacientes e, no entanto, em pesquisas atuais, são observadas que, um maior número de crianças quando atingem a idade adulta apresentam cardiopatias complexas, disfunções cognitivas, alterações hemodinâmicas, disfunção renal, doença pulmonar restritiva e redução da qualidade de vida[4]. Nesses indivíduos, o acompanhamento pela equipe de profissionais da área da saúde, principalmente o fisioterapeuta, poderá ser para a vida toda, com o objetivo de manter um bom estado da saúde física e auxiliar na inserção social, possibilitando engajamento em uma atividade profissional e garantindo melhor qualidade de vida[1,5].

A American Heart Association e European Society of Cardiology aconselham a prática de atividade física[6,7], mas a maioria dos pacientes com cardiopatia congênita permanece sem a sua prática[5]. Esse comportamento parece estar ligado à baixa autoestima, que agrava ainda mais o condicionamento físico e a intolerância ao exercício[1].

A doença cardíaca congênita é multifatorial e, geralmente, reflete a complexidade da cardiopatia de base[8]. A magnitude desse impacto aponta para inúmeras razões, como incompetência cronotrópica, hipertensão arterial pulmonar, limitação ventilatória, baixo débito cardíaco, arritmias e cianose, além das lesões residuais que geram sobrecarga hemodinâmica[8,9]. Outro fator associado à intolerância ao exercício refere-se ao estado nutricional, que afeta o desenvolvimento muscular, com o comportamento de superproteção familiar podendo influenciar negativamente a percepção geral de saúde da criança cardiopata, impedindo-a de experimentar atividades recreativas ou desportivas[10].

Para amenizar os problemas citados, os programas de reabilitação cardiovascular nesses pacientes têm um papel crucial e importante, melhorando a capacidade física/funcional e a qualidade de vida[11]. A reabilitação cardiovascular nas crianças com cardiopatia congênita proporciona ganhos da capacidade funcional (VO$_2$pico – consumo de oxigênio pico), parâmetros hemodinâmicos (aumento do volume sistólico do ventrículo esquerdo), cronotrópicos (redução da frequência cardíaca em repouso e em níveis submáximos de exercício, e aumento da variabilidade cronotrópica) e desempenho muscular (força máxima e resistência à fadiga)[12].

FISIOLOGIA DO EXERCÍCIO NA CRIANÇA COM CARDIOPATIA[1]

O desempenho no exercício depende da interação complexa dos sistemas cardiovascular, pulmonar e esquelético. Qualitativamente, as adaptações hemodinâmicas e respiratórias são semelhantes em crianças e adultos (Tabela 12.1), e as diferenças são quantitativas.

A capacidade aeróbica máxima é menor nas crianças em razão do menor peso corporal. Por exemplo: um menino de oito anos de idade deve ter um VO$_2$ máximo de 1,3 a 1,5 L/min, e um rapaz de dezoito anos, de 3 a 3,5 L/min. A capacidade anaeróbica também é mais baixa.

As concentrações de fosfocreatina, trifosfato de adenosina e glicogênio no músculo em repouso são semelhantes tanto em adultos jovens como em crianças, e a utilização de glicogênio é menor na criança, o que reflete menor produção de lactato.

TABELA 12.1 Fisiologia do exercício na criança[1]

Alterações hemodinâmicas	Comportamento da criança
FC submáxima	↑
FC máxima	↑
Volume sistólico submáximo e máximo	↓
DC a um dado VO$_2$	Pouco ↓
D(a-v) a um dado VO$_2$	Pouco ↑
Fluxo sanguíneo para músculos ativos	↑
PA sistólica e PA diastólica submáxima e máxima	↓
Ventilação-minuto a um dado VO$_2$	↑
Índice respiratório	↑

A criança apresenta baixo volume sistólico tanto no repouso como nos exercícios submáximo e máximo. Entretanto, a frequência cardíaca (FC) é maior, mantendo o débito cardíaco um pouco menor, em torno de um a três litros menor que nos adultos.

A diferença arteriovenosa não é aparentemente mais alta no exercício máximo, porém é maior no submáximo. Durante a atividade física, a pressão arterial, sobretudo a sistólica, é menor nas crianças e o fluxo sanguíneo para os músculos é maior. Além disso, elas apresentam rápida recuperação após exercício exaustivo, como uma corrida de longa distância, tendo menor acúmulo de lactato e menor déficit de oxigênio.

A ventilação-minuto aumenta com o trabalho. Nas crianças, o sistema respiratório apresenta uma ventilação-minuto maior, em razão de um período mais curto de cada ciclo respiratório, o que torna a respiração "menos" eficiente, ou seja, uma respiração mais superficial, com menores volumes-correntes, levando a um aumento da frequência respiratória.

Durante o exercício, o sistema termorregulador dissipa calor proporcionalmente à intensidade e duração da atividade por meio da sudorese, que é menor nas crianças.

As respostas ao exercício físico nas crianças com cardiopatia congênita dependem da fisiopatologia da doença. A correta prescrição do programa de reabilitação implica individualização de todas as manifestações da cardiopatia congênita, como cianose, hipertensão pulmonar, obstruções ao fluxo e comunicações intercavitárias.

Crianças submetidas a tratamento cirúrgico e/ou percutâneo, a atenção deve estar voltada para as anormalidades remanescentes. Essas crianças apresentam diversas respostas clínicas e hemodinâmicas na prática de atividade física. Dependendo da natureza de sua patologia, como nas cardiopatias congênitas cianogênicas, a realização de esforço físico pode piorar a hipoxemia, e o desconforto tornar-se progressivo, o que torna muitas vezes inviável a sua realização.

AVALIAÇÃO DA CAPACIDADE FÍSICA

A capacidade de realização de exercício físico nesses pacientes é muito variável. Quando se avalia um paciente com cardiopatia congênita em relação à capacidade ou não de realizar exercício, alguns itens devem ser observados: coleta da história clínica e realização de exame físico, avaliação da saturação arterial de oxigênio em repouso e durante o esforço por meio de testes físicos funcionais (teste de caminhada de seis minutos – TC6M e/ou teste do degrau adaptado de 4 minutos – TD4), exames complementares de diagnóstico (ecocardiograma, eletrocardiograma) para avaliação da função ventricular, da pressão da artéria pulmonar e dimensão da aorta; é importante verificar também a presença de arritmias, principalmente as complexas e/ou acompanhadas com sintomas. Após a realização da prova de esforço, deve ser verificada a recomendação sobre o tipo de exercício que a criança pode eventualmente realizar, bem como a intensidade do exercício e a indicação/necessidade de acompanhamento supervisionado.

Para o cálculo da intensidade do exercício, idealmente deverá ser realizada uma prova de esforço cardiopulmonar (TECP) ou testes de campo que avaliam a capacidade funcional, tais como TC6M e TD4.

O TECP fornecerá parâmetros como a frequência cardíaca, consumo máximo de oxigênio (VO$_2$pico/limitado pela doença) e o primeiro e o segundo limiar ventilatório. Os dados objetivos da prova de esforço permitem definir os níveis de intensidade de treino em que são atingidas as exigências metabólicas ideais (em geral, o intervalo entre o 1º e o 2º limiar ventilatório), definindo qual a frequência cardíaca correspondente e o nível de intensidade de esforço. A intensidade de esforço percebida utilizada pela escala adaptada perceptiva de esforço de Borg (escala de 0 a 10) constitui um método adicional de monitorização que demonstra uma forte correlação com a frequência cardíaca e o consumo máximo de oxigênio, e ela poderá ser utilizada no processo de reabilitação.

No estudo de Kempnny et al.,[13] dos 4.415 pacientes avaliados, 80% apresentaram redução do consumo máximo de oxigênio (VO$_2$pico) em comparação com os valores normais, definidos como <90% do VO$_2$pico previsto, mesmo em pacientes com lesões simples. Os autores observaram também menores valores de VO$_2$pico e maiores valores de VE/VCO$_2$ em pacientes com síndrome de Eisenmenger (12,2 + 3,8 mL/kg/min e 71,8 ± 55,0, respectivamente) e doença cardíaca complexa (15,7+5,9 mL/kg/min e 52,0 ± 19,5, respectivamente). Ressalta-se que valores de VO$_2$pico <10 mL/kg/min representam mau prognóstico e contraindicam a cirurgia de transplante cardíaco. O equivalente ventilatório de gás carbônico expressa a eficiência ventilatória e valores da relação ventilação minuto/produção de gás carbônico (VE/VCO$_2$ *slope*) acima de 35 indicam também mau prognóstico.

O TC6M é um teste submáximo, seguro e capaz de avaliar as respostas associadas do organismo diante de uma demanda imposta pelo exercício, limitado pelo tempo e pode ser feito a qualquer hora do dia. Por meio dele é possível obter informações combinadas e indiretas dos sistemas cardiovascular, pulmonar, muscular e circulatório. Variáveis de pressão arterial, frequência cardíaca e saturação periférica de oxigênio são mensuradas antes, durante e após o teste. A distância percorrida menor que 300 metros em 6 minutos representa mau prognóstico em adultos. No estudo de Kehmeier et al.[14] com 102 adultos com diagnóstico de cardiopatia congênita, a distância de 482 m foi preditora de capacidade funcional (VO$_2$pico) reduzida, e no subgrupo de pacientes com Eisenmenger foi observada menor distância média percorrida no TC6M (280 ± 178 m).

Já o TD4 possui respostas mais intensas da frequência cardíaca em razão da maior exigência de esforço em membros inferiores, respostas essas consideradas máximas quando correlacionadas com a resposta de frequência cardíaca do TECP.

Na literatura científica habitual, são escassos os trabalhos com a utilização do teste de caminhada em crianças com cardiopatia congênita, apesar de sua grande aplicabilidade em pacientes com doenças pulmonares.

Visando melhor funcionalidade, os testes funcionais de campo seguem a recomendação da American Thoracic Society (ATS)[15] e suas respostas hemodinâmicas, principalmente da frequência cardíaca, podem ser utilizadas para prescrever a intensidade de esforço em crianças e/ou adultos jovens com cardiopatia congênita.

AVALIAÇÃO FISIOTERÁPICA

Esta avaliação inclui anamnese completa (p. ex., antecedentes pessoais, medicações em uso, exames complementares) e exame físico (p. ex., dados vitais iniciais, peso, altura, IMC, alterações posturais e/ou osteoarticulares e queixa principal). Posteriormente, são realizados testes de campo funcionais (TC6M, TD4), além das medidas de força muscular respiratória para prescrição de treinamento muscular respiratório com incentivadores Threshold® ou Power Breath® quando evidenciada fraqueza muscular respiratória e teste de uma repetição máxima (1RM) para treinamento resistido periférico. Após essa avaliação, pode-se então recomendar aos pacientes a realização de atividades de intensidade baixa, moderada ou alta.

PROGRAMA DE REABILITAÇÃO CARDIOVASCULAR

O programa de reabilitação cardiovascular tem enfoque multiprofissional e todos os pacientes se beneficiam com uma avaliação/orientação nutricional e/ou psicológica, dentre outros profissionais. Este capítulo irá abordar a atuação do fisioterapeuta na fase ambulatorial.

Fase ambulatorial

O programa de reabilitação cardiovascular ambulatorial para pacientes com cardiopatia congênita visa a melhorar o desempenho físico, psicológico e aspectos sociais daqueles que vivem com as limitações impostas por sua própria doença. O objetivo da fisioterapia é melhorar a capacidade funcional e a autoestima de crianças, adolescentes e adultos que geralmente são submetidos a uma restrição de sua atividade física, assim como sua integração nas escolas, famílias e trabalhos.

Apesar de os relatos dos efeitos adversos durante o exercício serem pequenos (1,5%, 17 relatos de morte súbita entre 1.189 pacientes, no estudo de Koyak et al.[16]), para os que trabalham com exercício, os riscos de intercorrência são preocupações compreensíveis. Nesse sentido, alguns cuidados devem ser considerados, como: o defeito congênito e suas repercussões, e os parâmetros funcionais, já apresentados anteriormente.

Em geral, a sessão de exercícios consiste em 1 hora de treinamento, pelo menos duas vezes na semana, por um período de 8 a 12 semanas. O treinamento envolve componentes de alongamentos, flexibilidade, coordenação, força/resistência muscular e resistência cardiovascular. Os equipamentos utilizados são: bicicletas ergométricas, oxímetro de pulso, frequencímetros, estetoscópios, esfigmomanômetro, bolas, bastões, resistências elásticas, halteres, caneleiras, espaldar e colchonetes. As sessões são divididas em: (a) fase de aquecimento (5 a 10 min), que inclui alongamentos de grandes grupos musculares com o intuito de prevenir lesões musculares e preparar a musculatura para a demanda de treinamento; (b) fase de exercícios resistidos (15 min), compostos por exercícios que utilizam a resistência de halteres e caneleiras para trabalhar a força de grandes grupos musculares, sendo exercícios com 10 a 12 repetições por grupo, variando entre membros superiores e membros inferiores; (c) fase aeróbica (25 a 30 min), em que se utiliza bicicleta ou esteira ergométrica e/ou atividades como dançar, pular, correr, brincadeiras lúdicas com bola e gincanas, sempre levando em consideração a frequência cardíaca de treinamento calculada com base no TECP, TC6M ou TD4; (d) fase de desaquecimento/relaxamento (10 min), com atividades de baixa intensidade, mais lentas, para que o organismo volte ao estado basal.

Todos os pacientes devem ser monitorados com cardiofrequencímetro para captação da frequência cardíaca de treinamento, e são aferidas as pressões arteriais de repouso e durante o esforço, além da medida de saturação periférica de oxigênio. Caso algum paciente sofra alterações importantes nos sinais vitais e/ou descompensações cardíacas, a sessão deverá ser interrompida imediatamente e o médico do setor deverá ser acionado.

Para que o exercício físico não seja um inimigo, atenção especial deve ser dada em algumas situações, com recomendação de exercícios leves[17] e sempre com supervisão:

- Função ventricular baixa.
- Hipertensão pulmonar, por causa de associação com síncope.
- Dilatação da aorta – evitar atividades que aumentem a pressão intratorácica.
- Síndrome de Marfan: exige avaliação criteriosa, pois são mais propensos à dissecção da aorta.
- Arritmias complexas.
- Cianose.

Há poucos estudos sobre crianças com cardiopatia congênita e treinamento físico. Cuidados com avaliação criteriosa, teste ergométrico ou ergoespirométrico prévio e exercícios sintoma-limitados são prudentes. A grande maioria não tem restrição para exercícios leves.

Orientações específicas[1,18,19]

Comunicação interatrial

Na maioria das vezes, a criança com comunicação interatrial (CIA) é assintomática e participa normalmente de atividades físicas, sem limitação. Os testes máximos em esteira revelam capacidade física normal. As pressões da artéria pulmonar e do ventrículo direito são normais ou discretamente elevadas, sendo raras a falência cardíaca e a hipertensão arterial pulmonar (HAP). Se houver presença de HAP e a pressão média da artéria pulmonar ultrapassar 30 mmHg, deverá ser realizado exercício de baixa intensidade. Crianças com CIA de condição moderada a grave não devem participar de atividades físicas.

Nos casos de correção intervencionista, o paciente deve aguardar 10 a 14 dias para realizar atividades leves e 6 meses para esportes de contato. Após cirurgia, os cuidados são relacionados à cicatrização da esternotomia. Com avaliação clínica e laboratorial sem evidências de hipertensão pulmonar, arritmias sintomáticas ou disfunção miocárdica, a prática de atividade física é liberada. Na presença de anormalidades residuais, são necessárias avaliação e conduta individualizadas, como nos casos com hipertensão pulmonar significante e *shunt* direito-esquerdo. Nesses casos, o paciente poderá realizar apenas atividade física de baixa intensidade; o mesmo procedimento deverá ser adotado em pacientes com arritmia supraventricular ou ventricular sintomática ou com refluxo mitral.

Comunicação interventricular

As crianças com comunicação interventricular (CIV) pequena, com coração de tamanho normal e pressão normal na artéria pulmonar estão liberadas para realizar qualquer atividade física. Na CIV moderada ou grande com pressão da artéria pulmonar (PAP) normal, os dados decisivos referem-se à intensidade do *shunt* e à resistência vascular pulmonar. Se a PAP sistólica for < 40 mmHg, pode-se liberar o paciente para qualquer atividade; se maior, é imprescindível a prescrição individualizada.

Após a correção cirúrgica da CIV, a criança deverá aguardar seis meses para o início de atividade física não supervisionada, e o tipo e a intensidade do exercício dependem do grau de hipertensão pulmonar residual, da presença de disfunção ventricular e de lesões anatômicas.

Aos pacientes sintomáticos em classe funcional II da New York Heart Association (NYHA), com lesões residuais de discreta/moderada repercussão hemodinâmica (hipertensão pulmonar leve, insuficiência aórtica moderada, CIV moderada), função e dimensão ventriculares alteradas em grau moderado, presença de arritmias, menor tolerância ao esforço (capacidade funcional entre 60% e 70%) e VO_2máx entre 20 mL/kg/min e 25 mL/kg/min, recomenda-se atividade física de baixa intensidade.

Crianças muito sintomáticas com classe funcional III-IV pela NYHA, com lesões residuais graves com disfunção ventricular importante, capacidade funcional inferior a 60% e VO_2máx inferior a 20 mL/kg/min e arritmias mais frequentes não apresentam capacidade para a realização de atividades físicas.

Patência do canal arterial

Crianças com patência do canal arterial (PCA) se apresentam hemodinamicamente de forma similar aos pacientes com CIV. Após fechamento percutâneo, as recomendações quanto à atividade física são as mesmas aplicadas após fechamento percutâneo de CIA.

Estenose pulmonar valvar

Na presença de gradiente sistólico de pico < 50 mmHg e sem sintomas, a condição pré e pós-cirurgia não representa restrição ao exercício, ao passo que gradientes > 50 mmHg têm somente possibilidade para realização de atividades específicas segundo a conferência de Bethesda[19]. Após o tratamento com sucesso, decorrido um mês da valvoplastia com balão e três a seis meses da correção cirúrgica, pacientes sem sintomas e com função ventricular normal podem realizar exercícios e até esportes competitivos. São contraindicadas para a realização de exercícios crianças com insuficiência pulmonar e/ou tricúspides graves, com dimensão ventricular direita aumentada e função ventricular direita ruim.

Estenose aórtica valvar

Nas patologias de obstrução de VE, deve-se ter cuidado quanto ao esforço nas atividades físicas por causa do aumento da pressão arterial. Se houver grave hipertrofia do VE, os exercícios podem comprometer a circulação cerebral e coronária, e resultar em sintomas como angina, síncope, ICC, arritmias e morte súbita. Nos casos leves (gradiente VE-Ao < 20 mmHg), desde que não haja cardiomegalia, ausência de arritmias, comportamento normal da PA durante o esforço, ECG e teste ergométrico normal e função de VE normal ao ECO, os pacientes podem participar de todo tipo de exercício, até mesmo competitivo. Na estenose moderada há restrição de atividade física para pacientes com dilatação ventricular esquerda, dilatação/aneurisma da aorta e arritmias. Nos casos graves (gradiente VE-Ao > 50 mmHg), é contraindicada a realização de exercícios; quando indicados, devem ser limitados por sintomas e teste de esforço. Como a Eao é progressiva, avaliações periódicas são fundamentais, a fim de realizar exercícios físicos de maneira segura.

Coarctação da aorta

Na coarctação de aorta, deve-se ter cuidado com a pressão arterial. De acordo com o comitê de Bethesda[19], crianças com coarctação discreta (gradiente menor que 20 mmHg), sem circulação colateral e/ou dilatação da aorta e teste ergométrico normal podem ser liberadas para a realização de atividades físicas e até esportes competitivos. Já aquelas com gradiente maior que 20 mmHg e hipertensão arterial em repouso ou ultrapassando 230 mmHg ao esforço podem realizar apenas exercícios de intensidade leve, até a correção cirúrgica. Após seis meses da cirurgia corretiva, a criança pode ser liberada para a realização de exercícios, exceto levantamento de peso, desde que a pressão arterial se apresente normal em repouso e ao esforço. Crianças com classe funcional III-IV da NYHA, dilatação da aorta maior que 50 mm, fração de ejeção < 30%, hipertrofia importante de ventrículo esquerdo e sequelas neurológicas são contraindicadas para a realização de exercícios.

Exercício físico nas crianças com cardiopatias cianogênicas[1]

Nas crianças com cardiopatias cianogênicas, especialmente a T4F, a cianose é determinada pelo grau de resistência encontrada pelo fluxo sanguíneo na saída do VD, causando um *shunt* D-E. Com a realização do exercício, ocorrem dilatação dos vasos sanguíneos musculares, taquicardia e liberação de catecolaminas, que aumentam o estreitamento de VD, elevam o *shunt* D-E, desviam o fluxo dos pulmões para a aorta e aumentam a cianose. Como proteção, as crianças adotam uma postura de cócoras quando estão fatigadas, pois há um aumento da resistência sistêmica com diminuição do fluxo para os membros inferiores, o que provoca a redução do *shunt* D-E. Muitas crianças com cardiopatia cianogênica têm VO_2máx menor que 15 ml/kg/min, por isso a carga de exercício deve ser baixa.

Para crianças com cardiopatia congênita cianogênica não corrigida, a realização de atividade física está limitada em razão do aumento da cianose, com piora da hipoxemia, queda de saturação e progressivo desconforto respiratório. Para esse tipo de paciente, recomenda-se a prática de exercício de forma individualizada, com exercícios de baixa intensidade.

Tetralogia de Fallot

Para liberar os pacientes com tetralogia de Fallot (T4F) para reabilitação, é fundamental a correção cirúrgica prévia, porém os casos de doença com leve repercussão podem ser liberados para exercícios de baixa intensidade, mas com monitoração. Após a correção cirúrgica e na presença de anormalidades residuais, como na presença de *shunt* D-E, regurgitação pulmonar moderada a grave ou disfunção do ventrículo direito (VD) e história de síncope ou arritmia ventricular, o exercício está proscrito pelo alto risco de morte súbita. A atividade física poderá ser permitida nos casos com bom resultado cirúrgico e pressões normais em câmaras direitas, leve sobrecarga volumétrica do VD, teste ergométrico (TE) normal e ausência de arritmias ao Holter. Recomenda-se atividade física de baixa intensidade na presença de regurgitação pulmonar importante, hipertensão sistólica de pico >50% da pressão sistêmica no VD e arritmias complexas.

Origem anômala das artérias coronárias

Origens anômalas da artéria coronária esquerda, que sai do tronco da artéria pulmonar, e da artéria coronária direita, que se inicia no seio coronário esquerdo, e das artérias hipoplásicas constituem contraindicações à prática de qualquer atividade física. Após a correção cirúrgica, a atividade física dependerá da ausência de isquemia no TE.

Pós-operatório de cirurgias paliativas

As cirurgias paliativas são realizadas no intuito de aumentar ou diminuir o fluxo sanguíneo pulmonar, a fim de promover significativo alívio dos sintomas em repouso, porém com persistência da dessaturação arterial durante a realização de exercícios. Nesses casos, podem-se realizar exercícios de baixa intensidade, porém é necessário observar alguns critérios: manutenção da saturação arterial de oxigênio acima de 80%, ausência de arritmias sintomáticas e de sinais e sintomas de disfunção ventricular, e avaliação de capacidade física pelo TE e/ou ergoespirométrico próxima do normal.

Pós-operatório de transposição dos grandes vasos

Avaliações periódicas são fundamentais para o acompanhamento da função ventricular direita (VD), eventual presença de regurgitação tricúspide ou arritmia. Após seis meses da correção cirúrgica, sem alterações residuais, com área cardíaca normal, ausência de arritmias sintomáticas, função ventricular normal em repouso e durante o esforço, é possível liberar a atividade física. No entanto, devem ser evitados exercícios que envolvam grande componente estático (Valsalva). Quando alterações hemodinâmicas ou disfunção ventricular leve estão presentes, devem-se realizar exercícios de baixa intensidade.

Pós-operatório de cirurgia de Fontan

As crianças em pós-operatório de Fontan podem apresentar débito cardíaco diminuído e, consequentemente, menor capacidade física, e necessitar de uma avaliação individual cuidadosa. Na ausência de disfunção ventricular, dessaturação arterial em repouso e tolerância normal ao exercício em avaliação ergométrica, podem realizar exercícios de baixa intensidade e até mesmo esporte de baixa intensidade.

ATIVIDADES ESPORTIVAS

A participação em atividades esportivas pode ser restrita pelas condições clínicas da própria doença. É papel do médico e da equipe multiprofissional: identificar os sintomas desencadeados pelo exercício, estabelecer quais os limites de segurança e indicar quais as atividades esportivas mais adequadas de acordo com o tipo de doença e a presença de lesões residuais.

A 36ª Conferência de Bethesda[19] reúne recomendações para a prática de esportes em pacientes com anormalidades cardiovasculares e, juntamente com as recomendações das Sociedades Europeias de Cardiologia Pediátrica[18], constituem-se em documentos que orientam as indicações de exercícios para esse grupo de pacientes (Tabelas 12.2 e 12.3).

TABELA 12.2 Classificação dos esportes baseada nos componentes estático e dinâmico[18,19]

	Dinâmico baixo < 40% VO$_2$ máx	Dinâmico moderado 40-70% VO$_2$ máx	Dinâmico alto > 70% VO$_2$ máx
Estático baixo < 20% CVM	Bilhar Boliche Golfe	Tênis de mesa Beisebol Voleibol Esgrima	Cross Country Badminton Corrida Futebol Squash Tênis
Estático moderado 20% a 50% CVM	Arco e flecha Corrida automobilística	Saltos Futebol americano Corrida Rúgbi Surfe Nado sincronizado	Basquete Hóquei no gelo Corrida (média distância) Natação Handebol
Estático alto > 50% CVM	Ginática Caratê/Judô Vela Esqui aquático Escalar montanha Windsurfe	Musculação Luta romana	Boxe Canoagem Ciclismo Decatlo Remo Triatlo

CVM: contração voluntária máxima; VO$_2$máx: consumo de oxigênio máximo.

Enquanto crianças saudáveis podem participar de esportes competitivos e atividades físicas irrestritas, as crianças com cardiopatia congênita, segundo associações europeias, possuem recomendações específicas quanto à realização de exercícios (Tabela 12.3).

TABELA 12.3 Resumo de recomendações de atividade física para crianças com cardiopatia congênita[18]

	Atividades cardiorrespiratórias	Atividades musculoesqueléticas	Outras atividades
Crianças saudáveis	Atividade física de intensidade moderada a vigorosa, 60 minutos por dia; esporte competitivo irrestrito	Intensidade irrestrita até limites seguros, para prevenir lesões	Tempo de atividade < 2 horas
Defeitos septais	Semelhantes aos saudáveis	Semelhantes aos saudáveis	Atividade leve por 3 a 6 meses após cirurgia ou após cicatrização da esternotomia

(continua)

TABELA 12.3   Resumo de recomendações de atividade física para crianças com cardiopatia congênita[18] *(continuação)*

	Atividades cardiorrespiratórias	Atividades musculoesqueléticas	Outras atividades
Estenose aórtica			Teste de esforço é recomendado para documentar objetivamente a função cardíaca com esforço
Leve	Semelhantes aos saudáveis	Semelhantes aos saudáveis	
Moderado	Atividades moderadas apenas no esporte competitivo	Intensidade moderada	
Regurgitação aórtica (leve a moderada)	Semelhantes aos saudáveis	Exceto dilatação aórtica ou do ventrículo esquerdo e arritmia	
Valva aórtica bicúspide (isolada)	Semelhantes aos saudáveis	Evitar intensidade muito alta	
Coarctação da aorta	Semelhantes aos saudáveis	Baixa ou moderada intensidade	Teste de esforço para analisar resposta pressórica anormal ao esforço
Dilatação aórtica ou aneurisma (estável)			
Leve	Semelhantes aos saudáveis	Evitar intensidade muito alta	
Moderado	Baixa a moderada intensidade apenas para esportes competitivos	Baixa intensidade apenas	
Estenose pulmonar			Teste de esforço pode ser útil
gradiente < 30 mmHg	Semelhantes aos saudáveis	Semelhantes aos saudáveis	
gradiente 30 a 50 mmHg	Baixa ou moderada intensidade apenas para esportes competitivos	Baixa a moderada intensidade apenas	
Tetralogia de Fallot (sem regurgitação importante)	Semelhantes aos saudáveis	Semelhantes aos saudáveis	Teste de esforço e holter são recomendados

(continua)

TABELA 12.3 Resumo de recomendações de atividade física para crianças com cardiopatia congênita[18] *(continuação)*

	Atividades cardiorrespiratórias	Atividades musculoesqueléticas	Outras atividades
Regurgitação da valva pulmonar ou tricúspide	Com disfunção ventricular direita, esportes competitivos de baixa a moderada intensidade apenas	Com disfunção ventricular direita, esportes competitivos de baixa a moderada intensidade apenas	
Anomalia de Ebstein (sem regurgitação importante)	Semelhantes aos saudáveis	Semelhantes aos saudáveis	
Transposição das grandes artérias (cirurgia de Jatene sem CIA ou CIV residual importante)	Baixa a moderada intensidade apenas para esportes competitivos	Baixa a moderada intensidade apenas para esportes competitivos	Teste de esforço e Holter são recomendados
Transposição corrigida das grandes artérias	Baixa ou moderada intensidade apenas para esportes competitivos	Baixa a moderada intensidade apenas	A depender da condição clínica, deve ser individualizada
Ventrículos únicos (Fontan)	Baixa ou moderada intensidade apenas para esportes competitivos	Baixa ou moderada intensidade apenas para esportes competitivos	Teste de esforço e Holter são recomendados
Dispositivos implantáveis (marca-passo, desfibrilador)	Semelhantes aos saudáveis	Semelhantes aos saudáveis	Evitar atividades que tenham risco de contato com dispositivos e conexões
Síndrome de Eisenmenger ou hipertensão pulmonar	Recomendações individualizadas baseadas na condição clínica e resposta ao esforço	Recomendações individualizadas baseadas na condição clínica e resposta ao esforço	Teste de esforço é recomendado
Transplante cardíaco	Recomendações individualizadas para esporte competitivo	Recomendações individualizadas para esporte competitivo	Teste de esforço é recomendado

CIA: comunicação interatrial; CIV: comunicação interventricular.

REFERÊNCIAS BIBLIOGRÁFICAS

1. Alves AC, Kagohara KH, Sperandio PCA, Kawauchi TS. Fisioterapia na reabilitação de crianças com cardiopatia congênita. In: Umeda, IIK. Manual de fisioterapia na reabilitação cardiovascular. 2.ed. Barueri: Manole; 2014. p.195-238.

2. Somarriba G, Extein J, Miller TL. Exercise rehabilitation in pediatric cardiomyopathy. Prog Pediatr Cardiol. 2008;25(1):91-102.
3. Gatzoulis MA, Webb G. Adults with congenital heart disease: a growing population. In: Gatzoulis MA, Webb G, Daubeney P (eds.). Diagnosis and management of adult congenital heart disease. 3.ed. Elsevier; 2018.
4. Xu C, Su X, Ma S, Shu Y, Zhang Y, et al., Effects of Exercise Training in Postoperative Patients With Congenital Heart Disease: A Systematic Review and Meta-Analysis of Randomized Controlled Trials. J Am Heart Assoc. 2020 Mar 3;9(5):e013516.
5. Pfeiffer MET. Reabilitação cardíaca pediátrica. Rev Brasil Cardiol. 2013;18-20. Disponível em: http://departamentos.cardiol.br/sbc-derc/revista/2009/47/pdf/Rev47-pags18-20.pdf. [Acesso set 2020.]
6. Stout KK, Daniels CJ, Aboulhosn JA, Bozkurt B, Broberg CS, Colman JM, et al. 2018 AHA/ACC Guideline for the Management of Adults With Congenital Heart Disease: A Report of the American College of Cardiology/American Heart Association Task Force on Clinical Practice Guidelines. J Am Coll Cardiol. 2019;73(12):1494-563.
7. Budts W, Pieles GE, Roos-Hesselink JW, Sanz de la Garza M, D'Ascenzi F, et al., Recommendations for participation in competitive sport in adolescent and adult athletes with Congenital Heart Disease (CHD): position statement of the Sports Cardiology & Exercise Section of the European Association of Preventive Cardiology (EAPC), the European Society of Cardiology (ESC) Working Group on Adult Congenital Heart Disease and the Sports Cardiology, Physical Activity and Prevention Working Group of the Association for European Paediatric and Congenital Cardiology (AEPC). Eur Heart J. 2020 Aug 26:ehaa501.
8. Auslender M. Pathophysiology of pediatric heart failure. Prog Pediatr Cardiol. 2000;11:175-84.
9. Pianosi PT, Johnson JN, Turchetta A, Johnson BD. Pulmonary function and ventilatory limitation to exercise in congenital heart disease. Congenit Heart Dis. 2009;4:2-11.
10. Castro EK, Piccinini CA. Implicações da doença orgânica crônica na infância para as relações familiares: algumas questões teóricas [abstract]. Psicol Reflex Crit. 2002;15(3):625-35.
11. Dedieu N, Fernández L, Lestache El. Effects of a cardiac rehabilitation program in patients with congenital heart disease. Open J Intern Med. 2014;4:22-7.
12. Dias MB, et al. Reabilitação cardíaca e exercício nas cardiopatias congênitas em idade pediátrica. Revista da Sociedade Portuguesa de Medicina Física e de Reabilitação. 2016;28(2)24.
13. Kempny A, Dimopoulos K, Uebing A, Moceri P, Swan L, Gatzoulis MA, et al. Reference values for exercise limitations among adults with congenital heart disease. Relation to activities of daily life – single centre experience and review of published data. European Heart Journal. 2012;33(11):386-96.
14. Kehmeier ES, Margot H. Sommer MH, Galonska A, Zeus T, Kelm M. Diagnostic value of the six-minute walk test (6MWT) in grown-up congenital heart disease (GUCH): Comparison with clinical status and functional exercise capacity. International Journal of Cardiology. 2016;203:90-7.
15. American Thoracic Society/European Respiratory Society. ATS/ERS Statement on respiratory muscle testing. Am J Respir Crit Care Med. 2002;166(4):518-624.
16. Koyak Z, Harris L, de Groot JR, Silversides CK, Oechslin EN, Bouma BJ, et al. Sudden cardiac death in adult congenital heart disease. Circulation. 2012;126(16):944-54.
17. Tutarel O, Harald G, Diller G-P. Exercise: friend or foe in adult congenital heart disease? Curr Cardiol Rep. 2013;15:416.
18. Takken T, Giardini A, Reybrouck T, Gewillig M, Hövels-Gürich HH, Longmuir PE, et al. Recommendations for physical activity, recreation sport, and exercise training in pediatric patients with congenital heart disease: a report from the exercise, basic and translational research section of the European Association of Cardiovascular Prevention and Rehabilitation, the European Congenital Heart and Lung Exercise Group, and the Association for European Paediatric Cardiology. Eur J Prev Cardiol. 2011;19:1034-65.
19. Maron BJ, Zipes DP. 36th Bethesda Conference Eligibility Recommendations for Competitive Athletes with Cardiovascular Abnormalities. Journal of the American College of Cardiology. 2005;1313-5.

13

Os desafios da equipe multiprofissional na abordagem da criança com cardiopatia congênita: enfermagem, fonoaudiologia, nutrição, psicologia e serviço social

Luma Nogueira
Marcela Dinalli Gomes Barbosa
Isabela Cardoso Pimentel Mota
Camila Mithie Hattori Utsumi
Milena David Narchi
Débora Vieira de Almeida

OS DESAFIOS DA EQUIPE DE ENFERMAGEM

Quando se fala em cuidados de enfermagem ou assistência de enfermagem, logo se pensa em sistematização da assistência de enfermagem (SAE), que envolve o planejamento dos cuidados de saúde, promovendo a qualidade nos serviços prestados.

A sistematização do cuidado trouxe para os profissionais da enfermagem um método científico para compreensão e resolução dos problemas relacionados com a realidade de cada paciente, ajudando a atender as suas necessidades[1].

A sistematização do cuidado no Brasil foi proposta, inicialmente, por Wanda Horta, em 1970 e, em 1986, a consulta e a prescrição de enfermagem foram destacadas como atividades privativas do enfermeiro, regulamentadas pela Lei n. 7498/86. Em 2002, o Conselho Federal de Enfermagem (Cofen) estabeleceu a obrigatoriedade da SAE em todas as instituições de saúde brasileiras, por meio da Resolução n. 272/2002 e, em 2009, essa lei foi ampliada para todos os ambientes públicos e privados (Resolução n. 358/2009).

Esse método de cuidado, acompanhado do processo de enfermagem, pode proporcionar assistência individualizada e contextualizada, possibilitando ao enfermeiro prestar um cuidado mais holístico[2].

O pensar empírico foi deixado de lado e substituído pelo cuidado estruturado, seguindo um padrão, aumentando o nível de desempenho na resolução dos problemas; e desenvolvimento do cotidiano, garantindo a satisfação profissional[2].

Essa forma de pensar e prestar o cuidado atende amplo espectro de experiências humanas, sem ficar restrito à doença. Segundo a American Nurses Association, a enfermagem é a promoção, a proteção, a otimização da saúde, a prevenção de doenças e lesões, facilitação da cura e alívio do sofrimento.

A prática de enfermagem baseada em evidências minimiza a distância entre os avanços científicos e a prática assistencial, integralizando a competência clínica individual com os achados científicos. Proporciona melhora nos registros e documentação de enfermagem, utilizando resultados de pesquisa, consenso de especialistas, experiências clínicas confirmadas como bases para a prática clínica.

Além das atribuições impostas pela profissão, os profissionais da área trabalham com a parte subjetiva do doente, proporcionando afeto, carinho e compreensão. A equipe preocupa-se não somente com o paciente, mas sim com todo o contexto em que este está inserido.

Quando se relacionam principalmente os cuidados ao paciente pediátrico, instantaneamente, a intensidade das ações e emoções se multiplicam. A assistência da enfermagem pediátrica varia de acordo com o ambiente inserido, experiência individual do profissional, origem do paciente e da família. Cada profissional tem uma série de variáveis individuais que afetam a relação enfermeiro-paciente.[1]

A relação terapêutica é essencial para a promoção do cuidado de alta qualidade. Ao se falar principalmente em enfermagem pediátrica, na relação terapêutica, existem fronteiras bem definidas entre enfermeiro e criança, e na relação não terapêutica, as fronteiras não são bem definidas.

Não é bem definido quando a relação terapêutica ou não terapêutica ocorre, mas o ponto-chave é a enfermagem manter-se a uma distância suficiente para distinguir os próprios sentimentos e necessidades[1].

Um grande desafio hoje é estudar e falar a respeito desses cuidados dentro de uma unidade de terapia intensiva (UTI) pediátrica. Um desafio ainda maior está relacionado aos cuidados intensivos à criança com cardiopatia congênita.

Juntamente com o crescimento científico e desenvolvimento das novas técnicas cirúrgicas no tratamento das cardiopatias, a enfermagem vem aprimorando e continua em constante crescimento no processo de qualificação da assistência. Uma das importantes fases do tratamento dos cardiopatas é a recuperação pós-operatória.

Na chegada da criança na UTI, no pós-operatório, a equipe multidisciplinar é mobilizada a recepcionar o doente, de forma que garanta estabilidade e segurança, sendo imediatamente realizada a adequada verificação de todos os dispositivos e estado hemodinâmico. Logo após a chegada da criança, são realizados os controles clínico e hemodinâmico, coleta de exames e administração das medicações.

A equipe de enfermagem está presente em todos os momentos da internação da criança, 24 horas por dia; participa e controla todos os processos a que é submetida; acompanha todas as ações da equipe multidisciplinar, sinaliza estados de descompensação ou estado de alerta.

Durante esse período são realizados, pelo enfermeiro, diversos diagnósticos de enfermagem capazes de levantar e direcionar as primordiais necessidades para este perfil de paciente.

A SAE faz parte do processo de enfermagem que proporciona o levantamento dos diagnósticos de enfermagem (DE) encontrados na North American Nursing Diagnosis Association (NANDA), Nursing Interventions Classification (NIC) e Nursing Outcomes Classification (NOC).

Os DE mais comuns, levantados para cardiopatias congênitas no pós-operatório de cirurgia cardíaca, após uma avaliação criteriosa pelo enfermeiro são:

- Risco de infecção.
- Proteção ineficaz.
- Ventilação espontânea prejudicada.
- Risco de queda, dor aguda.
- Integridade tissular prejudicada.
- Processos familiares interrompidos.
- Privação de sono.
- Mobilidade física prejudicada.

Para exemplificar, a Tabela 13.1 dispõe o processo de planejamento de enfermagem frente a uma criança que evolui com quadro de dispneia.

TABELA 13.1 Exemplo de um planejamento de enfermagem. Adaptado[3].

Diagnóstico de enfermagem	Prescrição de enfermagem (NIC – Nursing Interventions Classification)	Resultados esperados (NOC – Nursing Outcomes Classification)
Ventilação espontânea prejudicada	Intervenções principais: - Controle das vias aéreas - Monitoração respiratória - Oxigenoterapia Intervenções sugeridas: - Precaução contra aspiração - Controle ácido-básico - Controle de energia - Controle de vias aéreas - Posicionamento - Redução da ansiedade (etc.)	- Melhorar padrão respiratório - Equilíbrio eletrolítico e ácido-base - Estado cardiopulmonar - Identificar complicações precocemente - Estado neurológico

Alguns desses diagnósticos são negligenciados na maior parte das vezes. Há necessidade de que instrumentos desenvolvidos e validados, para respaldar a identificação de problemas e obter direcionamento no planejamento das intervenções de enfermagem, sejam mais bem implementados. Hoje, a dor é diagnosticada, porém há limitações quanto à qualificação do nível da dor e à prescrição de enfermagem.

A avaliação deve ser adequada ao entendimento das respostas das crianças relacionadas à faixa etária. Uma das dificuldades encontradas foi o consenso entre a equipe multidisciplinar a respeito da adequada conduta para analgesia e quando deve ser aplicada.

Uma limitação também que a equipe enfrenta é a dificuldade da presença permanente de familiares durante a internação de crianças. O Estatuto da Criança e Adolescente determina, no artigo 12, Lei n. 13.257, de 8 de março de 2016, que os estabelecimentos de saúde devem proporcionar condições para permanência em tempo integral dos pais ou responsável, porém as instituições de saúde, principalmente a UTI, não estão preparadas para receber os acompanhantes dessas crianças[4.]

Chama-se a atenção de que os pais, muitas vezes, têm que enfrentar a situação do desconhecido, apresentando um sentimento de medo e insegurança. Muitos esperam da equipe um acolhimento esclarecedor e confortante durante esse período, porém muitas vezes se encontra uma dificuldade muito grande em abranger todas as expectativas e necessidade, tanto pelo sentimento da enfermagem como dos familiares, pois a equipe pode também não estar preparada para a contínua presença dos pais.[4]

Um momento desafiador também, dentro de uma unidade de saúde, é lidar com a morte, principalmente quando está relacionada ao paciente pediátrico. É difícil pensar em processo natural quando se dá o máximo do trabalho e, sentimentalmente, se torce para um tratamento com resultados positivos.

O sentimento de impotência dentro de um quadro de morte, o constrangimento e o sentimento de culpa ou fracasso faz pensar até que ponto se está preparado para lidar com o processo de morte e o morrer. Há um paradoxo muito grande entre os profissionais, entre o sofrimento e alívio diante da morte[5].

Muitos profissionais evitam ao máximo se envolver emocionalmente, correndo-se o risco de prejudicar a assistência, ao se focar em uma assistência mais humanizada. O profissional, na atualidade, está preparado para lidar com a doença, mas muitas vezes não está preparado para lidar com o processo e aceitação da morte[5].

Considerando os aspectos que envolvem a relação não terapêutica, ressalta-se a religião como um fator importante em todo esse processo.

Dentre todas as áreas, talvez o ponto de maior dificuldade para os cuidados em saúde pediátrica seja até que ponto as medidas terapêuticas são necessárias e desejáveis. O planejamento dos cuidados com pediatria envolve cada vez mais o saber sistematizado, avanço científico e tecnológico. Ressalta-se que a enfermagem hoje busca a construção do cuidado com o objetivo de atender prioritariamente as necessidades do paciente e da família.

OS DESAFIOS DA EQUIPE DE FONOAUDIOLOGIA

A atuação fonoaudiológica nas crianças com cardiopatia congênita é complexa, sendo necessário um olhar integrativo dessa criança para que haja sucesso no processo terapêutico. É uma conceituação que permite o uso de diferentes modelos de cuidado em saúde com princípios fundamentados na relação terapêutica, na abordagem do paciente como um todo, na orientação especifica técnico-cientifica[6] para reabilitação dos distúrbios fonoaudiológicos e na participação do paciente e de familiares no tratamento.

É importante avaliar o binômio mãe/criança e o contexto familiar justamente para ser mais assertivo na atuação. A vivência profissional e o perfil de morbimortalidade dessa população contribuem para a mudança de percepção sobre o processo saúde-doença e a necessidade de conhecimento e criação de diversas estratégias, que devem ser desenvolvidas com o foco central do cuidado: o paciente. Com isso, o profissional aprende a analisar os resultados sob uma visão sistêmica, que permite trazer melhoras em cada etapa do atendimento.

Ao propor um olhar integrativo aos atendimentos fonoaudiológicos às crianças com cardiopatia congênita, é fundamental pensar em tudo que esta criança lida desde a entrada no hospital. A começar pelo cenário que ela viverá, poderá ter uma internação prolongada, poderá passar pela UTI, enfermaria, pelos cuidados de muitos profissionais como médicos, enfermeiros e demais da equipe multiprofissional e essa nova rotina impactará nos cuidados, nas relações e no desenvolvimento global.

O processo de internação para a correção cirúrgica das cardiopatias congênitas traz tensões adicionais à prática fonoaudiológica, como quando o paciente necessita de intubação orotraqueal prolongada, de via alternativa de alimentação e apresenta sequela neurológica. Nesse contexto, o conhecimento científico e a experiência profissional permitem definir os limites e articulação dos trabalhos multi e interdisciplinar, tendo o paciente como provedor dessa relação.

A fonoaudiologia na atuação hospitalar é responsável por avaliar e reabilitar: disfagia, voz, linguagem, fala e motricidade orofacial. O paciente que necessita de atendimento fonoaudiológico pode ser identificado pelo próprio fonoaudiólogo inserido na equipe ou por meio de triagem multiprofissional.[7]

Em relação às atribuições do fonoaudiólogo, está a assistência de bebês cardiopatas que ainda não vivenciaram a amamentação, em razão das dificuldades cardiorrespiratórias; estas dificuldades podem comprometer o desempenho, limitar o tempo de aleitamento materno exclusivo e também aumentar o risco de broncoaspiração. A broncoaspiração nessa população pode acontecer por incoordenação nas funções de sucção-deglutição-respiração, por isso é preconizada a estabilidade do quadro. Para que o aleitamento materno seja efetivo e seguro, são avaliadas as estruturas (lábios, língua, bochechas, palato duro e palato mole, mandíbulas, tonsilas e dentes), as funções (sucção, respiração, deglutição, mastigação e a fala) estomatognáticas e o seio materno. A avaliação complementar do seio materno é para auxiliar na pega adequada.

Dentre os diagnósticos fonoaudiológicos nessa população está a disfagia orofaríngea, que é um distúrbio da deglutição, que pode acometer a fase oral e/ou fase faríngea da deglutição, trazendo complicações como desnutrição, desidratação, aspiração laringotraqueal e morte[7]. A disfagia é classificada de acordo com sua gravidade em leve, moderada a grave ou grave[8], o que auxilia na associação com os achados clínicos e conduta terapêutica.

Um dos fatores de risco para disfagia é a intubação orotraqueal prolongada (mais de 24 horas). Após a extubação, o fonoaudiólogo avalia as estruturas e funções estomatognáticas e define o programa de reabilitação, que consiste na realização de exercícios para coordenação destas funções, adequação das estruturas estomatognáticas, adequação das consistências alimentares e utensílios para proporcionar uma via oral segura e prazerosa (Tabela 13.2). Caso haja necessidade, modifica-se a consistência alimentar e espessamento dos líquidos. Os líquidos poderão ser espessados nas consistências, néctar, mel ou pudim[7]. Em alguns casos, o uso de via alternativa de alimentação (sonda nasoenteral ou gastrostomia) se faz necessário e em razão do quadro de desnutrição que acomete as crianças cardiopatas, é prudente a permanência da via alternativa de alimentação até que o suporte nutricional seja pleno.

TABELA 13.2 Orientações fonoaudiológicas na disfagia infantil. Adaptado[7,9].

Mudança ambiental	Ambiente positivo e tranquilo
	Devem ser retirados estímulos visuais e auditivos
	Sempre que possível fazer as refeições em família
Posicionamento às refeições	Confortável
	Cadeirão/cadeira adaptada: manter a cabeça estável e alinhada em relação ao tronco e com apoio nos pés, proporcionando maior estabilidade e controle corporal
Utensílios	Bico da mamadeira com fluxo de leite adequado: líquidos ralos, líquidos com média consistência e líquidos engrossados
	Colheres apropriadas ao tamanho da cavidade oral: silicone, plástico duro ou metal (atenção à hipersensibilidade oral)
Aspecto e sabor	A comida deve ser atrativa, colorida e cheirosa
	A quantidade é determinada pela criança e não se deve forçar a comer
	Temperatura: quente, fria ou do ambiente
	Sabor: atentar ao uso de temperos e ervas
Consistências	Líquida – espessados: néctar, mel e pudim
	Pastosa – homogênea e heterogênea
	Sólida
Controle do volume	Pausas a cada 4 ou 5 grupos de sucção
	Alternância da colher com alimento e colher vazia

Um outro aspecto na atuação fonoaudiológica com as crianças cardiopatas são os quadros de recusa/seletividade alimentar. O comportamento alimentar se estabelece até os 2 anos de idade e, nessa mesma fase, as crianças com cardiopatia congênita estarão expostas a: internação prolongada, procedimento cirúrgico, uso de via alternativa de alimentação e a toda rotina hospitalar podendo gerar um desgaste emocional.

Esses são fatores que podem impactar nas experiências alimentares e, dessa forma, gerar dificuldades alimentares[10].

O comportamento alimentar é aprendido e por isso o fonoaudiólogo utiliza estratégias terapêuticas que expõem a criança a diferentes alimentos com texturas, formas, cores, cheiros e sabores diferentes[10]. Nesse processo de aprendizagem, a interação com o cuidador, as emoções envolvidas, o ambiente das refeições e a estabilidade clínica são aspectos essenciais. Assim, a criança sente confiança e conforto para desenvolver a habilidade de comer, visto que, comer é um comportamento aprendido[10].

Uma vez que essas crianças cardiopatas são expostas a tantos eventos adversos, o desenvolvimento global sofre impacto e aspectos como o desenvolvimento da fala e da linguagem também. São realizadas orientações aos pais e quando necessário a intervenção fonoaudiológica. De modo geral, a linguagem não verbal ocorre por meio de choro, sorriso, expressões corporal e facial. Identificar e validar os sinais da criança proporciona um importante canal de comunicação entre a mãe e o bebê e gera as sensações de segurança e felicidade[11]. A interação social contribui para o desenvolvimento da linguagem e deve ser realizada por meio de histórias, músicas e diálogo com a criança utilizando enunciados simples e respeitando os turnos de comunicação[6].

O processo de reabilitação fonoaudiológica deve ser conduzido com leveza, pois há muita expectativa dos familiares para a criança se alimentar novamente. Atender as crianças cardiopatas com os seus respectivos responsáveis, envolve fazer uma leitura de todo o contexto vivido por eles. O fonoaudiólogo tem sucesso no processo terapêutico ao explicar as técnicas e envolver a família em cada fase com segurança, confiança, esperança e sem julgamentos. É muito importante que eles sejam informados sobre as reais condições de realimentação por via oral ou a necessidade de via alternativa de alimentação definitiva (gastrostomia). Uma família acolhida entende o processo terapêutico; a reabilitação dessas crianças ocorre na integralidade e o fonoaudiólogo permite a continuidade do tratamento, respeitando o desenvolvimento e particularidades de cada criança.

Proporcionar às famílias autonomia e segurança para o processo de alta fonoaudiológica e/ou hospitalar e participar de um encerramento de ciclo é sem dúvida um final de história motivadora e que traz alegria ao trabalho com as crianças com cardiopatia congênita.

OS DESAFIOS DA EQUIPE DE NUTRIÇÃO

A desnutrição é uma causa comum de morbimortalidade em crianças com cardiopatia congênita, acarretando retardo no crescimento e redução da defesa imunológica, favorecendo o surgimento de infecções, retardo nas cicatrizações de lesões e aumento do tempo de internação hospitalar, com aumento da taxa de mortalidade. O ciclo vicioso insuficiência cardíaca e infecção respiratória aumenta a demanda de gasto energético desses pacientes contribuindo ainda mais para a desnutrição. O mecanismo de deficiência de crescimento e baixo ganho de peso de pacientes com cardiopatia congênita é multifatorial e pode estar associado com síndromes genéticas, retardo de crescimento intraútero e prematuridade[12].

O inadequado aporte nutricional é resultado da interação de diversos fatores como (Figura 13.1):

- Restrição da ingestão de macro e micronutrientes, ocasionada pela baixa ingestão alimentar em razão do desconforto respiratório, acidose, hipoxemia persistente e restrição hídrica.
- Déficit de absorção dos nutrientes pelo trato digestivo, por insuficiência cardíaca congestiva com consequente edema de alças intestinais.
- Elevado gasto energético, decorrente do aumento da demanda pelos tecidos cardíaco e respiratório e função neuro-humoral.

Nos países em desenvolvimento, observa-se uma normalização do crescimento somático quando a correção da cardiopatia ocorre em idade mais precoce. Entretanto, a nutrição adequada no pré-operatório aumenta as reservas metabólicas de cada paciente, auxiliando na manutenção do estado nutricional e melhora do prognóstico.

Triagem nutricional

Com objetivo de identificar a vulnerabilidade nutricional da criança, recomenda-se a aplicação da triagem nutricional. O instrumento *Screening Tool Risk Nutritional Status and Growth (Strong Kids)*, desenvolvido por pesquisadores holandeses, tem sido atualmente recomendado para a população pediátrica. É composto por questões em que o profissional atribui uma pontuação para as respostas. A somatória dos pontos identifica o risco de desnutrição, além de guiar o aplicador sobre a intervenção e o acompanhamento necessários. Os escores de alto risco do *Strong Kids* mostraram associação significativa com maior tempo de hospitalização[13].

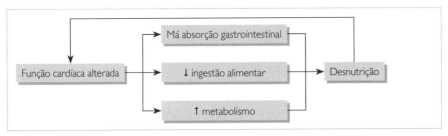

FIGURA 13.1 Fatores que levam à desnutrição na cardiopatia congênita.

Necessidades nutricionais

A oferta calórica e proteica dependerá da faixa etária, do diagnóstico nutricional e do estado clínico do paciente. Nas crianças sadias, as necessidades energéticas diárias, correspondem à taxa metabólica basal somada à energia necessária para a atividade e para a promoção de crescimento (Tabela 13.3). Nos pacientes desnutridos a oferta energética deve ser aumentada em 50 a 100% da necessidade energética total nas crianças menores de 5 anos e 20 a 30% nas crianças acima desta idade. Nos casos de estresse elevado (sepse e cirurgia de grande porte) deve-se limitar a oferta calórica em taxa metabólica basal (Tabela 13.4). Nesses casos a oferta proteica deve ser 15 a 20% do valor energético oferecido, sendo necessário utilizar os limites superiores das recomendações proteicas para cada faixa etária e gênero (Tabela 13.3)[14].

TABELA 13.3 Necessidade de energia e proteína[15,16]

Idade (anos)	Energia (kcal/kg/dia)	Proteína (g/kg/dia)
0-1	90-120	2-3
1-7	75-90	1,5-3
7-12	60-75	1,5-2,5
12-18	30-60	0,8-2,5
>18	25-30	0,8-1,5

TABELA 13.4 Cálculo da taxa metabólica basal[17]

Idade (anos)	Meninos	Meninas
< 3	60,9 × Peso (kg) - 54	61 × Peso (kg) - 51
3-10	22,7 × Peso (kg) + 495	22,5 × Peso (kg) + 499
10-18	17,5 × Peso (kg) + 651	12,2 × Peso (kg) + 496

As necessidades de vitaminas e minerais devem seguir a recomendação das *Dietary Recomended Intakes* (DRI). É necessário ter atenção especial à oferta adequada de potássio, cálcio, fósforo, magnésio, tiamina (vitamina B1), pois a deficiência pode afetar a função e o ritmo cardíaco.

A ingestão de sódio também deve ser controlada, a fim de evitar a sobrecarga cardíaca e piora da insuficiência cardíaca.

Vias de alimentação

A alimentação por via oral é sempre a primeira escolha, porém, em razão da gravidade da desnutrição e/ou da fadiga importante ao mamar, pode haver indicação do uso de terapia nutricional por sonda nasogástrica, que permite aporte complementar ou pleno de calorias e nutrientes em pacientes com o trato digestório funcionante. Nos casos em que se prevê a necessidade de alimentação por sonda por período superior a 3 meses, deverá optar-se pela gastrostomia endoscópica percutânea. Para neonatos e crianças sem o sistema digestório íntegro, há indicação de nutrição parenteral[12,18].

OS DESAFIOS DA EQUIPE DE PSICOLOGIA

A internação no hospital provoca mudanças e quebras na rotina de pacientes e famílias. O novo lugar tem possibilidade de se tornar ameaçador e desorganizador para a criança e os pais. No ambiente desconhecido, podem emergir fantasias, medos, agressividades, preocupações, sensação de abandono, sentimento de solidão e conflitos relacionados à cardiopatia.

Outro aspecto fundamental são as angústias dos pacientes e familiares suscitadas a partir dos cuidados da equipe que os acompanhará durante todo o processo de hospitalização, como também da convivência com outros pacientes e mesmo com os pais.

Além disso, a interrupção da rotina pela hospitalização propicia mudanças de papéis, das atividades na família e uma adaptação ao novo contexto. As crianças podem passar por exames, cirurgias e procedimentos que desconhecem e, dessa forma, podem ser traumáticos. Isso vai depender da intensidade e do modo como as crianças sentem as reações e as invasões desse ambiente. Nesse sentido, podem emergir as agonias primitivas: "a sensação é cair para sempre, perda de se relacionar com objetos e perda do senso do real".[19]

Winnicott diz que se um ambiente não é suficientemente bom não propiciará ao bebê cumprir a cada fase com as ansiedades, a satisfação e os conflitos inatos esperados. Entretanto, se o ambiente for suficientemente bom permitirá o desenvolvimento.

Desse modo, uma das maneiras de facilitar a saúde mental se dá pela função de *holding* que deve ser realizada no ambiente hospitalar durante todo tempo com a finalidade de manter a continuidade do tratamento. Para Winnicott[19], *holding* significa sustentar o paciente e expressar em palavras, no momento certo, com simpatia e compreensão o que captou e compreendeu da profunda ansiedade que o paciente está vivendo.

Gianotti[20] relata que a criança com cardiopatia congênita tende a ser afetada nas esferas biológica, social e psicológica com a possibilidade de apresentar comprometimento no desenvolvimento cognitivo, maturação e crescimento. E, também, pode ocorrer a limitação dos exercícios e cansaço para realizar as atividades que variam de acordo com o tipo de cardiopatia. Essa condição pode propiciar nas mães muita angústia pela socialização do filho ficar prejudicada. Outro aspecto é a superproteção materna em decorrência de sentirem-se culpadas, inadequadas ou punidas por diversas crenças.

Nesse cenário, cabe à equipe de psicologia cuidar do paciente e da família, avaliando e possibilitando a presença das pessoas próximas com quem a criança tem vínculo e se sente amparada. Além disso, pode-se incentivar para que tragam objetos com os quais as crianças costumam brincar, observar as alterações nas rotinas do sono e da alimentação e intervir se necessário. Assim, o objetivo é minimizar as quebras e descontinuidades ocasionadas pela alteração do ambiente. Outro aspecto é a orientação da equipe aos pais em relação às contribuições no cuidado com o filho e à compreensão da evolução do quadro clínico, dados imprescindíveis ao tratamento do filho. Este ambiente propiciado pela equipe e pais favorece o brincar e a alimentação.

A brincadeira é fundamental por proporcionar à criança uma forma de lidar com a realidade externa de modo criativo. A criança expressa o que está sentindo e pelo que está passando no momento. Isso produz uma área limitada de poder, mas ilimitada de imaginação. "No brinquedo, um objeto pode ser: destruído e reparado, ferido e reparado, sujo e limpo, morto e trazido de volta à vida."[21] Nesse sentido, o brinquedo traz prazer e propicia o uso de símbolos.

Segundo Pereira et al.,[22] o trabalho da psicologia no Instituto Dante Pazzanese de Cardiologia, na cidade de São Paulo, é focado no atendimento de familiares e pacientes internados para tratamento clínico, pré, peri e pós-cirúrgicos na enfermaria e na UTI. Os objetivos são propiciar a expressão dos sentimentos inerentes à hospitalização, trabalhar os medos, angústias e fantasias das crianças, ajudar na comunicação da criança e da família com a equipe multiprofissional e diminuir os impactos traumáticos frente à hospitalização.

A atuação da psicologia ocorre com os atendimentos individuais às crianças e aos pais, visita multidisciplinar, discussão de casos em equipe, atendimento em grupo infantil, acompanhamento às famílias e pacientes na porta do centro cirúrgico e na UTI infantil, grupo multidisciplinar com os familiares e trabalhos de humanização nos aniversários das crianças e nas datas comemorativas.

O desafio da equipe multidisciplinar é conhecer quem é essa criança, quais os seus sonhos, desejos, expectativas e fantasias em relação ao processo de adoecimento e internação. Nesse sentido, é fundamental compreender o ambiente e a cultura nos quais a criança está inserida para realizar um plano terapêutico mais próximo às suas necessidades. Com isso, busca possibilitar à criança a compreensão da hospitalização com participação ativa no processo.

Para que os pais sintam-se amparados e tenham condições de cuidar dos filhos, o trabalho com os pais/responsáveis é imprescindível. O atendimento psicoterápico hospitalar busca auxiliar os pais no contato com o medo da morte dos filhos, os impactos da hospitalização, os traumas, as angústias, os segredos e os não ditos familiares. Desse modo, o ambiente hospitalar é mais propício às experiências traumáticas, podendo eclodir os segredos e não ditos familiares alterando e modificando as visões da família com importantes rupturas em padrões que podem ser desorganizadores e caóticos.

Os "segredos", segundo Imber-Black[22], são fenômenos sistêmicos que estão conectados aos relacionamentos que marcam quem está dentro, fora, próximo e distante. Ainda menciona que um segredo porta inúmeros significados. Ao manter os segredos, a área de comunicação da família, a resolução dos problemas e o confronto com as questões pertinentes ao desenvolvimento normal podem ser afetados.

Em relação à equipe multiprofissional é imprescindível que todos se conheçam e tenham uma conduta homogênea em relação ao cuidado, sejam atentos e precisos na comunicação entre os membros, com os familiares e com o paciente. E, ainda, o ponto fundamental é o autocuidado e o autoconhecimento como primordiais no cuidado do outro. Outro aspecto é a compreensão do paciente como ser biopsicossocioespiritual, tendo a dimensão de múltiplos aspectos a serem conhecidos e respeitados.

A criação de uma rede de sustentação firme, contínua, não invasiva e protetora é um trabalho incessante, sendo que a equipe de psicologia pode cuidar e se relacionar com o paciente e com a família de forma continente no momento que expressarem dificuldades e angústias. Surgem, assim, construções sólidas de sentidos e potenciais criativos para lidar com a doença, a hospitalização e a dor.

OS DESAFIOS DA EQUIPE DO SERVIÇO SOCIAL

A compreensão ampliada do processo de saúde-doença envolve o compartilhamento de conhecimento, não somente do diagnóstico, mas também dos problemas sociais e subjetivos apresentados por pacientes e famílias. Essa compreensão é possível somente a partir de uma análise de contexto social, cultural e econômico em que se inserem os sujeitos, "que os condicionam e lhes atribuem particularidade"[24].

Dentro de um serviço de saúde de alta complexidade o serviço social, tanto no âmbito ambulatorial quanto em unidade de internação contribui com a equipe multiprofissional apropriando-se do contexto social do paciente, interpretando normas institucionais, participando de estudos de caso e visitas técnicas, articulando com recursos internos e da rede socioassistencial.

No âmbito do atendimento, faz parte das atribuições do assistente social o acolhimento de crianças/adolescentes com cardiopatia congênita, seus pais ou responsáveis legais.

As competências do assistente social normalmente são norteadas pela lei de regulamentação da profissão, seus parâmetros e protocolos assistenciais tendo as intervenções fundamentadas na compreensão do contexto sócio-histórico. Dentre elas encaminhar providências e prestar orientação frente às demandas apresentadas no cotidiano dos sujeitos.

Para tanto o assistente social faz uso dos instrumentais técnico-operativos,[25] a exemplo da observação sensível e da entrevista social que permitem conhecer o núcleo familiar, as relações interpessoais, as diversidades culturais, religiosas e socioeconômicas. O estabelecimento de vínculo com os familiares ou responsáveis legais possibilita identificar vulnerabilidades sociais que possam predispor a problemas no desenvolvimento, no tratamento e na qualidade de vida de crianças e/ou adolescentes.

Conforme o Estatuto da Criança e do Adolescente (ECA),[25] a Lei n. 8.069 de 13 de julho de 1990 dispõe sobre a proteção integral à criança e ao adolescente. Define-se por essa Lei que:

"Art. 2º Considera-se criança, para os efeitos desta Lei, a pessoa até 12 anos de idade incompletos, e adolescentes aquela entre 12 e 18 anos de idade.[26]

"Art. 3º A criança e o adolescente gozam de todos os direitos fundamentais inerentes à pessoa humana, sem prejuízo da proteção integral de que trata esta Lei, assegurando-lhes, por lei ou por outros meios, todas as oportunidades e facilidades, a fim de lhes facultar o desenvolvimento físico, mental, moral, espiritual e social, em condições de liberdade e de dignidade.[26]

"Art. 4º É dever da família, da comunidade, da sociedade em geral e do poder público assegurar, com absoluta prioridade, a efetivação dos direitos referentes à vida, à saúde, à alimentação, à educação, ao esporte, ao lazer, à profissionalização, à cultura, à dignidade, ao respeito, à liberdade e à convivência familiar e comunitária".[26]

O trabalho com as famílias, expresso na gênese do serviço social e neste contexto segue os preceitos da legalidade.

É importante registrar que a participação das mães no cuidado é predominante em relação aos pais. Estes são por vezes ausentes ou tidos como provedores.

Segundo Acosta:[27] "Em consonância com a precedência do homem sobre a mulher e da família sobre a casa, o homem é considerado o chefe da família e a mulher, a chefe da casa. O homem corporifica a ideia de autoridade, como uma mediação da família com o mundo externo. Ele é autoridade moral, responsável pela respeitabilidade familiar. À mulher cabe outra importante dimensão da autoridade: manter a unidade do grupo. Ela é quem cuida de todos e zela para que tudo esteja em seu lugar".

Durante o processo de hospitalização pré e pós-cirúrgico o contato com os pais ou responsáveis legais é constante, principalmente para ajudá-los na difícil tarefa de deixar as rotinas do cotidiano em segundo plano, dentre elas, outros filhos, casa e trabalho, justamente neste momento em que as problemáticas familiares se apresentam e são objeto de intervenções sociais, orientações ou encaminhamentos.

Algumas elencadas são:

- Guarda.
- Inclusão em benefícios assistenciais.
- Inclusão em programas assistenciais.
- Maternidade precoce (mães adolescentes).
- Pensão alimentícia.
- Problemas de saúde (transtornos mentais e consumo de substâncias psicoativas).
- Reconhecimento de paternidade.
- Reclusão (pais ou responsáveis legais cumprindo pena em sistema prisional).
- Residências em área de risco.
- Violência doméstica e familiar contra a mulher (Lei Maria da Penha, a Lei n. 11.340/2006).
- Violência social (maus-tratos, negligência, abandono, abuso físico, abuso sexual, abuso psicológico).

Os casos de violência doméstica e violência social exigem notificação,[27] atribuição da equipe que presta assistência à mulher (mãe), à criança ou ao adolescente.

Objetivando garantir os direitos das crianças, adolescentes e familiares o serviço social tem a atuação embasada em três políticas: a previdência social, a assistência social e a saúde que compõem a seguridade social.

O Sistema Único de Saúde (SUS) interpreta aos familiares os direitos do paciente, informa sobre o tratamento fora do domicílio (TFD).

No âmbito da proteção social, alinhados ao ECA, realizam-se encaminhamentos para conselhos tutelares, Centros de Referência de Assistência Social (CRAS), Centros de Referência Especializados em Assistência Social (CREAS), defensorias públicas, varas da infância e da adolescência.

As mediações com a equipe multiprofissional constituem também uma estratégia para garantir o acesso das famílias às informações ou condutas referentes à assistência.

Agradecimento

Agradecimento às assistentes sociais Maria Barbosa da Silva, doutora em Serviço Social pela PUC/SP e Vera Lucia Frazão de Sousa, mestre em Gerontologia pela PUC/SP.

REFERÊNCIAS BIBLIOGRÁFICAS

1. Hockenberry MJ, Wilson D. Wong: fundamentos de enfermagem pediátrica. 8ª ed. Rio de Janeiro: Elsevier; 2011.
2. Ramos CA. Assistência de Enfermagem à criança hospitalizada por cardiopatia congênita. 2010 [Dissertação] Escola de Enfermagem. Universidade de São Paulo; 2010.

3. Johnson M, Moorhead S, Johnson M, Swanson E, Bulecheck G. Ligações entre NANDA, NOC e NIC. 2ª ed. São Paulo: Artmed; 2012.
4. Mello DC, Rodrigues BMRD. O acompanhante de criança submetida à cirurgia cardíaca: contribuição para enfermagem. Escola Anna Nery Rev Enfermagem. 2008;12(2):237-42.
5. Lima BSF, Silva RCL. Morte e morrer numa UTI pediátrica: desafios para cuidar em enfermagem na finitude da vida. Ciência, Cuidados Saúde. 2015;13(4):722-9.
6. Padovan Otani MA, Filice de Barros N. A Medicina Integrativa e a construção de um novo modelo na saúde. Ciência & Saúde Coletiva. 2011;16(3):1801-11. Disponível em: http://www.uacm.kirj.redalyc.redalyc.org/articulo.oa?id=63018467016.
7. Sousa AGMR, Magnoni D, Germini MFCA. Ciência da Saúde no Instituto Dante Pazzanese de Cardiologia. Volume Fonoaudiologia. São Paulo: Atheneu; 2013.
8. Flabiano-Almeida FC, Buhler KEB, Limongi SCO, Andrade CRF. Protocolo de Avaliação Clínica da Disfagia Pediátrica (PAD-PED). Pró-Fono; 2014.
9. Brandt B, Levy DS, Procianoy R, Silveira RC. Atenção ao lactente e a criança com disfagia no ambulatório de seguimento do recém-nascido de risco. In: Levy D, Almeida ST, editors. Disfagia Infantil. Disfagia Infantil. Rio de Janeiro: Thieme Revinter; 2018.
10. Junqueira P. Relações cognitivas com o alimento na infância. ILSI Brasil – International Life Sciences Institute do Brasil. ILSI Brasil; 2017.
11. Kyrillos LR. Expressividade da teoria à prática. São Paulo: Revinter; 2004.
12. Justice L, Buckley JR, Floh A, Horsley M, Alten J, Anand V, Schwartz SM. Nutrition Considerations in the Pediatric Cardiac Intensive Care Unit Patient. World J Pediatr Congenit Heart Surg. 2018;9(3):333-43.
13. Hulst J, Zwart H, Hop W, Joosten K. Dutch national survey to test the STRONGkids nutritional risk screening tool in hospitalized children. Clin Nutr. 2010 Feb;29(1):106-11.
14. Gomes DF, Gandolfo AS, Oliveira AC et al. Campanha "Diga não à desnutrição Kids": 11 passos importantes para combater a desnutrição hospitalar. BRASPEN J 2019;34(1):3-23.
15. ASPEN Board of Directors and the Clinical Guidelines Task Force. Guidelines for the use of parenteral and enteral nutrition in adult and pediatric patients. JPEN J Parenter Enteral Nutr. 2002;26(1 Suppl):1SA-138SA.
16. ASPEN Board of Directors. Guidelines for the use of parenteral and enteral nutrition in adult and pediatric patients. JPEN J Parenter Enteral Nutr. 2009;33(3):255-9.
17. OMS: Energy and protein requeriments: Report of a joint FAO/WHO/UNU expert consultation. WHO Technical Report Series Nº 724. Geneva, World Health Organization, 1985, p 71.
18. Kalra R, Vohra R, Negi M, Joshi R, Aggarwal N, Aggarwal M, Joshi R. Feasibility of initiating early enteral nutrition after congenital heart surgery in neonates and infants. Clin Nutr ESPEN. 2018;25:100-102
19. Winnicott DW. O medo do colapso (breakdown). In: Winnicott C, Shepherd R, Davis M, organizers. Explorações psicanalíticas. Porto Alegre: Artes Médicas; 1994.
20. Giannotti A. Efeitos Psicológicos das Cardiopatias Congênitas. São Paulo: Lemos Editorial; 1996.
21. Winnicott DW. Notas sobre o Brinquedo. In: Winnicott C, Shepherd R, Davis M, organizers. Explorações psicanalíticas. Porto Alegre: Artes Médicas; 1994.
22. Pereira AAM. Protocolos Assistenciais da Psicologia. In: Sousa AGMR, Maria AA. Psicologia. São Paulo: Atheneu; 2013.
23. Imber-Black E. Segredos na Família e na Terapia Familiar: Uma Visão Geral. In: Imber-Black E et al, editors. Os Segredos na Família e na Terapia Familiar. Porto Alegre: Artes Médicas; 1994.
24. Yazbek MC. O Serviço Social e o movimento histórico da Sociedade brasileira. In: Conselho Regional de Serviço Social do Estado de São Paulo (eds.). Legislação brasileira para o Serviço Social: coletânea de leis, decretos e regulamentos para instrumentalização do (a) assistente social. 2ª ed. São Paulo: Conselho Regional de Serviço Social; 2006.

25. Cardoso MFM. Reflexões sobre Instrumentais em Serviço Social: Observação Sensível, Entrevista, Relatório, Visitas e Teorias de Base no Processo de Intervenção Social. São Paulo: LCTE; 2008.
26. Brasil. Lei nº 8.069, de 13 de julho de 1990. Dispõe sobre o Estatuto da Criança e do Adolescente e dá outras providências. Disponível em: http://www.planalto.gov.br/ ccivil_03/Leis/l8069.htm.
27. Acosta AR, Vitale MAF. editors. Família: redes, laços e políticas públicas. São Paulo: IEE/PUCSP; 2003.
28. Brasil. Ministério da Saúde. Secretaria de Assistência à Saúde. Notificação de maus-tratos contra crianças e adolescentes pelos profissionais de saúde: um passo a mais na cidadania em saúde / Ministério da Saúde, Secretaria de Assistência à Saúde. – Brasília: Ministério da Saúde, 2002. 48 p.: il. – (Série A. Normas e Manuais Técnicos; n. 167) ISBN 85-334-0499-9 1. Maus-tratos infantis. I. Brasil. Ministério da Saúde. II. Brasil. Secretaria de Assistência à Saúde. III. Título. IV. Série. NLM WA 3.

14

Cardiopatias congênitas e Covid-19

Andyara Cristianne Alves

INTRODUÇÃO

A Covid-19 é uma doença respiratória causada pelo coronavírus SARS-CoV-2, que foi detectado pela primeira vez na China em dezembro de 2019 e se disseminou para mais de 150 países. Desde março de 2020, a doença foi declarada pandemia pela forma rápida como se dissemina por todo o mundo, com consequências nunca vistas antes para a saúde global, causando sofrimento pelas doenças e mortes, tensões e ansiedades, instabilidade econômica e política[1,2].

A transmissão do coronavírus é feita por meio de gotículas aéreas ou contato direto de pessoa para pessoa; a presença de SARS-CoV-2 nas fezes sugere a possibilidade de propagação fecal-oral, o que pode fornecer parcialmente explicações para os sintomas gastrintestinais[1,2]. O período de incubação da doença é geralmente em torno de 5 a 6 dias, podendo variar de 0 a 14 dias. A duração do período de transmissibilidade é desconhecida, sendo considerada atualmente em média 7 dias após o início dos sintomas, podendo ser maior em imunossuprimidos[2].

A maneira como as crianças contribuem para a disseminação de SARS-CoV-2 ainda não está clara, mesmo as portadoras assintomáticas, que podem espalhar a infecção e transportar o vírus para a casa, expondo adultos e idosos que têm maior risco de desenvolver doença grave. Esse risco é particularmente alto em famílias de baixa renda, em razão do próprio tamanho da família, dado que a doença pode acometer mais indivíduos em coabitação multigeracional e maior densidade habitacional[3].

O espectro das apresentações clínicas da Covid-19 varia desde infecção assintomática, quadro de infecção de vias aéreas superiores e síndrome respiratória aguda grave até para insuficiência respiratória grave e parada cardiorrespiratória (PCR). Nos pacientes adultos, os sintomas se confundem com os de gripes ou resfriados, perda de olfato (anosmia) e paladar, espirros, tosse, febre e falta de ar[2].

MANIFESTAÇÕES CLÍNICAS EM CRIANÇAS E ADOLESCENTES

Nos pacientes pediátricos, a Covid-19 parece ser menos agressiva e apresenta sintomas mais leves: febre baixa, tosse, rinorreia, dor de garganta e sintomas gastrointestinais, como vômito e diarreia. A presença de comorbidades contribui para manifestações clínicas mais graves[2].

As vias respiratórias e os pulmões são os principais órgãos acometidos pela Covid-19, porém o coração também pode ser afetado em significativa parcela de pacientes infectados, sendo a disfunção cardíaca relacionada à miocardite e arritmias potencialmente fatais[3].

Embora crianças sejam menos propensas a desenvolver sintomas graves de Covid-19, existem séries de casos que sugerem maior frequência da doença em crianças com menos de 1 ano de vida em comparação a crianças mais velhas, mas os dados são ainda extremamente limitados[4].

O acometimento cardíaco encontrado em alguns pacientes pediátricos está relacionado aos seguintes fatores de predisposição: histórico de cardiopatia congênita, cirurgia cardíaca prévia, anormalidades do trato respiratório, hemoglobinopatias, desnutrição grave e deficiência do sistema imunológico[3].

Os dados publicados até o momento, principalmente relacionados a casos graves na idade pediátrica, ainda são bastante escassos na literatura. Sabe-se que, em comparação aos adultos, as crianças podem ser menos suscetíveis à infecção por Covid-19, pela reduzida função de receptores de enzima conversora de angiotensina tipo II[1].

Dados provenientes da Itália, publicados em março de 2020, relatam que apenas 1,2% dos 22.512 casos de Covid-19 eram crianças e não houve relato de óbito nesta população. Dos 4.226 casos de Covid-19 detectados nos Estados Unidos da América (EUA), em março de 2020, 5% eram crianças e constituíram menos de 1% de todas as hospitalizações nos EUA[2].

Crianças e adolescentes com doença complexa ou crônica têm maior risco de apresentar formas graves de Covid-19, evoluindo, em alguns casos, para síndrome inflamatória multissistêmica, várias semanas após a exposição ou infecção por SARS-CoV-2, com complicações cardíacas graves, incluindo hipotensão, choque e insuficiência cardíaca aguda. Além do acometimento cardiovascular, podem ocorrer alterações renais, respiratórias, hematológicas, gastrointestinais, mucocutâneas e neurológicas e febre persistente[5].

MANEJO DOS PACIENTES

A saúde mundial tem enfrentado desafios sem precedentes na pandemia de Covid-19, inclusive a potencial escassez de recursos de equipamentos, pessoal e hemoderivados. Há também risco potencial de infecção para profissionais de saúde e membros da família[4].

Os pacientes com cardiopatia congênita adicionam mais um desafio ao sistema de saúde, pois uma parcela importante dos casos requer cuidados contínuos e programação cirúrgica que precisa ocorrer em determinada e estreita janela de tempo para evitar o pior prognóstico e fornecer os resultados ideais[4]. Além disso, muitas das terapias para Covid-19 têm efeitos colaterais cardiovasculares, de modo que se deve ter cuidado ao aplicá-las em pacientes com cardiopatia congênita[1].

As estratégias de gerenciamento para o suporte de crianças com cardiopatias congênitas nos tempos de pandemia foram publicadas recentemente e incluem a realização de teste molecular RT-PCR de secreções respiratórias nos casos suspeitos de Covid-19 ou de exposição ao vírus no perioperatório; as crianças podem carregar altos níveis de vírus nas vias aéreas superiores, particularmente no início de infecção aguda por SARS-CoV-2[5]. Quanto à tomografia de tórax, ela não tem a mesma indicação de realização na faixa etária neonatal e pediátrica como em pacientes adultos, dada a falta de evidências para essa população, a necessidade de sedação em crianças mais novas e a exposição à radiação. Pais de crianças internadas com cardiopatia congênita devem ser rastreados para a Covid-19, caso apresentem sintomas como febre e tosse[4].

Não há evidências que sugiram o momento ideal de cirurgia em pacientes Covid-19 positivos, pois os casos devem ser avaliados individualmente no contexto de seu estado clínico, estado da doença, instituição e comunidade[4,6]. A cirurgia deve ser agendada com o conselho de uma equipe multidisciplinar de especialistas. Se for prudente, a cirurgia deve ser adiada até que os sintomas do paciente tenham melhorado e/ou o teste repetido ser negativo após 14 dias[6].

Ainda nada se sabe a respeito dos efeitos da circulação extracorpórea e da ventilação mecânica em pacientes com cardiopatia congênitas com necessidade de cirurgia de urgência e Covid-19 positivo.

MEDIDAS DE PROTEÇÃO E USO DE EQUIPAMENTO DE PROTEÇÃO INDIVIDUAL

A Sociedade Brasileira de Pediatria[2] publicou, em julho de 2020, as diretrizes estabelecidas e adotadas pelo Ministério da Saúde e pela Organização Mundial da Saúde referentes a proteção e uso correto de equipamentos de proteção individual (EPI) para os casos suspeitos ou confirmados de Covid-19[2]:

- Realizar o isolamento adequado do paciente dentro do hospital, conforme protocolo da comissão de controle de infecção hospitalar de cada instituição[2].
- Quarto privativo com portas fechadas e bem ventilado, com restrição de visitas. Se possível, isolar o paciente em quarto com pressão negativa em caso de necessidade de utilização de ventilação não invasiva ou cateter nasal de alto fluxo[2].

- Uso de máscara cirúrgica por toda a equipe assistencial durante atendimento ao paciente: a máscara deve ser apropriadamente ajustada à face para limitar a propagação de doenças infecciosas respiratórias, incluindo Covid-19[2].
- Higiene das mãos com água e sabonete líquido ou preparação alcoólica a 70%, antes e após a utilização das máscaras[2].
- Todos os profissionais devem ser orientados sobre como usar, remover e descartar a máscara e sobre como fazer correta higienização das mãos antes e após seu uso[2].
- Para procedimentos que geram aerossóis, devem ser utilizadas as máscaras N95, PFF2 ou equivalente. São exemplos de procedimentos com risco de geração de aerossóis: entubação, aspiração aberta de vias aéreas, traqueal ou da traqueostomia com circuito aberto (sempre optar pelo sistema de aspiração fechado), ventilação não invasiva (VNI), ressuscitação cardiopulmonar, ventilação manual antes da entubação, extubação, coletas de secreções nasotraqueais, micronebulização (sempre que possível optar pelo uso de espaçadores), procedimentos endoscópicos e broncoscopias, cateter de alto fluxo, fisioterapia respiratória com indução de escarro e coletas de amostras nasotraqueais[2].
- Uso de avental (gramatura de 30 g/m² a 50 g/m²) com mangas longas, punho de malha ou elástico e abertura posterior[2].
- Luvas de procedimentos não cirúrgicos devem ser utilizadas quando houver contato das mãos do profissional com os casos suspeitos ou confirmados, principalmente se houver risco de contato com sangue, fluidos corporais, secreções, mucosas, pele não íntegra e artigos ou equipamentos contaminados. O uso de luvas não substitui a higiene de mãos[2].
  - Não devem ser utilizadas duas luvas para o atendimento dos pacientes, pois isso não garante mais segurança à assistência.
- Protetor ocular ou protetor facial deve ser de uso exclusivo para cada profissional responsável pela assistência. Após o uso, deve ser limpo com água e sabão e desinfetado com álcool 70%[2].
- Uso de gorro descartável[2].
- O hospital deve fornecer capacitação para todos os profissionais de saúde (próprios ou terceirizados) quanto às medidas de precaução e ao uso correto de EPI (paramentação e desparamentação)[2].

RECOMENDAÇÕES PARA OXIGENOTERAPIA, INALOTERAPIA E SUPORTE VENTILATÓRIO

Oxigenoterapia

- Uso de oxigênio suplementar se saturação de oxigênio (SatO$_2$) menor que 94% ou redução de 20% em relação ao basal, por exemplo quando a criança tem cardiopatia cianogênica sem correção cirúrgica ou com correção cirúrgica paliativa[2].

- Evitar oxigênio umidificado para reduzir o risco de aerossolização[2].
- Indicam-se sistemas de baixo fluxo, como cateter nasal com fluxo máximo de 4 L/min[2].
- Sugere-se que pacientes com cateter nasal usem máscara de gotículas (cirúrgica)[2].
- Se houver necessidade de FiO_2 > 45%, usar máscara de O_2 não reinalante com menor fluxo de O_2 necessário para insuflar o reservatório[2].
- A equipe assistencial deverá estar devidamente paramentada para proteção por gotículas[2].

Inaloterapia

- Evitar o uso de broncodilatadores por meio de micronebulização, dando-se preferência à administração por *spray* ou inaladores dosimetrados[2].
- Nas situações com indicação de inalação com epinefrina ou solução salina hipertônica, os pacientes devem estar em sala de isolamento, de preferência com pressão negativa ou, na ausência de pressão negativa, ambiente com boa ventilação e portas fechadas[2].

Ventilação não invasiva e cateter nasal de alto fluxo

- A ventilação não invasiva (VNI) deve ser limitada a pacientes em isolamento respiratório com pressão negativa, pois podem gerar aerossóis. No emprego da VNI, deve-se utilizar ventilador com circuito duplo, com filtros nos dois ramos (filtro trocador de calor e umidade [HME – Heat and Moisture Exchanger] no ramo inspiratório e filtro de alta eficiência na separação de partículas [HEPA – High Efficiency Particulate Air] no ramo expiratório) e máscara facial total ou orofacial com vedação eficiente[2].
- Cateter nasal de alto fluxo (CNAF) requer uso criterioso e paciente no isolamento com antessala[2].
- Destaca-se a necessidade de EPI apropriados para os profissionais de saúde[2].

Ventilação com pressão positiva utilizando bolsa-válvula-máscara

- Uso de EPI: máscara N95 ou semelhante, *face shield*/óculos proteção, avental impermeável, luvas e gorro[2].
- Local: sala isolada equipada com monitorização[2].
- Escolher materiais e medicação adequados para a idade e o peso do paciente[2].
- Minimizar o número de profissionais envolvidos em qualquer tentativa de ressuscitação, o que dependerá das circunstâncias locais[2].

- No caso de absoluta necessidade de ventilação com bolsa-válvula-máscara (BVM), a técnica de vedação da máscara deve preferencialmente envolver dois profissionais, para que a vedação seja mais completa (com duas mãos)[2].
- Usar filtro HEPA ou HMEF (filtro + trocador de calor e umidade) entre a bolsa inflável e a via aérea (entre máscara e BVM) para evitar formação de aerossol[2].
- Evitar hiperinsuflação. Pressão mínima para iniciar a elevação do tórax[2].

Procedimento de intubação

A entubação de pacientes críticos com o vírus SARS-CoV-2 foi associada a episódios de transmissão do vírus aos profissionais de saúde. Assim, as equipes de cuidados intensivos e anestesiologia devem estar preparadas para o procedimento e apresentar estratégias para diminuir o risco de infecção cruzada entre profissionais da saúde[2].

- Preparar o local de entubação, que seja preferencialmente um ambiente de isolamento com todo o material necessário[2].
- Montar o ventilador mecânico e parâmetros a serem utilizados, com filtro HEPA/HMEF posicionado ao término da via expiratória.
- Utilizar tubo com balonete (*cuff*), pois minimiza a produção de aerossol[2].
- Adaptar circuito fechado de aspiração[2].
- Evitar ao máximo a desconexão do circuito do ventilador[2].
- Clampear o tubo traqueal quando a desconexão do circuito for necessária (p. ex., transferência para ventilador de transporte)[2].
- Evitar uso de BVM; se for imprescindível, realizá-lo com interposição do filtro HME[2].
- Caso o paciente apresente apneia, aplicar a ventilação com pressão positiva por BVM[2].
- Dar preferência ao uso de equipamentos de transporte, caso haja necessidade de transporte rápido ao destino definitivo[2].

📖 REFERÊNCIAS BIBLIOGRÁFICAS

1. Giordano R, Cantinotti M. Congenital heart disease in the era of COVID-19 pandemic. Gen Thorac Cardiovasc Surg. 2020;1-3.
2. Ferreira AR, Santos KL. Manejo respiratório em crianças e adolescentes com COVID-19. Grupo de Reanimação Pediátrica - PALS (2019-2021). Rio de Janeiro: Sociedade Brasileira de Pediatria; 2020.
3. Sanna G, Serrau G, Bassareo PP, Neroni P, Fanos V, Marcialis MA. Children's heart and COVID-19: up-to-date evidence in the form of a systematic review. European Journal of Pediatrics. 2020;179(7):1079.
4. Levy E, Blumenthal J, Chiotos K, Dearani J. COVID-19 FAQs in Pediatric Cardiac Surgery. World J Pediatr Congenit Heart Surg. 2020;11(4):485-7.
5. Yonker LM, Neilan AM, Bartsch Y, Patel AB, Regan J, Arya P, et al. Pediatric SARS-CoV-2: Clinical presentation, infectivity, and immune responses. J Pediatr. 2020;S0022-3476(20):31023-4.
6. Stephens EH, Dearani JA, Guleserian KJ, Overman DM, Tweddell JS, Backer CL et al. COVID-19: crisis management in congenital heart surgery. World J Pediatr Congenit Heart Surg. 2020;11(4):395-400.

Glossário

Anastomose: conexão entre duas estruturas.

Anomalia de Ebstein: cardiopatia congênita rara, caracterizada pela "atrialização" do ventrículo direito pela baixa implantação da valva tricúspide. Além disto, há alteração dos folhetos valvares, regurgitação valvar, aumento do átrio direito e disfunção ventricular.

Aortas dorsais: duas artérias que se fundem no período embrionário e dão origem à aorta descendente.

Artérias do arco aórtico (artérias do arco faríngeo): originam-se no saco aórtico e suprem os arcos faríngeos na fase embrionária, eles formarão várias estruturas vasculares, como artérias carótida e subclávia.

Atresia: obstrução completa de uma valva ou vaso sanguíneo, de modo que o sangue não pode passar por esse ponto na circulação.

Bloqueio atrioventricular (BAV): interrupção parcial ou completa da transmissão do impulso elétrico dos átrios aos ventrículos. O BAV pode ser causado por aumento do tônus vagal, cardiomiopatias, miocardite, cardiopatias congênitas, hipercalemia, medicamentos, cirurgias cardíacas e ablações por cateter para arritmias. É classificado de acordo com o grau de bloqueio em primeiro, segundo e terceiro grau.

Bulbus cordis: região do tubo cardíaco da fase embrionária que dará origem à via de saída dos ventrículos direito e esquerdo.

Canal atrioventricular: no embrião, é a região na qual ocorre a junção entre o átrio primitivo e o ventrículo primitivo; posteriormente, este canal irá se dividir para formar dois canais atrioventriculares e as valvas do coração.

Catecolamina: composto orgânico derivado do aminoácido tirosina. Epinefina, noraepinefrina e dopamina são exemplos de catecolaminas empregadas nos quadros de baixo débito cardíaco.

Cianose: coloração azulada da pele e da membrana mucosa decorrente de má oxigenação do sangue.

Circulação colateral: circulação que se forma pela obstrução ou pelo hipodesenvolvimento das artérias ou veias. As colaterais suprem a falta de irrigação de determinada estrutura.

Cirurgia cardiovascular aberta: cirurgia que utiliza circulação extracorpórea para correção de defeitos intracardíacos, como a correção da comunicação interventricular. Já os procedimentos cirúrgicos sem CEC são realizados para correção de defeitos extracardíaco que envolvem a artéria aorta ou o canal arterial, por exemplo.

Cirurgia de correção biventricular: procedimento cirúrgico realizado em corações com dois ventrículos de bom tamanho e resulta na separação da circulação sistêmica e pulmonar sem qualquer *shunt*.

Cirurgia de correção univentricular: procedimento cirúrgico no qual o ventrículo dominante é usado exclusivamente para bombear sangue para a circulação sistêmica, enquanto o fluxo sanguíneo pulmonar é mantido com *shunt* aortopulmonar, *shunt* ventriculopulmonar ou *shunt* cavopulmonar.

Cirurgia de correção paliativa: procedimento cirúrgico que altera a hemodinâmica do defeito cardíaco específico, visando tratar ou evitar as complicações deste defeito. Geralmente, elas são estagiadas ou podem ser realizadas como preparo para posterior correção completa definitiva.

Cirurgia de correção total ou completa: procedimento cirúrgico em estágio único e de correção definitiva.

Concordante: conexão normal entre segmentos cardíacos. Por exemplo, quando o átrio direito se conecta ao ventrículo direito, a conexão é descrita como concordante.

Cleft da valva mitral: fenda no folheto anterior da valva mitral que causa regurgitação de gravidade variável.

Comissurotomia: técnica cirúrgica que consiste em uma ou mais incisões nas bordas da comissura formada entre duas ou três válvulas para aliviar a constrição, como ocorre principalmente na estenose valvar mitral.

Conus arteriosus: estrutura embriológica do coração que se forma no início do desenvolvimento cardíaco e que se divide, posteriormente, em artéria pulmonar e aorta.

Cor triatriatum: coração com três átrios (coração triatrial), uma anomalia congênita rara em que o átrio esquerdo ou direito é dividido em dois compartimentos por uma membrana ou banda fibromuscular.

Cordões angioblásticos: grupos de células precursoras embrionárias que formarão as paredes de ambas as artérias e veias.

Coxins endocárdicos: tecidos cardíacos embrionários que formam a parte inferior do *septum primum*, a parte basal posterior do septo ventricular, o folheto septal da válvula tricúspide e o folheto anterior da válvula mitral.

Crista bulbar: tecido do coxim endocárdico localizado no bulbo *cordis* estendendo-se para o tronco arterioso, formando cristas, estas se fundem para formar o septo aorticopulmonar.

Crista terminal: separa as camadas musculares cardíaca e lisa das paredes atriais.

Digitálico: fármaco indicado na disfunção sistólica miocárdica.

Discordante: conexão não usual entre os segmentos cardíacos. Por exemplo, quando o ventrículo esquerdo se conecta à artéria pulmonar, a conexão é discordante.

Dispneia: experiência subjetiva de desconforto respiratório de variada intensidade resultante da interação de varáveis fisiológica, patológica e emocional.

Dispositivos e assistência ventricular (*VAD ventricular assist advice*): podem ser de curto ou longo prazo e são empregados em pacientes que necessitam de suporte circulatório por causa de insuficiência cardíaca. No Brasil, os de longa duração têm emprego muito restrito principalmente em função do alto custo.

Drenagem anômala parcial das veias pulmonares: cardiopatia congênita rara na qual algumas das veias pulmonares, mas não todas, drenam para a circulação sistêmica, não para o átrio esquerdo.

Drenagem anômala total das veias pulmonares (DATVP): cardiopatia congênita rara na qual as quatro veias pulmonares não se conectam ao átrio esquerdo; em vez disso, elas drenam anormalmente para o átrio direito por meio de uma conexão anormal (anômala). Há três classificações para esta condição: DATVP supracardíaca, DATVP cardíaca e DATVP infracardíaca.

Ducto venoso: vaso que comunica a veia umbilical com a veia cava inferior no fígado do feto.

Dupla via de entrada ventricular: condição em que ambos os átrios estão conectados ao ventrículo dominante (direito ou esquerdo), sendo geralmente o outro ventrículo rudimentar. Geralmente, é associada à CIV, estenose pulmonar ou estenose aórtica.

Dupla via de saída ventricular (DVSV): condição em que a aorta e a artéria pulmonar estão conectadas ao ventrículo dominante (direito ou esquerdo), sendo geralmente o outro ventrículo rudimentar.

Endocardite: infecção do endocárdio, muito provável de se desenvolver em pacientes com anormalidades nas válvulas cardíacas ou outros defeitos cardíacos, por exemplo CIV ou PCA.

Estenose: estreitamento dos folhetos de uma valva ou de uma artéria.

Forame oval: orifício entre os dois átrios presente no nascimento.

Fossa oval: estrutura remanescente do forame oval após a fusão do *septum primum* sobre o *septum secundum*.

Fração de encurtamento ventricular esquerdo: método usado para avaliar a função sistólica do ventrículo esquerdo.

Geleia cardíaca: termo usado no desenvolvimento inicial do coração para descrever o tecido conjuntivo inicial gelatinoso ou esponjoso que separa o miocárdio e o endotélio do tubo cardíaco.

Hipocratismo digital (baqueteamento digital): caracterizado pela hipertrofia das falanges distais dos dedos e unhas das mãos e dos pés e está associado a diversas doenças cardíacas e pulmonares que causam hipoxemia.

Ictus cordis: local da parede torácica que se pode palpar o pulsar do coração.

Inibidor da fosfodiesterase (milrinone): fármaco utilizado para aumentar o inotropismo cardíaco e o relaxamento ventricular na diástole, bem como para promover vasodilatação venosa e arteriolar.

Janela aortopulmonar: cardiopatia congênita rara caracterizada por uma comunicação entre a aorta ascendente e a artéria pulmonar.

Plicatura diafragmática: procedimento cirúrgico que consiste no reposicionamento do diafragma em sua posição original com a fixação da cúpula diafragmática paralisada no arco costal, permitindo assim a expansão pulmonar.

Policitemia (eritrocitose): a hipoxemia crônica estimula a produção de hemácias e aumenta a concentração de hemoglobina, acarretando o aumento da viscosidade sanguínea.

Região cardiogênica: área no embrião na qual estão as células precursoras do desenvolvimento cardíaco.

Ritmo juncional ectópico: ocorre quando a atividade elétrica que inicia a contração do músculo cardíaco não se inicia no nó sinoatrial e sim na junção atrioventricular.

Seio coronário: maior veia do coração, que recebe o sangue do seio venoso proveniente do miocárdio.

Septo aorticopulmonar: divisão entre a aorta e o tronco pulmonar formado a partir das cristas bulbares.

Síndrome de DiGeorge (22q11): alteração do cromossomo 22, que resulta em defeitos cardíacos, ausência de timo, alteração do sistema imunológico, fenda palatina, complicações relacionadas a baixos níveis de cálcio no sangue e atraso no desenvolvimento com problemas comportamentais e emocionais.

Síndrome de Eisenmenger: complicação das cardiopatias congênitas de *shunt* esquerdo-direito ou hiperfluxo pulmonar sem correção. A elevação da pressão da artéria pulmonar e sua evolução progressiva aumentam a resistência vascular pulmonar e redirecionam o *shunt* cardíaco da direita para a esquerda.

Síndrome de heterotaxia ou *situs ambiguus*: síndrome rara caracterizada por arranjo de órgãos anormais no tórax ou no abdome e geralmente está associada à cardiopatia congênita. A heterotaxia pode ser com poliesplenia ou isomerismo à esquerda ou com asplenia ou isomerismo à direita.

Síndrome de Holt-Oram: síndrome que se caracteriza por malformações esqueléticas dos membros superiores, comunicação interatrial, hipoplasia vascular e distúrbios de condução atrioventricular.

Síndrome de Noonan: doença genética autossômica dominante causada por alterações de um dos genes da via RAS/MAPK, caracterizada pela baixa estatura, dismorfismos faciais típicos, deficiência intelectual e cardiopatia congênita (EPV).

Síndrome de Shone: cardiopatia congênita rara caracterizada por obstruções das estruturas do lado esquerdo do coração, como coarctação de aorta, estenose mitral, estenose aórtica e ventrículo esquerdo pouco desenvolvido.

Síndrome de Williams: doença genética rara causada pela alteração do cromossomo 7 (7q 11.23), que se caracteriza por alterações cardiovasculares, atrasos no desenvolvimento e desafios de aprendizagem, dentre outras.

Sinusoides hepáticos: capilares sanguíneos fenestrados que recebem sangue oxigenado da artéria hepática.

Stent: endoprótese que pode ser feita de malha de metal, tecido, silicone ou combinações de materiais que impedem a obstrução de uma artéria.

Straddling valve: anormalidade do folheto valvar que possui inserção anômala das cordas tendíneas ou dos músculos papilares no ventrículo contralateral com o orifício valvar usualmente cavalgando o topo do septo interventricular.

Trissomia do 13: síndrome de Patau, caracterizada por anomalias faciais como fenda palatina, cardiopatia congênita, retardo mental grave.

Trissomia do 18: síndrome de Edwards, caracterizada deficiência intelectual, pequenez ao nascimento microcefalia grave, cardiopatias, aspecto facial afilado.

Trissomia do 21: síndrome de Down, caracterizada por aspectos faciais característicos notáveis: occipício achatado, microcefalia e pescoço curto, olhos inclinados para cima e, geralmente, há pregas do epicanto no canto interno dos olhos, micrognatia e macroglossia, além de deficiência intelectual, cardiopatia congênita e hipotonia generalizada.

Vestíbulo aórtico: porção de parede lisa do ventrículo esquerdo diretamente abaixo da valva aórtica.

Índice remissivo

A

acidose 79, 165
    metabólica 28
alterações
    cognitivas 161
    da mecânica ventilatória 96
    do fluxo sanguíneo nos pulmões 73
    neurológica 27
    posturais 117
anasarca 130
aneurismas intracranianos 167
anomalias extracardíacas 28
anormalidades
    cardiovasculares congênitas 25
    do diafragma 18
apneia 75
arritmias 27, 139
ascite 77, 130
atraso motor 161
atresia
    pulmonar 59
    tricúspide 62
atriosseptostomia 60
ausculta pulmonar 100

B

baixo débito cardíaco 116
baixo ganho de peso 28
balanço hídrico 99
baqueteamento digital 57
broncoaspiração 196
bronquite 78

C

capacidade funcional 178
cardiomegalia 28, 77
cardiomiopatia 85
cardiopatias
    cianóticas 26
    complexas 14
    congênitas 1, 17, 25
    congênitas cianóticas 52
cianose 27, 52, 139
cifoscoliose 18
circulação
    embrionária 1
    fetal 11
    pulmonar 135
cirurgias cardíacas 96
coarctação da aorta 168
colapso alveolar 115
complicações
    pulmonares pós-cirurgia 107
    tromboembólicas 78
compressão das vias aéreas 73
comprometimento cardiopulmonar 96
comunicação
    interatrial 9
    interventricular 9
coração 1
    do neonato 14
coronavírus SARS-CoV-2 208
covid-19 208
crises
convulsivas 161
    hipoxêmicas 54
cuidados de enfermagem 192

D

defeito do septo atrioventricular 9
déficit de crescimento 28
derrame pleural 107, 130
desenvolvimento
    cardiovascular 1
    do sistema nervoso central 162
    do sistema respiratório 73
    neuropsicomotor 161
desidratação 196

desmame ventilatório 97, 105
desnutrição 165, 196
dextrocardia 19
dilatação das estruturas cardiovasculares 73
disfagia orofaríngea 196
disfunção
    cognitiva 178
    cardíaca fetal 13
    miocárdica 27
dispneia 139
distúrbio da deglutição 196
doença pulmonar 73
dor 195
drenagem postural 115

E

ecocardiograma fetal 28
edema
    alveolar 73
    pulmonar 28
elevação da pressão na artéria pulmonar 73
equipe multidisciplinar especializada 99
estabilidade hemodinâmica 168
estenose
    aórtica 9
    pulmonar 9, 55
estimulação da tosse 115
estridor laríngeo 105
exercícios
    de expansão pulmonar 94
    respiratórios 115
expansão pulmonar 115
expansibilidade torácica 100
extubação 97, 197

F

fadiga 139, 179
falha na extubação 130
fisioterapia
    motora 168
    respiratória 115
forame oval patente 9
fraqueza
    muscular 93
    muscular respiratória 182
frequência respiratória 75
função pulmonar 76

G

gastrostomia 201

H

hemoptise 79
hepatomegalia 28
higiene brônquica 94
hipercifose 117
hiperfluxo pulmonar 29, 55, 76
hiperinsuflação
    manual 115
    pulmonar 78
hiperpneia 167
hipertensão
    arterial pulmonar 79
    pulmonar 76, 135
hipertrofia ventricular 29
hipoglicemia 28
hipoxemia 79
    arterial 52
hipóxia 11, 148
    tecidual 165
hospitalização prolongada 165

I

imobilismo 173
infarto cerebral 167
infecções pulmonares 73
insuficiência cardíaca 84
    congestiva 27, 165
insuficiência respiratória 74, 121
interrupção do arco aórtico 9
intolerância ao exercício 178
intoxicação medicamentosa 27
intubação orotraqueal 197

L

lesões
    cardíacas 12
    cerebrais 164
    de plexo braquial 167
    medular 168
    neurológica 163, 165
levocardia 19
limitação da capacidade física 73

M

malformação
    cardíaca 26
    cardiovasculares 13
    do SNC 165
manobra de reexpansão 115
marca-passo 107
marcos do desenvolvimento cardíaco 1
mesocardia 19
micro-hemorragias cerebrais 167
morte prematura 84

O

obstrução de vias aéreas 74
oxigenação por membrana extracorpórea
    147, 173
oxigenoterapia 132, 173

P

percussão 115
perda de massa muscular 178
pericardite 85
pneumonia 107
pneumotórax 107
policitemia 57, 165
prematuridade 164, 165

Q

qualidade de vida 73, 90, 178
quilotórax 107

R

reabilitação
    cardiovascular 94, 173, 179
    intra-hospitalar 174
redução do débito cardíaco 28
repouso prolongado 178
resistência vascular pulmonar 136
respirador nasal 74
ressuscitação cardiopulmonar 165
retenção hídrica 98
ritmo cardíaco 97

S

saturação periférica de oxigênio 11
septação aorticopulmonar 23
sequela neurológica 196
sequelas neurológicas 161
shunt 85
síncope 139
síndrome do desconforto respiratório 147
síndrome pós-pericardiotomia 111
síndromes genéticas 79
sistema cardiovascular fetal 3
sopro cardíaco 27
suporte nutricional 197
suporte ventilatório 116
    mecânico 121

T

tamponamento cardíaco 111
taquipneia 27
teste de respiração espontânea 130
teste de uma repetição máxima 182
teste do coraçãozinho 29
tetralogia de Fallot 29
tontura 139
toracotomia 76
trabalho respiratório 75
transfusão de hemoderivados 99
transmissão do coronavírus 208
transplante cardíaco 71
    pediátrico 91
treinamento resistido periférico 182
triagem nutricional 199

V

ventilação com pressão negativa 130
ventilação mecânica 121, 167
    invasiva 141
ventilação não invasiva 81, 132
vibração na parede torácica 115
vida fetal 11
vida intrauterina 12
vulnerabilidade nutricional 199